中国城市科学研究系列报告

Serial Reports of China Urban Studies

中国绿色建筑2021

China Green Building 2021

中国城市科学研究会　主编

China Society for Urban Studies（**Ed.**）

CHINA ARCHITECTURE & BUILDING PRESS

图书在版编目（CIP）数据

中国绿色建筑. 2021 / 中国城市科学研究会主编
. — 北京：中国建筑工业出版社，2021.5

（中国城市科学研究系列报告）
ISBN 978-7-112-26031-7

Ⅰ. ①中… Ⅱ. ①中… Ⅲ. ①生态建筑—研究报告—
中国—2021 Ⅳ. ①TU18

中国版本图书馆 CIP 数据核字（2021）第 057096 号

　　本书是中国城市科学研究会绿色建筑与节能专业委员会组织编撰的第十四本绿色建筑年度发展报告，旨在全面系统总结我国绿色建筑的研究成果与实践经验，指导我国绿色建筑的规划、设计、建设、评价、使用及维护，在更大范围内推动绿色建筑发展与实践。本书包括综合篇、标准篇、科研篇、交流篇、地方篇、实践篇和附录篇，力求全面系统地展现我国绿色建筑在 2020 年度的发展全景。

　　本书可供从事绿色建筑领域技术研究、开发和规划、设计、施工、运营管理等专业人员、政府管理部门工作人员及大专院校师生参考使用。

　　责任编辑：刘婷婷
　　责任校对：焦　乐

中国城市科学研究系列报告
Serial Reports of China Urban Studies
中国绿色建筑2021
China Green Building 2021
中国城市科学研究会　主编
China Society for Urban Studies（Ed.）
＊
中国建筑工业出版社出版、发行（北京海淀三里河路 9 号）
各地新华书店、建筑书店经销
北京红光制版公司制版
廊坊市海涛印刷有限公司印刷
＊
开本：787 毫米×1092 毫米　1/16　印张：23¾　字数：478 千字
2021 年 4 月第一版　　2021 年 4 月第一次印刷
定价：**78.00** 元
ISBN 978-7-112-26031-7
　　（37632）

《中国绿色建筑 2021》编委会

— 3 —

代 序

立体园林——住宅消费和绿色建筑的升级版

仇保兴　国务院参事　中国城市科学研究会理事长　博士

Preface

Three-dimensional Garden—Upgrade of Residential Consumption and Green Building

苏州的"古典园林"誉满全球，如今讨论"立体园林"，也可以说是探讨如何把苏州几千年创造的私家园林的精华立体移植到绿色建筑中去。这就要先讲到一位科学界的伟人——钱学森先生，他在 1993～1995 年间作为中国城市科学研究会（简称"城科会"）的顾问，给城科会秘书长、会长写了一百多封信，其中，在 1993 年 10 月 6 日的信中写道："我想中国城市科学研究会不但要研究今天中国的城市，而且要考虑到 21 世纪的中国城市该是什么样的城市。所谓 21 世纪，那是信息革命的时代了，由于信息技术、机器人技术，以及多媒体技术、灵境技术和遥作（telescience）的发展，人可以坐在居室通过信息电子网络工作。这样住地也是工作地，因此，城市的组织结构将会大变：一家人可以生活、工作、购物，让孩子上学等都在一座摩天大厦，不用坐车跑了。在一座座容有上万人的大楼之间，则建成大片园林，供人们散步游憩。这不也是'山水城市'吗？"

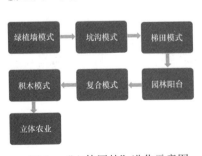

图 1　"立体园林"进化示意图

钱学森先生认为人类的最后归属是与大自然和谐相处，而华人人居环境体验的最高境界就是山水城市。讲到山水城市，我们就要探讨"立体园林"。立体园林始于远古时期的巴比伦的空中花园，到现在已经有 4000 多年的历史，特别是进入工业文明以来，人们创造了许多立体绿化模式，这些模式相互交融，不断地演变，将来还会创造出更多更宜居的模式（图 1）。

第一种模式：绿色屋顶和绿植墙模式

绿植墙模式已风行全世界，越来越多的建筑采取布袋式系统、有机轻型模块系统、重型金属模块系统和新型生态模块等多种技术为建筑披上绿外衣（图2），这些外衣具有多种多样的功能和结构，不仅能大幅减少建筑的空调能耗、截留雨水、减弱城市的热岛效应、增加社区生物多样性、为城市增添四季变化的景观，更能为该建筑中居住或工作的人们提供多种新消费和丰富的体验感（图3）。

图 2　典型的绿植墙模式

建筑绿化空间	分类	特点	图例		
垂直绿化空间	墙体型垂直绿化空间	植物墙用于建筑外立面的垂直绿化空间			
	构架型垂直绿化空间	植物依附于构架组合绿化空间			
	植物型垂直绿化空间	依靠攀援植物的自然生长属性			

图 3　绿植墙三种结构

图4所示为悉尼的中央公园一号公寓楼，该建筑绿植墙共栽种了250种澳大

图 4　悉尼中央公园一号公寓楼

利亚植物，包括草本、木本和藤本植物，数量多达 2.5 万棵，垂直花园面积超过 1100m²，每年可以固碳将近上万吨，能通过滞留雨水削减洪峰 30%，能耗降低 25%，这个大楼的设计两次获得国际大奖。

第二种模式：坑沟种植模式

该模式利用钢筋水泥整体结构在建筑内外部设置了深达 1.5～2m 的坑与沟槽，使树木能稳固地栽种在建筑立体结构之中（图5）。此模式最典型的是意大利建筑师 Stefano Boeri 在 10 年前于米兰市设计并施工完成的名为"垂直森林"的两幢 18 层和 24 层住宅楼（图6）。在米兰这么一个古老的历史名城，以"时装设计"而闻名，并号称"世界设计之都"的城市建筑这两个塔楼，昭示了人们可以在建筑上用"坑沟"的模式来种植树木。在两幢住宅楼的种植过程中，为了在高空对树木进行定位，防止大风将树木吹倒，采取了挖深沟或深坑的模式，这样

图5　坑沟种植模式

图6　米兰"垂直森林"投入使用后的室内外景观

树根可以借助坑或沟壁进行自我固定，又不至于被风吹倒。如图7所示，塔楼四周阳台上共计900棵乔木、5000棵灌木和1.1万棵花开植物，覆盖8900m² 阳台总面积，相当于7000m² 树林。

图7 栽种过程

这种建筑种植的树木可以把吸收的二氧化碳转换成可再生的生物质能源，节约的雨水量非常大。在充满着中世纪建筑的红屋顶历史建筑群落中，竖起了两个绿色的地标，而且一年四季都会变化，在建筑内部，人们休闲的空间非常充裕，呈现出人在景中、景在城中的新奇体验感。

"坑沟种植"模式也走入了第三世界国家，图8所示为战火中重生的叙利亚大马士革市新建的立体园林公寓，这个楼最近获得了建筑金奖。在这个楼里，几十套公寓都有非常舒适的阳台园林空间，图8可以看到这类结构朝南的这一边，

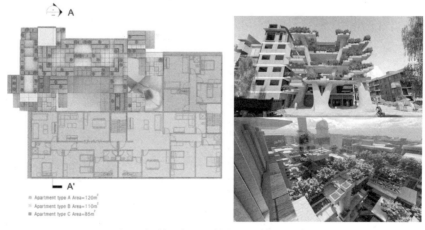

图8 叙利亚大马士革市的立体园林建筑

已经形成了一个公共的庭园，这个庭园充满着绿意。

上海市去年建成并投入使用一座名为"千棵树"的绿色建筑（图9），这座"千棵树"建筑表面，用混凝土构建出一个一个的花盆，都是一个一个的坑，而且每一个花盆种了一棵树，它造就的整体景观是非常突出的。

图9　上海"千棵树"

第三种模式：梯田结构模式

福冈市梯田结构立体园林（图10）是我任杭州市市长时（1999年）开始关注的项目。杭州市因为获得了1999年度联合国人居奖，我作为市长去领奖，颁奖地点是日本的福冈市。福冈就是一个小城市，但是就因有这么一个建筑改变了城市的风貌，成为城市的灵魂。也因为这个建筑，联合国人居署的亚太中心就被吸引到福冈来了，该市第一次有了一个联合国组织进驻。

图10　日本福冈梯田结构立体园林

这个建筑使一大片水泥森林中间冒出一个立体"中央公园"，而且该公园不占地，给周边的男女老少创造了一个游玩的宜居空间。我曾经想，把这种建筑的模式引进到苏州的狮子山，如狮子山边上有这么两个建筑，而且对着狮子山，使得围绕狮子山有一个巨大的中央公园。但是几年前这类设计很难被大家理解，因为他们没看到福冈市实景图。这种梯田式的结构使绿化率能够成倍地提高。

图11、图12所示为泰国曼谷政法大学，该大学利用梯田模式的立体园林，使整个大学成为该国节能节水的典范，所有雨水都被收集用于梯田植物栽培，形成各种各样的试验田。师生们常在这些试验田里面劳作和收获，尤其是在漫长的夏季，立体园林使空调使用耗能节省了50%，因为整个建筑处于"梯田"水冷却的状态。

图11　曼谷政法大学立体园林实景

图12　曼谷政法大学立体园林结构图

第四种模式：园林阳台模式

立体园林建筑的阳台就是苏州古典园林的缩小版，"小桥流水"在建筑阳台上得以呈现。

　　图13、图14所示为成都的立体园林建筑，已建成七幢，销售情况非常好。特别是疫情期间，人们的生活相对枯燥，但居住在"立体园林"建筑中的人们，生活却非常丰富，一天到晚是"采菊东篱下，悠然见南山"，而且非常适宜养老，因为中国人的天性就是"要种点什么"，这样的建筑满足了这一天性。

图13　成都立体园林（一）

图14　成都立体园林（二）

　　人类的天性就是要回归大自然。回归大自然就应该把大自然的缩小版——苏州上千年创造的私家园林放入建筑的立体空间（图15）。这样人们新的创造就跟立体园林结合在一起了，在我们建筑的阳台上创造出一个缩小版的苏州园林，将宜居提升到一个更高的境界，这就是"住宅消费升级"的途径之一（图16）。

图 15　苏州私家园林与立体园林建筑

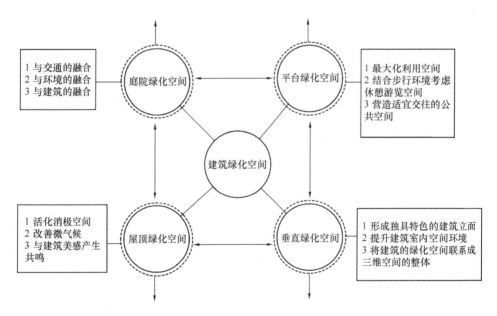

图 16　混合机构立体园林示意图

第五种模式：混合结构模式

　　将庭园绿化、平台绿化、屋顶绿化、垂直绿化有机组合在一起，而且创造它们之间的交融，形成一个"绿色网络"，从而开辟一种"新的空间"。

　　图 17 所示为新加坡立体园林，与周边建筑大不一样，进入楼顶，其中心就是一个大园林结构，充满各种各样的瓜果蔬菜，人们生活其中就像生活在园林中，此外，下沉式空间直接穿透建筑中央，使所有的游客和住户都能看到这个绿

色的庭园，在这个建筑里面生活是很美好的（图18）。

图 17　新加坡立体园林

图 18　新加坡海军部村庄大楼

这种建筑结构有多种模式，多种模式又可以交织在一起，尤其是人行廊道，由于立体园林的设计，在建筑里面穿行等于在树林里面穿行，人们能呼吸新鲜空气、负氧离子（图19）。

图 19　绿色过道

第六种模式：积木结构模式

图 20 所示为未来的"积木式结构"立体园林，这种建筑由一个一个积木块构成，里面有居住的积木，有工作的积木，也有孵化器积木，更重要的是有园林积木。这个园林积木和其他积木组合成一个建筑。过几年发现对这个积木视觉疲劳了，人们可以重新把它组合一遍，从而创造出一种新景观。大家可以想象，在新的技术层面，这类建筑就像孙悟空一样七十二变。这样的建筑也是非常抗震的，因为冲击波作用下，所有结构的改变都是模块之间摩擦发热，从而耗散地震能量。

图 20　积木式结构

这种积木结构又可用作新的材料，称为"夹层不锈钢板"，其传热系数非常小，隔热性能非常好，而且永远不被腐蚀，重量也非常轻，十分坚固，做成的集装箱式积木可以在工厂流水线上生产，现场安装。图 21 所示为传染病房的模块。设想一下，在建筑大厦里面有医院模块、园林模块、居住模块、工作模块，更重要的还有绿色庭园模块，而且这些模块都可以通过吊装交换，模块之间可以拿掉

图 21　中国产医院积木在韩国组装

— 13 —

并重新插进去（韩国现场都是组装），永不被腐蚀，100％可以回收利用。

第七种模式：立体园林模式

图 22 所示为在荷兰一个普通建筑的屋顶上加盖的"鱼菜共生"玻璃温室。仅这一个屋顶温室，每年生产 20 吨鱼、45 吨菜，可供应周边小区居民的需要，而且鱼的粪便作为菜的肥料，果菜的残渣可以加工成鱼的饲料，实现内部循环，同时又是宜人的景观。苏州的"小桥流水"也可以通过"鱼菜共生系统"来体现。

鱼菜共生（Aquaponics）是一种新型复合耕作体系，它把水产养殖（Aquaculture）与水耕栽培（Hydroponics）这两种原本完全不同的农耕技术，通过巧妙的生态设计，达到科学的协同共生，从而实现养鱼不换水而无水质忧患，种菜不施肥而正常成长的生态共生效应。

图 22　立体农业园林

在立体农业园林中耕作，人们可以生产大部分所需的蔬菜、瓜果，实现自给自足。万一外部世界发生瘟疫，或发生大的动荡，居民们的社区生活可实现较高的供给韧性，不受外界影响，且有利于节能减排。

如图 23 所示，1.6 公顷番茄基地，每平方米投入成本为 300～400 欧元，一

在1.6公顷的番茄基地，其每平方米投入成本在300～400欧元。一亩地产量50吨，收购价格折合人民币6元/公斤，一亩地销售价格30万人民币，全部做出口。

图 23　立体农业园林景观

亩地产量可以达到 50 吨，比一般农田高出 50 倍，因为一天 24 小时都可以通过微机控制并进行 LED 紫外线光照。图 23 中的荷兰"番茄狂人"，他一颗番茄树可以生产出 100 公斤番茄，每一颗番茄都由一个微机控制。一般立体园林中，爬虫、昆虫都能被控制住，肥料被高效地回收利用，造就非常美观、立体的园林结构，而这些园林结构还是可食用的、可回收的、可观赏的。

总结之一：立体园林建筑在城市老旧小区改造中"十取一"，可为小区增添绿色景观与游乐场所。不仅使自己的建筑成为人家的景观，也为整个小区增添绿色景观与旅游的场所（图 24）。

图 24　立体园林为旧城添彩

总结之二：立体园林建筑可就地消纳居民的厨余垃圾，废物利用，形成安全的蔬菜生产消费短链。立体园林建筑可以就地消纳现在垃圾分类最难处理的厨余垃圾，这些厨余垃圾黏嗒嗒，臭烘烘，但是用图 25 所示这么一个简单的机器（售价 3000～5000 元/台），通过耗氧的发酵过程，使厨余垃圾七八个小时后变成

图 25　厨余垃圾处理器

— 15 —

肥料，然后用于立体园林，整个过程在一个住宅单元中就解决了。而且，产生的食品叫短链食品，非常安全，节能减排，营养也因就地采摘而完整保留。

总结之三：立体园林建筑可为疫情来临时小区封闭的居民提供精神乐园与放心食品生产场所。立体园林建筑可以在疫情来的时候，提供临时的小区封闭，为居民提供精神乐园，生产放心蔬菜，这样的庭园结构就非常适于休闲及养老(图26)。

图 26　安宁富足的园林阳台

总结之四：立体园林建筑将成为未来"自给自足"的生态城市的基本细胞。立体园林将为未来社区提供自给自足的生活。也就是说，作为生态城市，其基本细胞就是建筑，如果建筑能实现自给自足，在这个建筑里面，甚至连地瓜都可以成为一种景观，而且人人都可以参与采摘和种植（图27）。

图 27　社区自给自足的农业园林

总结之五：民众健康需要立体园林。城市设计如何保证公众的健康需要是最要紧的。2016年英国权威杂志发表了一项研究表明，居住在城里的人们患焦虑症的比例比农村高出50%，精神分裂症多几倍。哈佛大学也有类似研究，研究表明如果小孩子在绿色环境中成长，成年以后患抑郁症可能性将下降35%。我们所有的建筑设计都应该为了下一代，让他们生活在绿色的环境中，希望人人充满喜悦，充满安宁（图28）。

图28　帮助青少年健康成长的立体园林

总结之六：立体园林建筑是未来住宅和绿色建筑消费升级的重要模式。这类消费升级是人人追求而向往的（图29）。

图29　未来住宅消费升级的立体园林

总结之七：绿色建筑的近期发展有三个新的聚焦点。

第一个聚焦点是节能与节水，这是绿色建筑的基础。在全生命周期实现建筑的节能节水减排，尽可能地利用可再生能源，尽可能地提高能效，尽可能地进行所有物质再循环利用，尽可能地利用数字化的技术来创造节能节水的新模式。

第二个聚焦点是体验与健康，这是绿色建筑的灵魂。我们所有建筑的设计都是以人民更美好的生活为中心，都是以防疫和健康为终极思考点，因为防疫将进入一种新常态。住宅和社区设计都要以美好生活为终极目标，建筑就是要做到宜居，要适合老年化社会。

第三个聚焦点是消费与科创，这是绿色建筑的动能。这个动能非常强大，绿色建筑按照这种模式去推进将创造出 10 万亿新的市场，是实现"六稳六保"的主要手段。我对中央提出的"双循环"的理解就是，要靠"新消费"与"新科创"来扩大内循环，把我们的内循环做强做大，然后靠"新消费"和"新科创"来重启外循环，因为人无我有、人有我优，外贸也会升级。这样一来，我们通过立体园林建筑就能够为新经济创造新动能，也可以为全体民众创造新的福祉，包括为我们的下一代，为未来的人类，留出更多绿色的空间，我们的使命就在这里。

新一代的建筑师、建造师和绿色建筑的思考者、研发者，正如钱七虎院士所说的："我们面临着一个重大的挑战，但是挑战可以转化成机遇。"党中央提出的"双循环"，赋予了我们新的使命、新的任务。我们要奋发起来，研究这些新的需求，研究新的爆发点，使我们设计师们的能量在新的绿色建筑立体园林中来一次大爆发，来一次大合作，来一次大创新，从而为我们中华民族的崛起增添新的动力。

前　言

近年来，在"美丽中国"国家战略以及新时期建筑业"绿色"发展方针的引领下，我国绿色建筑取得了巨大的成就，基本形成理念引领、目标清晰、政策配套、标准完善、管理到位的体系，并在城市更新进程中发挥了巨大作用。近日，十九届五中全会审议通过的《中共中央关于制定国民经济和社会发展第十四个五年规划和二〇三五年远景目标的建议》特别强调，要发展绿色建筑。未来15年，绿色建筑承载人民群众追求美好生活以及建筑业高质量发展的需求，在实现碳达峰、碳中和目标的过程中被赋予了更高的责任和期许。

本书是中国城市科学研究会绿色建筑与节能专业委员会组织编撰的第14本绿色建筑年度发展报告，旨在全面、系统地总结我国绿色建筑的研究成果与实践经验，指导我国绿色建筑的规划、设计、建设、评价、使用及维护，在更大范围内推广绿色建筑理念，推动绿色建筑的发展与实践。本书在编排结构上延续了以往年度报告的风格，共分为7篇，包括综合篇、标准篇、科研篇、交流篇、地方篇、实践篇和附录篇，力求全面、系统地展现我国绿色建筑在2020年度的发展全景。

本书以国务院参事、中国城市科学研究会理事长仇保兴博士的文章"立体园林——住宅消费和绿色建筑的升级版"作为代序，探讨了立体园林的七种模式，立体园林建筑是未来住宅和绿色建筑消费升级的重要模式。

第一篇是综合篇，主要介绍了我国绿色建筑发展的新动向、新内容、新发展和新成果。阐述了包括建筑实现碳中和的路径、绿色建筑室内空气病原微生物消杀及风险防控、钢结构与可持续发展、既有建筑和社区绿色改造、建筑热环境理论及关键技术等内容，提出绿色建筑实效化发展的建议。

第二篇是标准篇，选取年度具有代表性的3个国家标准、4个团体标准，分别从标准编制背景、主要技术内容和主要特点等方面，对2020年绿色建筑领域的最新标准进展进行介绍。

第三篇是科研篇，通过介绍8项代表性科研项目，反映2020年绿色建筑与建筑节能的新技术、新动向。以期通过多方面的探讨与交流，共同提高绿色建筑的新理念、新技术，走可持续发展道路。

第四篇是交流篇，本篇内容由中国城市科学研究会绿色建筑与节能专业委员会各专业学组共同编制完成，旨在为读者揭示绿色建筑相关技术与发展趋势，推动我国绿色建筑发展。

第五篇是地方篇，主要介绍了北京、上海、江苏等 13 个省市开展绿色建筑相关工作情况，包括地方发展绿色建筑的政策法规情况、绿色建筑标准和科研情况等内容。

第六篇是实践篇，本篇从 2020 年的新国标绿色建筑项目、城市更新项目、绿色双认证项目、绿色生态城区项目中，遴选了 10 个代表性案例，分别从项目背景、主要技术措施、实施效果、社会经济效益等方面进行介绍。

附录篇介绍了中国城市科学研究会绿色建筑与节能专业委员会、中国城市科学研究会绿色建筑研究中心，并对 2020 年度中国绿色建筑的研究、实践和重要活动进行总结，以大事记的方式进行了展示。

本书可供从事绿色建筑领域技术研究、规划、设计、施工、运营管理等专业技术人员、政府管理部门、大专院校师生参考。

本书是中国城市科学研究会绿色建筑与节能专业委员会专家团队和绿色建筑地方机构、专业学组的专家共同辛勤劳动的成果。虽在编写过程中多次修改，但由于编写周期短、任务重，文稿中不足之处恳请广大读者朋友批评指正。

本书编委会

2021 年 2 月 8 日

Foreword

In recent years, under the guidance of the national strategy of "Beautiful China" and the green development policy of the construction industry in the new era, China's green building has made great achievements, and basically formed a system with concept guidance, clear goals, supporting policies, perfect standards and in place management. What's more, green buildings have played a huge role in the process of urban renewal. Recently, the Fifth Plenary Session of the 19th Central Committee of the Communist Party of China (CPC) adopted the recommendations on the 14th Five-Year Plan and the Long-Range Goals for 2035, which specially emphasis on the development of green buildings. In the next 15 years, green buildings will bear the demands of people's pursuit of a better life and the high-quality development of the construction industry, and will be endowed with higher responsibilities and expectations in the process of achieving the goal of carbon peak and carbon neutral.

This book is compiled by China Green Building Council as the 14th report for the annual green building development, aimed at a comprehensive system to sum up the experiences of research and practice of green architecture in our country, to guide our country's green building planning, design, construction, evaluation, use and maintenance, in a larger scope to promote green building concept, promote the development of green building and practice. Continuing the style of previous annual reports, this book is divided into seven chapters, including general overview, standards, scientific research, communication, experiences, engineering practices and appendix, in an effort to comprehensively and systematically present the development panorama of green building in China in 2020.

This book takes the article of Dr. Qiu Baoxing, Councilor of the State Council and Chairman of the Chinese Society of Urban Sciences, "Three-dimensional Garden—Upgrade of Residential Consumption and Green Building" as the preface, and discusses seven modes of Three-dimensional Garden Architecture. Three-dimensional Garden Architecture is an important mode for the future residential and green building consumption upgrade.

The first part is general overview, which mainly introduces the new trend, new content, new development and new achievements of green building development in China. This part expounds the carbon neutral path of buildings, the elimination and risk control of pathogenic microorganisms in the indoor air of green buildings, the steel structure and sustainable development, the thermal environment theory and key technologies of green retrofits of existing buildings and community, and puts forward some suggestions for the practical development of green buildings.

The second part is standards. Three representative national standards and four group standards are selected to introduce the latest progress of standards in the field of green construction in 2020 from the aspects of compiling background, compiling work, main technical content and main characteristics.

The third part is scientific research, which introduces 8 representative scientific research projects and reflects the new technology and new trend of green building and building energy conservation in 2020. Through various discussions and communications, we hope to jointly improve the new concept and new technology of green building and take the road of sustainable development.

The fourth part is communications, which is jointly compiled by various academic groups of China Green Building Council of CSUS, aiming to reveal the related technologies and development trends of green building for readers and promote the development of green building in China.

The fifth chapter is experiences, which mainly introduces the green building related work in Beijing, Shanghai, Jiangsu and other 10 provinces and cities, including the local green building development policies and regulations, green building standards and scientific research.

The sixth part is engineering practices. This part selects 10 representative cases from the new national standard green building project, green double certification project and green ecological urban area project in 2020, and introduces them respectively from the aspects of project background, main technical measures, implementation effect and social and economic benefits.

The appendix introduces the China Green Building Council and the Green Building Research Center of China Society for Urban Sciences, and summarizes the research, practice and important activities of green building in China in 2020, presenting them in the form of memorabilia.

The book can be used for reference by professional and technical personnel, government administrative departments and teachers and students of colleges and universities who are engaged in technical research, planning, design, construction, operation and management in the field of green building.

The book is the result of the hard work of experts from China Green Building Council, local green building institutions and professional groups. Although it was revised several times in the process of writing, but due to the time is urgent, the task is hard, there are still some deficiencies in the book expecting readers to criticize and correct.

Editorial Committee
February 8, 2021

目　录

Contents

第一篇 | 综合篇

习总书记在 2021 年新年贺词中用"'十三五'圆满收官,'十四五'全面擘画。新发展格局加快构建,高质量发展深入实施",高度概括了神州大地全面深化改革的进展与成效。2020 年,建筑行业不忘初心、不负使命,在推进建筑业持续向好发展的进程中,取得了阶段性的成效。为了更好地体现我国绿色建筑发展立足新阶段、贯彻新理念、融入新格局,本篇特邀行业大师针对当前五大热点,进行综合探讨。

针对节能减排碳中和的热点问题,邀中国工程院院士江亿撰文,从技术角度对"绿色建筑实现碳中和目标"的具体技术路径进行研究探讨。针对室内空气健康的热点问题,邀中国工程院院士、环境工程专家侯立安进行探讨,强调社区和建筑成为疫情防控的关键场所,是全民健康的必要条件;通过消除或降低居住环境中的病原微生物等健康风险因素,提升建筑健康性能才能有效提高国民生活质量和健康水平。针对钢结构与可持续发展的热点问题,邀中国工程院院士、中国钢结构协会会长岳清瑞撰文,全面总结了我国钢结构建筑的发展历程、问题与挑战、市场机遇,并系统给出发展建议。针对既有建筑和社区绿色改造的热点问题,邀中国建筑科学研究院有限公司副总经理王清勤撰文,解析了我国既有建筑现状、政策、科研项目及相关标准,并提出了具体的发展建议。最后，针对建筑热环境的热点问题，邀 2020 年度"国家科学技术进步奖"二等奖获得者、重庆大学教授李百战撰文，阐述使用较低能源消耗改善热环境、提高建筑物内热舒适的技术方法。

新形势要求有新思路，新任务要求有新起点。面向"十四五"，中国绿色建筑需要有新的发展理念和新的发展路径，期盼通过本篇内容，能够激发更多行业人士的思考，就其中新技术、新观念、新模式获得更科学、更全面的认知。

Part 1 | General Overview

In his New Year's Day speech in 2021, General Secretary Xi said, "The 13th Five-Year Plan was successfully concluded and the 14th Five-Year Plan was fully outlined. The construction of a new development pattern has been accelerated, and high-quality development has been deeply implemented." This highly summarizes the progress and results of China's comprehensive deepening of reform. In 2020, the construction industry will not forget its original aspiration and live up to its mission. In the process of promoting the sustainable and sound development of the construction industry, it has achieved phased results. In order to better reflect the development of green building in China based on the new stage, the new concept, the new pattern, this paper invited industry masters making comprehensive discussion in view of the current five hot spots.

First of all, in view of the hot issue of carbon neutrality in energy conservation and emission reduction, Jiang Yi, an academician of the Chinese Academy of Engineering, was invited to write an article to study and discuss the specific technical path of "green building to achieve carbon neutrality" from a technical perspective. Furthermore, Hou Li'an, an environmental engineering expert and academician of Chinese Academy of Engineering, was invited to discuss the hot issues of indoor air health, emphasizing that communities and buildings are the key places for epidemic prevention and control, and are necessary conditions for the health of the whole people. Only by eliminating or reducing the health risk factors such as pathogenic microorganisms in the living environment can the health performance of buildings be improved effectively to improve the quality of life and health level of citizens. In addition, in view of the hot issues of steel structure and sustainable development, Yue Qingrui, an academician of Chinese Academy of Engineering and president of China Steel Structure Association, was invited to write an article, comprehensively summarizing the development process, problems and challenges, market opportunities of steel structure construction in China, and systematically giving development suggestions. Then, in view of the hot issues of existing buildings and communities green renovation, Wang Qingqin, deputy general manager of China Academy of Building Research Co., Ltd., was invited to write an article to analyze the status quo, policies, research projects and related standards of existing buildings in China, and put forward specific development suggestions. Finally, aiming at the hot issues of building thermal environment, Professor Li Baizhan of Chongqing University, winner of the Second Prize of National Science and Technology Progress Award in 2020, was invited to write an article to explain the technological methods to improve the thermal environment and thermal comfort in buildings with lower energy consumption.

The new situation calls for new thinking and new tasks call for a new starting point. Facing the 14th Five-Year Plan, China's green building needs a new development concept and a new development path. It is expected that more people in the industry will be inspired to think based on this part and gain a more scientific and comprehensive understanding of the new technologies, new concepts and new models.

1 建筑部门实现碳中和的路径

1　A path to carbon neutrality in the building sector

在 2030 年之前力争实现碳达峰，2060 年实现碳中和，这是中央对我国低碳发展给出的明确目标和时间表。低碳发展不仅仅是能源领域的任务，而是要涉及各行业、各部门的各项工作，将对我国今后四十年的社会经济发展带来巨大和深远的影响。建筑部门是能源消费的三大领域（工业、交通、建筑）之一，从而也是造成直接和间接碳排放的主要责任领域之一。大力减少建筑部门相关过程中的碳排放，将极大地改变建筑建造、运行、维护维修各个环节的理念和方法，使整个行业产生巨大的革命性变化。

碳达峰年份是指在这一年之后的碳排放将逐年下降。碳排放总量是单位国内生产总值（GDP）的碳排放量与 GDP 的乘积，随着我国社会经济发展，GDP 总量一定会持续增长，而随着节能减排的不断深入，单位 GDP 对应的碳排放量也应该不断下降。当 GDP 的增长速度高于单位 GDP 碳排放量的下降速度时，碳排放总量就出现增长；而当单位 GDP 的碳排放量下降率高于 GDP 增长速度时，碳排放总量就会下降。单位 GDP 碳排放下降速度与 GDP 增长速度相平衡时，就应该是碳达峰的时间。因此碳达峰年份表明了发展模式的转变，由追求 GDP 增长总量的高速发展模式转为更追求发展质量、追求节能减碳的高质量发展模式。我国目前 GDP 年增长率已降低到 6％左右，未来很难再出现超过 10％的高速增长。而单位 GDP 能耗则持续下降，从 2014 年以来每年下降 5％左右。随着能源革命的不断深入，零碳能源（核电、风电、水电、光电）在能源总量中的占比不断提高，而单位 GDP 碳排放量等于单位 GDP 能耗与单位能耗的碳排放量的乘积，由此得到碳达峰指标：

碳达峰指标＝GDP 增速－单位 GDP 能耗的降低－单位能耗碳排放量的降低

碳达峰指标大于零，则碳排放总量持续增长；碳排放指标等于零，则碳排放达峰；当碳排放指标小于零，则碳排放总量将持续下降。目前，我国碳达峰指标正在逐年降低。随着能源结构的调整，以及单位能源消耗对应的碳排放的不断降低，碳达峰指标达到零和小于零将很快实现。

然而，碳中和是指碳排放总量要等于或小于碳汇所吸附的总量。研究表明我国未来可实现的碳汇很难超过 15 亿吨二氧化碳，这只相当于我国近年来二氧化碳排放总量的七分之一。由于有些基础工业需要燃烧过程，不可避免地要排放二氧化碳。所以碳汇指标最多用于中和这些无法实现零排放的工业过程。对大多数部门来说，实现碳中和就意味着零排放。对于建筑部门，应该把零排放作为其实现碳中和的基本目标。与碳达峰相比，实现零碳排放更是巨大的挑战。因此，研究实现碳达峰、碳中和的路径，应该先根据社会、经济和科技的发展，设计出未来在满足社会发展、经济富足和人民生活满意条件下的零碳场景，然后再研究从目前的状态怎样走向这一零碳目标的过程，得到实现碳达峰、碳中和的合理路径。

什么是建筑部门的零碳？就是建筑部门相关活动导致的二氧化碳排放量和同样影响气候变化的其他温室气体的排放量都为零。那么什么是建筑部门相关活动导致的这些排放量呢？按照对碳排放的研究和定义，可以分为这四种类型：

1. 建筑运行过程中的直接碳排放；
2. 建筑运行过程中的间接碳排放；
3. 建筑建造和维修导致的间接碳排放；
4. 建筑运行过程中的非二氧化碳类温室气体排放。

下面分别讨论这四类碳排放的现状、减排途径和最终目标。

1.1 建筑运行过程中的直接碳排放

主要指建筑运行中直接通过燃烧方式使用燃煤、燃油和燃气这些化石能源所排放的二氧化碳。从外界输入到建筑内的电力、热力也是建筑消耗的主要能源种类，但由于其发生排放的位置不在建筑内，所以建筑用电力、热力属于间接碳排放，不属于建筑的直接碳排放。我国目前城乡共有 600 亿 m^2 建筑，如果以建筑外边界为界线，考察这一界限内发生的由于使用化石燃料而造成的二氧化碳排放，可发现主要是以下几种活动通过燃烧造成的碳排放：

（1）炊事，我国城市居民、单位食堂和餐饮业多数采用燃气灶具，农村则使用燃气、燃煤和柴灶。柴灶使用生物质能源，其排放的二氧化碳不属于碳排放范围。燃煤每释放 1GJ 热量就要排放约 92kg 的二氧化碳，而燃气释放同样热量也要排放约 50kg 的二氧化碳，目前我国由于炊事排放的二氧化碳约为每年 2 亿吨，约占全国二氧化碳排放总量的 2%。用电力替代炊事，实现炊事电气化，是炊事实现零碳的最可行的途径。近年来，随着新一轮的全面电气化行动，各类电炊事设备不断出现，从家用小型的蒸蛋器到大食堂的电蒸锅、炒锅，在技术上完全可以实现炊事的电能全覆盖，同样可以保证中国菜肴的色香味。而按照热值计算，如果电价为 0.50 元/kWh，相当于燃气的价格为 5 元/Nm³。由于电炊事设备的热效率一般可达到 80% 以上，远高于燃气炊具 40%~60% 的热效率，所以按照目前的价格体系，燃气炊具改为电炊具后，燃料成本基本不变。因以，实现炊事电气化，取消燃煤燃气的关键是烹调文化。通过电动炊具的不断创新和电气化对实现低碳重要性的全民教育，我国炊事实现零直接碳排放应无大障碍。

（2）生活热水。我国目前城镇基本上已普及生活热水。除少数太阳能生活热水外，燃气和电驱动不相上下。目前全国制备生活热水造成全年二氧化碳排放约0.8 亿吨，也接近全国碳排放总量的 1％。用电力替代燃气热水器，应该是未来低碳发展的必然趋势。电驱动制备生活热水分电直热型和电动热泵型。目前国内已经有不少厂家生产相当可靠的热泵热水器，全年平均 COP 可达 3 以上。这样，当电价为 0.50 元/kWh，采用热泵热水器获取 1GJ 热量的电费是 48 元，而燃气价格为 3 元/Nm³ 时，获取 1GJ 热量的燃气费用为 86 元。所以采用电动热泵制备生活热水以实现"气改电"在运行费上已经可以得到回报。即使是电直热方式，加热费用也仅为燃气的 1.6 倍。对于分散的即热式电热水器，可以即开即用，避免放冷水的过程，节省热水管道的热损失，所以电热热水器的综合成本也不高于燃气热水器。通过文化宣传和电热水器的推广，电热水器替代燃气热水器也是指日可待。

（3）采暖用分户壁挂燃气炉和农村与近郊区的分户燃煤采暖。北方城镇居住建筑约 5％为燃气壁挂炉，近几年，华北地区农村清洁取暖改造也使燃气采暖炉进入了部分农户。此外，目前 70％以上的北方农村以及部分城乡接合部的居住建筑冬季仍采用燃煤炉具取暖。这些采暖设施导致每年超过 1 亿吨的二氧化碳排放，应该是全面取消建筑内二氧化碳直接排放工作的重点。除了室外温度可低至−20℃以下的极寒冷地区，我国绝大多数地区都可以在冬季采用分散的空气源热泵采暖。近二十年来，在企业和研究部门持续合作努力下，空气源热泵技术有了巨大的进步，可以满足绝大多数情况下的采暖要求。选择合适的末端散热装置后，空气源热泵采暖可以获得完全不低于燃气壁挂炉的室内舒适性，而运行费、初投资又都不高于燃气系统。对于少数不适合采用空气源热泵的极寒冷地区，采用直接电热的采暖方式，运行费是采用燃气炉的 1.5～2 倍，这可能需要有关部门从减少碳排放的角度对部分低收入群体的"气改电"进行适当的补贴。

（4）医院、商业建筑、公共建筑使用的燃气驱动的蒸汽锅炉和热水锅炉。在多数场合下，燃气热水锅炉可以由空气源热泵替代，并可以降低运行费用。而很多蒸汽锅炉提供的蒸汽仅有很少部分用于消毒、干衣、炊事等必须采用蒸汽的应用，多数又被交换为热水，服务于其他生活热水需求。对于这种情况，应尽可能减少对蒸汽的需求，能用热水就用热水，用热泵制取热水满足需求。个别需要蒸汽的应用，可以用小型电热式蒸汽发生器制备蒸汽。当蒸汽制备小型化、分散化之后，蒸汽传输、泄露等造成的损失就可以大大减少，这样，尽管电制备蒸汽的燃料费用为燃气的 1.5～2 倍，但由于蒸汽泄漏损失的减少，实际的运行费用并不会增加。

（5）由于历史上某些地区电力供应不足的原因，我国部分公共建筑目前还是采用燃气型吸收式制冷机。这不仅导致二氧化碳的直接排放，其运行费也远高于电动制冷机。由于直燃型燃气吸收式制冷机的 COP 不超过 1.3，当燃气价格为 3 元/Nm^3，单位冷量的燃气成本为 0.23 元；而当电价为 0.80 元/kWh 时，单位冷量的电费成本不超过 0.15 元。尽早把直燃型吸收式制冷机换成电驱动冷机，在减少直接碳排放、降低运行费用等各方面都能产生很大效益。

以上就是我国目前建筑内的二氧化碳直接排放。可以看出，实现建筑内二氧化碳的直接排放为零排放，目前没有任何技术和经济问题，并且在多数情况下还可以降低运行成本，获得经济效益。实施的关键应该是理念和认识上的转变以及炊事文化的变化。通过各级宣传部门各种渠道使大家认识到，使用天然气也有碳排放，只有实现"气改电"才能实现建筑零碳，在政策机制上全面推广"气改电"，应该是实现建筑直接零碳排放的最重要的途径。

1.2 建筑运行过程中的间接碳排放

目前建筑运行最主要的能源是外界输入的电力。我国 2019 年建筑运行用电量为 1.9 万亿 kWh。我国目前发电量中 30% 为核电、水电、风电和光电，属于零碳电力，其余都是以燃煤燃气为动力的"碳排放"电力。2019 年我国单位用电量平均排放 0.67kg 二氧化碳，因此建筑用电对应的间接碳排放为 12.7 亿吨二氧化碳。再就是北方城镇广泛使用的集中供热系统，由热电联产或集中的燃煤燃气锅炉提供热源。燃煤燃气锅炉房的二氧化碳排放完全归因于供暖导致的建筑间接碳排放；热电联产电厂的碳排放则按照其产出的电力和热力的㶲来分摊。由此可得到我国目前城镇集中供热导致的二氧化碳间接排放量为 4.3 亿吨二氧化碳。这样，建筑用电和建筑供暖用热力这两项就构成每年 17 亿吨二氧化碳间接排放，占我国目前二氧化碳排放总量的 17%。随着建筑实现全面电气化，其他各类直接的燃料应用也将转为电力，这将使建筑用电量进一步增加。按照分析预测，2040 年以后，我国人口将稳定在 14 亿，其中城市人口 10 亿，农村人口 4 亿，城乡建筑总规模为 750 亿 m^2，北方城镇需要供暖的建筑面积达到 200 亿 m^2。这就使得建筑运行需要的电力、热力进一步增加，从而使得建筑用电、用热导致二氧化碳间接排放增大。

由于建筑的电力、热力供应造成的间接碳排放是建筑相关碳排放中最主要的部分，所以降低这部分碳排放，并进一步实现零碳或碳中和，成为建筑减排和实现碳中和最主要的任务。为此，就必须改变电力和热力的生产方式，努力实现电力、热力生产的零碳或碳中和。核电、水电、风电、光电以及以生物质为燃料的火电都属于零碳电力,如果使这些电力成为我国的主要电源,而只用少量的燃煤燃气电力作为补充,再依靠一些二氧化碳捕获和封存的技术回收燃煤燃气火电排放的二氧化碳,就有可能实现电力生产的碳中和。

1.2.1 零碳电力的布局和节能的重要性

目前我国已有的核电约 0.6 亿 kW,主要布局在东部沿海。按照核电发展规划,从广东阳江、大亚湾直到大连红沿河,即使整个沿海地区可能的位置都规划布局核电,我国的沿海核电装机容量也仅能发展到 2 亿 kW,年发电量在 1.5 万亿 kWh。而内地的核电发展受到地理条件、水资源保障等多种因素限制,目前还没有下决心布局。

我国水力资源丰富,但除青藏高原外,水力资源已经基本开发完毕。目前已建成和即将建成的水电装机容量为 4 亿 kW,年发电量为 2 万亿 kWh;未来可开发利用的装机容量上限在 5 亿 kW,年发电量 2.5 万亿 kWh。

我国目前生物质燃料开发利用程度还很差,每年商品形式的生物质能仅几千万吨标准煤当量。根据分析,我国各类生物质资源总量可达 10 亿 tce,这是唯一的零碳燃料,需要首先满足一些必须使用燃料的工业生产需要。生物质能最多可为电力生产提供 3 亿~4 亿 tce,每年发电 1 万亿 kWh。这样,可以可靠获得并有效利用的核电、水电上限为 7 亿 kW,年发电 4 万亿 kWh。再加上未来可能的生物质发电,我国未来可以调控的零碳电量为 9 亿~10 亿 kW,每年可提供 5 万亿 kWh 电量。

2019 年我国电力供应总量为 7.2 万亿 kWh。如果按照以上的分配,有 5 万亿 kWh 的零碳电量,那么不足的 2.2 万亿 kWh 电量就可以通过发展风电(包括海上风电)、光电来补足。我国目前风电光电的装机容量都分别突破了 2 亿 kW,风电光电的年发电小时数在 1200~1500,所以目前风电光电总发电量约为 6000 亿 kWh。要满足上述 2.2 万亿的零碳电量缺口,需要的风电光电装机容量应在 15 亿 kW 以上。

发展风电光电面临的最大问题是峰谷调节问题。如果按照目前的电力系统架构和调控模式,需要有风电光电装机功率 70% 以上的可调节电力与其匹配,才能适应风电光电随天气的随机变化,在每个瞬间使发电功率与用电功率匹配。这样,15 亿 kW 的风电水电需要 10 亿 kW 的调峰电源。核电用于调峰经济性很差,因此只应作为基础电源。水电是非常好的调峰电厂,但仅有 5 亿 kW。如果再利用各种可能的地理条件发展 1 亿 kW 抽水蓄能电站,就还需要生物质燃料的火电厂承担 4 亿 kW 调峰任务,年发电 2000h。

按照上述分析,针对全国目前 7.2 万亿 kWh 的用电总量,如果充分开发利用核电、水电、抽水蓄能电站,以及风电、光电和生物质能电站,可以实现电力系统零碳。但是如果再进一步增加总的电量需求，就面临诸多困难。由于核电、水电和生物质燃料的火电都已达到其发展上限，增加部分只能通过风电、光电来满足。而进一步发展风电、光电面临着如下困难：

① 首先是风电光电的安装空间。风电光电都属于低密度能源，视地理条件不同，其能源密度仅在 $100W/m^2$ 左右。如果未来需要每年 8 万亿 kWh 风电光电，需要装机容量 60 亿 kW 以上，需要的安装空间为 600 亿 m^2，也就需要至少 6 万 km^2 土地。这样规模的土地在西北荒漠地区并不难找，但在这样的边远地区发展大规模风电光电，再集中长途输电到东部负荷密集区，就必须有相应容量的可调电源来平衡其变化。然而如上所述，我国可挖掘的集中式零碳调峰电源的规模仅为 10 亿 kW，不可能解决 60 亿 kW 风电光电的调峰问题。这就使得此方向目前尚无解决问题的技术路线。

② 只安排 5 亿～10 亿 kW 的风电光电在西北，利用那里丰富的水力资源和部分生物质燃料的火电为其调峰。沿海地区尽最大可能，发展 5 亿 kW 左右的海上风电。利用建筑屋顶及其表面发展光伏，利用中东部地区零星空地发展风电光电。我国城乡建筑可利用屋顶空间约为 250 亿 m^2，这样就要再利用各类零星空地 250 亿 m^2，也就是 2.5 万 km^2，来发展不同形式的风电光电。

③ 在建筑屋顶和零星空地发展分布式风电光电，就有可能发展分布式蓄电和需求侧响应的柔性用电负载来平衡风电光电的随机变化，解决电源与用电侧变化的不匹配问题。这时如果改变目前的集中式发电、统一输配电的方式，发展分布式发电、自发自用、分散调节，再加上一天内光伏发电变化与用电负荷变化的部分重合性，就可以把风电光电配套的调峰功率从 70% 降低到 40%～50%，或者具有相当于风电光电日发电量 70% 的日储能能力就可以应对。如果在中东部发展分布式风电光电 50 亿 kW，年发电量 7.5 万亿 kWh，则采用分布式方式需要的调节能力为 25 亿～30 亿 kW，蓄能容量为 200 亿 kWh/日就可以解决这样规模的风电光电的调节问题。我国未来大力发展电动汽车，如果有 2 亿辆电动小汽车，其电池的平均容量为 50kWh，则相当于有了储电能力为 100 亿 kWh/天，充放电功率为 20 亿 kW 的蓄能装置。如果有 300 亿 m^2 建筑通过安装分布式蓄电池和"光储直柔"配电改造为柔性用电方式，则也可以形成 6 亿 kW 左右的调峰能力。再努力发展一批可中断方式用电的工厂，就基本可以满足 50 亿 kW 分布式风电光电的调峰需求。

④ 以上是当风电光电装机容量达 60 亿 kW（西部地区 10 亿 kW，中东部地区 50 亿 kW），每年提供风电光电 8 万亿 kWh 时的情景。再加上核电、水电和生物质热电，电力总量为每年 13 万亿 kWh。可以看到，这已经属于非常困难的情况，各种资源全部调度，发展利用至极致，任何一个环节如果不能达到上述设想的最大程度，就难以实现总电量 13 万亿 kWh 的目标。如果未来要求的总电量进

一步增加，则零碳电力的目标将很难实现。因为我们缺少足够的水力资源进行调峰，也缺少足够的生物质能源供给调峰火电。依靠更多的化学储能或通过电解水制氢，用储氢的方式储能，可以解决一天内的风电光电变化和几天内天气变化导致的风电光电不足，但光电和水电都存在冬季短缺的问题，要求冬季有足够的调峰电源来平衡冬天的电力不足。生物质火电是解决电力季节差问题，充当季节调峰功能最合适的方式。而通过储能方式进行跨季节调峰，所需要的储能容量为日内调峰需要容量的几十倍，所以无论大规模蓄电池还是储氢，都不适宜作跨季节调峰。而同样受资源条件所限制，我国也很难分出更多的生物质能源用于电力调峰，前文所述的每年用于调峰火电 4 亿 tce 的生物质能源已经是最大可能的上限。如果要求每年提供风电光电 10 万亿，总的电量消费超过 15 万亿时，就很难破解上述诸多矛盾。此时可能的解决途径是挖掘更多的空间安装风力和光伏发电，满足冬季用电的功率需求，而春、夏、秋季可能就有大量的弃风弃电。增加的这部分风电光电仅为了满足冬季需求，投资回报率就会很低。再一个可能的方式就是保留部分火电，安排较大规模的碳捕获与封存（Carbon Capture and Storage，CCS）或碳捕获、利用与封存（Carbon Capture，Utilization and Storage，CCUS）回收这些火电排放的二氧化碳。这不仅需要大量投资，而且目前并没有找到真正可以把巨量的二氧化碳长期封存于地下或固化于建筑材料等大体量构造物中的可能的储存方式。火电＋CCS 和弃风弃光这两条路径都对应着回报很低的巨大投资，都属于没有其他办法时不得已而为之的最后招法。然而如果能通过深度节能的方式，根据我们的水能、核能和生物质能资源条件，把年用电消费总量控制在 12～13 万亿 kWh 以内，就不需要这些高投资而无回报的措施。而下大功夫节能，改变生产方式、生活方式，完全可以在每年 12 万亿 kWh 电量的前提下，实现我国社会、经济和人民生活水平进入到现代化强国之列。此方面的深入研究和规划见另文，建筑作为三大用能部门（工业、交通、建筑）之一，节能将是实现碳中和的最重要的前提条件。

在节能模式下，12 万亿 kWh 的电力消费总量可分配到城乡建筑运行领域 3.5 万亿 kWh。相对于 2019 年建筑运行的 1.9 万亿 kWh 用电量，尚有 80% 的增长空间，这将服务于除了北方城镇冬季供暖之外的建筑用电的全面电气化，以及城镇化导致城镇人口从目前的 8 亿增长到 10 亿后城镇房屋进一步增加所需要的用电（25%）、"气改电"所增加的用电（30%）、建筑服务水平和人民生活水平提高导致的用电量增长（25%）。对应于我国 14 亿人口，3.5 万亿 kWh 电力相当于人均建筑运行用电量 2500kWh，如果将其分配到居住建筑和公共建筑各一半，则居住建筑户均电耗为 3500kWh，各类公共建筑平均用电为 60kWh/m²。这些指标都远低于美国、日本及西欧、北欧国家的目前状况，但远高于我国目前的建筑用电状况。从生态文明的发展理念出发，科学和理性地规划我国建筑用能的未来，坚持"部分时间、部分空间"的节约型建筑用能模式，不使欧美国家在建筑用能上奢侈浪费的现象在我国出现，这应该作为我国今后现代化建设的一个基本原则。

1.2.2　建筑从能源系统单纯的消费者转为支持大规模风电光电接入的积极贡献者

上一节已经说明，建筑本身已成为发展光电的重要资源。充分利用城乡建筑的屋顶空间和其他可接受太阳辐射的外表面安装光伏电池，通过这种分布式光伏发电的形式，可在很大程度上解决大规模发展光电时空间资源不足的问题。尽可能充分利用建筑表面安装光伏，应该成为建筑设计的重要追求，外表面的光伏利用率也应成为今后评价绿色建筑或节能建筑的重要指标。

除了光伏发电，在零碳能源系统中，建筑还承担着另一个重要使命：协助消纳风电光电。建筑自身的光伏电力的特点是，一天内根据太阳辐射的变化而变化。中东部地区和海上风电光电基地的发电量也是在一天内根据天气条件随时变化。这些变化与用电侧的需求变化并不匹配，从而需要有蓄能装置平衡电源和需求的变化。建筑与周边的停车场和电动车结合，完全可以构成容量巨大的分布式虚拟蓄能系统，从而在未来零碳电力中发挥巨大作用，实现一天内可再生电力与用电侧需求间的匹配。这就要通过"光储直柔"新型配电系统来实现。

"光储直柔"的基本原理见图1，配电系统与外电网通过 AC/DC 整流变换器连接。依靠系统内配置的蓄电池、与系统通过智能充电桩连接的电动汽车电池，以及建筑内各种用电装置的需求侧响应用电方式，AC/DC 可以通过调整其输出到建筑内部直流母线的电压来改变每个瞬间系统从交流外网引入的外电功率。当所连接的电动汽车足够多，且自身也配置了足够的蓄电池时，任何一个瞬间从外接的交流网取电功率都有可能根据要求实现零到最大功率之间的任意调节，而与

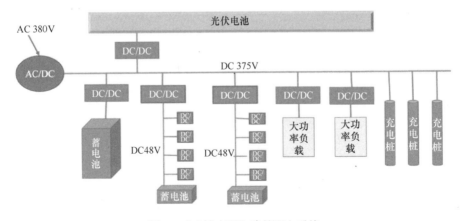

图 1　"光储直柔"建筑配电系统

当时建筑内实际的用电量无直接关系。这样，采用了"光储直柔"配电方式的建筑就可以直接接受风电光电基地的统一调度，每个瞬间根据风电光电基地当时的风电光电功率分配各座建筑从外网的取电功率，调度各"光储直柔"建筑的AC/DC，按照这一要求的功率从外电网取电。如果"光储直柔"建筑具有足够的蓄能能力及可调节能力，完全按照风电光电基地调度分配的瞬态功率来从外电网取电，则认为这座建筑消费的电力完全来自风电光电，而与外电网电力中风电光电的占比无关。

未来我国将至少拥有2亿辆以上的电动小汽车（不包括出租车）。按照目前的配置，每辆车辆配有50～70kWh蓄电池。根据研究分析和统计，任何时刻这些车辆的80%都停靠在停车场，处在行驶状态的小汽车不超过20%。如果这些停靠的车辆都与充电桩连接，而这些充电桩又接入邻近建筑的"光储直柔"配电系统，则可拥有每天100亿kWh的蓄电能力。如果我国未来拥有450亿m²"光储直柔"建筑，每100m²设置10kWh蓄电池，则又具有每天45亿kWh的蓄电能力。这些建筑和充电桩配合，具有30亿kW的最大充电能力，可以每天在平均6h的时间内完成充电任务，满足2亿辆小汽车和450亿m²的用电需要。2亿辆小汽车全年用电约4000亿kWh，450亿m²建筑全年用电2万亿kWh，合计全年约2.5万亿kWh电量，约为未来风电光电总量的35%～40%。如果未来风电光电的30%安排在我国西北戈壁，除满足当地用电需求外，通过那里的水电资源协调，西电东送供电；70%的风电光电为中东部负荷密集区内的分布式发电，则"光储直柔"建筑和停车场的电动汽车就可以消纳一半分布式风电光电，基本解决大比例风电光电后的消纳问题。我国未来城乡将有750亿m²左右的建筑，包括城镇居住建筑350亿m²，农村建筑200亿m²，办公和学校建筑120亿m²，其他商业、交通、文化体育建筑80亿m²。其中居住建筑、农村建筑、办公与学校建筑都适宜采用"光储直柔"方式。如果这些建筑的三分之二改造成"光储直柔"方式，则总量为450亿m²。

上述分析的前提仍然是大电网仅仅下行送电，作为电网终端的建筑并不向电网送电。"光储直柔"建筑和电动汽车只是通过蓄能，在电网上风电光电富足时接收这些风电光电，满足建筑和电动汽车的运行用电，这就不需要对电网做双向送电的大规模改造，不会对目前的电网系统带来太大的影响，而且在增加2亿辆小汽车、20亿～40亿kW的充电功率后，并不要求电网相应地增加配电容量。当出现个别的连阴天或静风天气时，2亿辆小汽车可以起到很大的电力移峰作用，再通过5亿～6亿kW火电的短期运行补充电力的不足，再依靠CCS回收其所释放的二氧化碳。我国已建成规模庞大的火电发电能力，保留部分火电用于在这种情况下调峰，是经济上最合理的方案。实际上，我国水电、光电都存在夏天高、冬天低的季节差，解决冬夏间电源的季节差，最经济的方式也是依靠调峰火电。同时，冬季运行的调峰火电的余热又可以为北方城镇建筑充当冬季供暖热源。

1.2.3 获得零碳和低碳热力的途径

我国北方有约 140 亿 m^2 城镇建筑在冬季需要供暖，随着城镇化进一步发展和居民对建筑环境的需求的不断提高，未来北方城镇冬季供暖面积将达到 200 亿 m^2。目前北方城镇采暖建筑的冬季平均耗热量为 0.3GJ/m^2，这就需要每年 42 亿 GJ 的热量来满足供暖需求。这些热量中约有 40% 是由各种规模的燃煤燃气锅炉提供，50% 由热电联产电厂提供，其余 10% 主要通过不同的电动热泵从空气、污水、地下水及地下土壤等各种低品位热源提取热量来满足供热需求。目前燃煤、燃气锅炉造成约 10 亿吨二氧化碳的排放，热电联产和电动热泵供热也需要分摊电厂所排放二氧化碳的一部分责任。

在未来，要大幅度减少这部分碳排放，首先就要减少供暖需求的热量。现在的 140 亿 m^2 采暖建筑中，约 30 亿 m^2 是 20 世纪 80~90 年代建造的不节能建筑，其热耗是同一地区节能建筑的 2~3 倍，这是目前北方城镇建筑供暖热耗平均值为 0.3GJ/m^2，远高于节能建筑所要求的低于 0.2GJ/m^2 的主要原因。此外，就是普遍出现的过热现象。很多采暖建筑冬季室内温度高达 25℃，远高于要求的舒适采暖温度 20℃。当室外温度为 0℃时，室温为 25℃的房间供暖能耗比室温为 20℃的房间高 25%。改造目前这 30 亿 m^2 的不节能建筑，通过改进调节手段和政策机制尽可能消除室温过高的现象，未来可以把供暖平均热耗从 0.3GJ/m^2 降低到 0.2GJ/m^2。这样，未来北方城镇需要供暖的 200 亿 m^2 建筑需要的供热量为 40 亿 GJ，低于目前 140 亿 m^2 的耗热量。由此可见，通过节能改造和节能运行降低实际需求，是实现低碳的首要条件。

改革开放四十余年来，我国北方城镇基本已建成完善的集中供热管网，约 80% 的城镇建筑具备与城镇集中供热热网连接的条件。我国目前已成为世界上集中供热管网最普及的国家。充分利用现有的管网条件，采集热电厂和工业生产过程的余热资源，是否可以满足供热热源需求呢？

核电是未来零碳电力系统中的重要电源。我国目前已在沿海建成并运行 0.5 亿 kW 核电厂，年发电接近 4000 亿 kWh。按照规划，未来将在东部沿海建设 2 亿 kW 的核电。其中至少有 1 亿 kW 建于从连云港至大连的北方沿海。1 亿 kW 的核电需要排出低品位余热 1.5 亿 kW。目前这些余热都排入海中，这是为什么要把核电厂建在海边的重要原因。而有效回收这部分热量，即使每千瓦发电功率回收 1.2kW 的余热，在冬季 3000h 也可得到 3.6 亿 MWh，也就是 12.5 亿 GJ 的热量。如果采用跨季节蓄热，使核电全年都按照热电联产运行，而在非供暖季将热量储存，则每年可获得 32 亿 GJ 的余热，几乎可满足 80% 的北方地区供热需求。所以核能具有巨大的深度开发利用潜力。

可以采用的技术路径是用核电余热通过蒸馏法进行海水淡化，制备温度为95℃的热淡水。通过单管向需要热量和淡水的人口密集区输送热淡水，其经济性输送距离可为150～200km。在接近城市负荷区的首站，可以通过换热方式把输送的淡水冷却到10～15℃，成为城市的淡水水源，而换出的热量则成为城市集中供热热源。如果海水温度为0℃，采用这种方式时，80%的余热成为城市集中供热热源，15%的热量进入城市自来水系统或在输送过程中损失，5%随浓海水回到大海。这样北方核电余热在冬季可提供10亿GJ的热量用于城镇供热，同时每个冬季还提供30亿淡水，接近目前已完成的南水北调中线工程的年调水量。这对缓解北方沿海地区水资源短缺现象也可以起很大作用。这一方式消耗的核电余热80%都成为城市供暖热源，所以可认为是"零能耗海水淡化"，输送用水泵能耗仅为目前双管循环水方式的一半，所以经济输送距离可从目前的70～100km增加到150～200km。而淡水搭载在热量输送中，于是就实现了"淡水的免费输送"。研究海水淡化的流程又可以得到，制备热淡水的装置由于需要的换热能力减少了约50%，所以装置的初投资比常规的蒸馏法海水淡化装置至少低30%以上。这就使得这种利用余热"水热联产、水热同送和水热分离"的方式的初投资，仅为利用余热分别进行的海水淡化和热电联产方式的不到50%，输出等量的热与淡水产品所消耗的余热减少30%。

如果在城市附近利用湖泊或池塘等自然条件建设大规模的跨季节储热系统，则可以使核电全年排出的余热都得到有效利用。图2所示为带有跨季节蓄热的系统原理。非供暖季利用核电排出的余热制备成热淡水经长途输送后，进入大型蓄热水池顶层，置换出10～15℃的冷淡水从下部排出，经管道B、C送入自来水厂。冬季供暖结束时，蓄水池内全部为冷水，经过春、夏、秋三季的持续置换，到开始供热时蓄水池内已经全部置换为90℃的热水。供热季开始，从核电厂制备的热淡水继续进入蓄水池顶层，同时从顶层流出更大流量的热水经过管道A进入热交换器，在水热分离装置把热量释放给另一侧的热网循环水，自身冷却到10～15℃的冷水部分再经过管道B返回蓄水池，部分经管道C被送入自来水厂。由于核电站一般全年运行7500～8000小时，这种带有跨季节蓄能的全年运行方式可以提供的淡水量和热量为前述仅冬季运行的方式的2.5倍。如果有1亿kW的核电站，全年可提供25亿GJ的热量和75亿吨淡水，可以满足沿海岸线法线

图2　带有跨季节蓄能的海水淡化、水热联产系统

方向 200km 以内地域的城镇 2 亿人口的全部建筑的供暖需求和一半的淡水需求。

对于远离海岸线的北方内陆地区，则可以采用用于冬季调峰的火电厂以热电联产模式运行所输出的余热。1kW 发电能力可在发电的同时产生 1.3kW 以上的热量。这样，如北方有 3 亿 kW 调峰火电，就可以输出 3.5 亿 kW 热量，如冬季平均运行 2000 小时，就可提供 25 亿 GJ 的热量，其 80% 即可完全满足北方内陆 100 亿 m² 供暖建筑的热源需求。

对于难以连接集中供热管网的部分城镇建筑，未来可能占城镇建筑总量的 20%，可以采用各类电动热泵热源方式，包括空气源、地源、污水源，以及 2000~3000m 深的中深层套管换热型热泵方式。如果这些热泵方式的平均 COP 为 2.5，则 20% 的北方城镇建筑，也就是 40 亿 m² 建筑需要的 8 亿 GJ 热量需耗电 900 亿 kWh。这占我国冬季 3 万亿 kWh 左右的冬季用电总量的 3%，不会对电力系统的冬夏平衡带来太大的问题。

1.3 建筑建造和维修导致的间接碳排放

我国制造业用能占全国能源消费总量的 65%，制造业用能导致的碳排放成为我国最主要的碳排放。制造业用能中，67% 为钢铁、有色、化工和建材这四个行业。化工产业的部分用能是以能源作为生产原料，并不构成碳排放，因此钢铁、有色和建材三大产业是我国制造业主要的碳排放产业。我国的这三个产业具有巨大的产能，2019 年我国钢产量超过 10 亿吨，为世界第一，而世界钢产量第二至第十的国家钢产量之和也没有达到 10 亿吨。我国水泥、平板玻璃等的产量更是超过世界总产量的 50% 以上。巨大的产量形成巨大的碳排放。而之所以具有这样的产量又是由于旺盛的市场需求所导致。进入 21 世纪以来，我国经济发展的主要驱动力是快速城镇化带来的城镇建设和大规模基础设施建设。2019 年城镇房屋总量几乎为 2000 年的 4 倍，高速公路、高速铁路则从零起步，二十余年的时间使我国的高速公路、铁路的总里程都位于世界第一。二十余年建筑业和基础设施建造的飞速发展，极大地改变了我国 960 万平方公里土地的面貌，为实现"美丽中国"奠定了重要基础。然而，这样的建设速度导致对钢铁、建材和有色金属产品的极旺盛需求。我国钢铁产品的 70%，建材产品的 90%，有色产品的 20% 都用于房屋建造和基础设施建造，其中用于房屋建造占一半以上。而这些产品的生产、运输又形成巨大的碳排放。图 3 所示为 2004 年以来我国民用建筑建造由于建材生产、运输和施工过程导致的二氧化碳排放量。近几年，这一排放量已达 18 亿吨，接近建筑运行的 21 亿吨二氧化碳排放量。二者之和几乎达到我国碳排放总量的 40%，成为全社会二氧化碳排放占比最大的部门。尽管这 18 亿吨建材生产运输的碳排放被计入工业生产和交通运输的碳排放，但是如果没有

图 3 我国民用建筑建造导致的二氧化碳排放量

旺盛的建筑市场需求，工业和交通部门就不会这样大规模生产和运输这些建材。所以这部分碳排放也应由建筑部门分担其减排责任。

这样的房屋建设速度是否一直要持续下去呢？目前，我国城乡建筑建成面积已超过 600 亿 m^2，尚有超过 100 亿 m^2 的建筑处于施工阶段。全部完工后，我国将拥有 700 亿 m^2 建筑，人均建筑面积达 50m^2，其中居住建筑人均将超过 35m^2，公共建筑和商业建筑人均也将超过 10m^2。这样的指标已经超过日本、韩国、新加坡这三个亚洲发达国家的目前水平，并接近法国、意大利等欧洲国家水平。我国人均土地资源相对匮乏，中高层的居住建筑模式也使得居住单元面积小于欧美单体或双拼型住宅。据一些调查统计研究，我国目前城镇住房的空置率已超过 15%，考虑三四年后将陆续竣工的 100 亿 m^2 建筑（其中 60% 以上为居住建筑），即使进一步城镇化，城镇居民再增加 25%，从目前的 8 亿人口增加到 10 亿，住房总量也基本满足需求。部分居民的住房问题完全是房屋分配问题，而不再是总量不足的供给问题。按照"房屋是用来住的，不是用来炒的"这一精神，再进一步增大房屋规模只能增加空置率，产生出更多的"鬼城"。

图 4 所示为近年来我国城乡建筑的竣工量和拆除量，可以看出，初期年竣工远大于年拆除量，由此形成建筑总量的净增长，满足对建筑的刚性需求。而近几

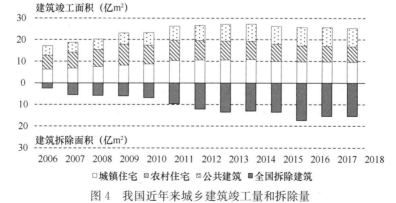

图 4 我国近年来城乡建筑竣工量和拆除量

年，扣除农村的竣工面积，每年城镇建筑的拆除面积已接近当年的竣工面积，建筑净增长量已经很小。这也表明我国房屋建造已经从增加房屋供给以满足刚需转为拆旧盖新以改善建筑性能和功能。"大拆大建"已成为建筑业的主要模式。然而根据统计，拆除的建筑平均寿命仅为三十几年，远没有达到建筑结构寿命。大拆大建的主要目的是提升建筑性能和功能，优化土地利用。其背后巨大的驱动力为高额的土地价格。然而，如果持续这样的大拆大建，就会使建造房屋不再是一段历史时期的行为而成为持续的产业，由此导致的对钢铁、建材的旺盛需求也将持续下去，那么钢铁和建材的生产也将持续地旺盛下去，由此形成的碳排放就很难降下来了。

与大拆大建相比，建筑的加固、维修和改造也可以满足功能提升的需要，但如果不涉及结构主体，就不需要大量钢材水泥，由此导致的碳排放要远小于大拆大建。改变既有建筑改造和升级换代模式，由大拆大建改为维修和改造，可以大幅度降低建材的用量，从而减少建材生产过程的碳排放。建筑产业应实行转型，从造新房转为修旧房。这一转型将大大减少房屋建设对钢铁、水泥等建材的大量需求，从而实现这些行业的减产和转型。

为什么宁可拆了重建也不愿维修改造呢？调查表明，尽管大拆大建需要大量的建筑材料，但所需人工费却远低于维修改造，并且大拆大建还可以在原有土地上增加建筑面积，从而带来巨大的商业利益。因此，必须从生态文明的理念出发，制定科学合理的政策机制，杜绝大拆大建现象，鼓励劳动力密集型而不是材料和碳排放密集型的房屋改造模式。

无论是新建还是改造，目前的建筑业还在很大程度上依赖水泥，水泥生产过程又要排放大量二氧化碳。这一问题的彻底解决需要彻底改变目前的房屋建造方式和建材形式。在工业革命以前，我国五千年的房屋建造史中并没有水泥，利用传统工艺也可以建造出万里长城、巨型宫殿，也可以出现屹立千年的建筑，水泥仅是近两百年发展出来的建筑材料并形成以其为基础的建造方式。低碳发展很可能需要建造行业的革命，而其根本出发点就是用新型的低碳零碳建筑材料替代高碳排放的水泥，并围绕新的建筑材料的特点发展出新型建筑结构和房屋建造方式。

未来的能源系统很难完全避免使用化石能源。通过燃烧来使用少量的化石能源，并从燃烧过程排放的烟气中分离出二氧化碳，将其固化和贮存，也就是 CCS (Carbon Capture and Storage)，将是一种重要的实现碳中和的方式。但在何处贮存固化或液化的二氧化碳，却是 CCS 这一碳中和路径中最难以解决的问题。如果通过某种方式，把二氧化碳合成为新的建筑材料，使建筑物结构体成为碳的贮存空间，则既可解决建材生产过程的二氧化碳排放，又使建筑成为固碳的载体，这将对未来实现碳中和目标起到重大贡献。

上述讨论说明，目前我国的大兴土木，是钢铁建材产量居高不下的主要原因，而钢铁建材的生产过程又在工业生产过程碳排放总量中占主要部分。避免"大拆大建"，使建筑的维修改造成为建筑业的主要任务，减少对钢铁建材的需求，将有效减少工业生产过程的碳排放。研究新型的低碳建材和与其相配套的结构体系和建造方式，是未来建筑业实现低碳的重要任务。利用从烟气中分离出的二氧化碳生产新型建材，使建筑成为固碳的载体，还可以进一步使建筑业从目前的高碳行业转为负碳行业，为碳中和事业做出贡献。

1.4 建筑运行过程中的非二氧化碳类温室气体排放

除了二氧化碳导致气候变暖，还有很多非二氧化碳气体排放到大气后也造成温室效应。取这些气体中一个碳原子与二氧化碳气体中一个碳原子所产生的温室效应之比称为 GWI（Global Warning Index），这些非二氧化碳气体的 GWI 可高达几十到几千。因此尽管这些气体排放量远小于二氧化碳，但其对气候变化的影响不容轻视。根据有关机构的初步分析，我国排放的非二氧化碳类温室气体按照 GWI 的方法看，相当于使用化石能源所排放的二氧化碳量的 $20\%\sim30\%$。其中，建筑中采用气体压缩方式进行空调制冷所普遍使用的非共氟类制冷工质就是主要的非二氧化碳类温室气体。

非共氟类制冷工质只有排放到大气中才会产生温室效应。如果通过改进密封工艺，可以实现空调制冷运行过程中的无泄漏，从而实现运行过程中的零排放。近年来，我国制冷空调技术水平有了长足的进步，空调、冰箱等各类使用氟类工质的制冷系统运行泄漏量显著减少。只要继续改进密封工艺，并严格管控，杜绝非移动设备运行过程中的泄露是完全可以实现的。而对于车辆空调，由于其长期处于剧烈振动中，做到无泄漏有一定困难，应根据车辆特点发展新型的无氟空调制冷方式。

目前制冷工质实际的大量排放出现在维修和拆除过程中。尤其是居住建筑分散型空调，当移机或废弃时，往往直接把系统放空，制冷工质直接排到大气。在中央空调大型制冷机组及各类中型、大型热泵的维修中，也有向大气排出系统中制冷工质的现象。通过合理的政策机制，形成严格的制冷工质回收制度，禁止各种场合下的制冷工质排放，可有效地消除这部分非二氧化碳类温室气体排放。近年来，一些机构研发回收和再利用从系统中取出制冷工质的技术。再利用技术有一定的困难，且成本较高，这就使得很多情况下放弃了对这些制冷工质的回收。如果改变思路，不是从回收利用的角度，而是从避免排放的角度，按照大气和水污染管理的方法，强化制冷工质的回收和处理，结果就会有所不同。当回收的工质难以处理和再利用时，可以烧掉，使其转变为二氧化碳排放，GWI 降为 1。学习环境治理领域的成功经验和方法，制定对制冷工质有效的管理方法，可以避免空调制冷工质导致的非二氧化碳气体排放。

再进一步的路径就是发展新的无氟制冷技术，在一些不能避免泄露、不易管理的场合完全避免使用非共氟类制冷工质。目前已经有大量的新技术来实现无氟制冷。在干燥地区采用间接式蒸发冷却技术，可以获得低于当时大气湿球温度的冷水，满足舒适性空调和数据中心冷却的需要，且大幅度降低制冷用电量；利用工业排出的100℃左右的低品位热量，通过吸收式制冷，也可以获得舒适空调和工业生产环境空调所要求的冷源，且由于使用的是余热，可以产生节能效益。目前涌现出来的新型制冷技术如热声制冷、磁制冷，以及技术上又有所突破的半导体制冷等，则可以完全不用制冷工质，用电或热驱动制冷。以前这些新型制冷方式功率小、效率低，仅服务于特殊需求条件下。近年来，这些方式在理论、技术上都出现重大突破，制冷容量增加，效率提高，可应用范围也在逐步向建筑部门渗透。

采用无氟制冷工质则是又一条解决非二氧化碳温室气体排放的技术路径。二氧化碳就是可选择的制冷工质。由于它的三相临界点温度为31.2℃，所以其热泵工况是变温地释放热量，而不是像其他类型工质那样以相变状态的温度放热，这就使得工质与载热媒体有可能匹配换热，从而提高热泵效率。近二十年来，采用二氧化碳工质的热泵产品获得了巨大成功。由于二氧化碳工质工作压力高，对压缩机和系统的承压能力提出很高要求，而我国在此方面的制造技术还有所欠缺。这需要将其作为解决非二氧化碳温室气体排放的一个重要任务，组织多方面合作攻关，尽早发展出自己的成套技术和产品。

另一个重要方向是转向传统的氨制冷剂。这是人类最初采用气体压缩制冷时就使用的制冷剂。后来由于安全性等问题，逐渐退出制冷应用。在考虑氟系的制冷剂替代中，氨又重新回到历史舞台。通过多项创新技术，可以克服氨系统原来的一些问题，未来在冷藏冷冻、空调制冷领域，氨很可能会占有一定的市场。

非二氧化碳类温室气体问题是与二氧化碳同样重要的影响气候变化的重要问题，需要建筑部门认真对待。非二氧化碳类温室气体排放问题的解决，将导致建筑中冷冻冷藏、空调制冷技术的革命性变化，实现技术的创新性突破，值得业内关注。

以上围绕实现碳中和的目标，从技术的角度讨论了建筑部门的发展路径。而真正按照这一路径实现最终的碳中和目标，不仅需要技术革命，更需要在建筑与使用者关系这一基本问题上坚持生态文明的发展观，从人与自然的关系、从可持续发展的角度，确定建筑环境营造方式的基本理念。

从工业革命开始形成的工业文明，其本质是充分挖掘自然界的一切资源以满足人类的需求。工业文明理念促进了人类社会的极大发展。然而，人的欲望是无穷尽的，有限的自然资源无法满足无穷尽的需求，这是近些年来出现资源枯竭、环境恶化、气候变暖的根本原因。而生态文明的发展理念，就是追求人类的发展与自然界生态环境之间的平衡，在不改变自然生态环境的前提下实现人类的可持续发展。从这一基本理念出发，就可以回答上述涉及的很多争论。

未来到底还要建造多少房屋？是满足生活与社会、文化和经济活动的基本需求，还是非要追求奢侈型居住和社会活动的建筑环境？关于居住单元的规模，办公空间的规模、学校的规模，以及商业、交通、文体设施建筑的规模，这些年来出现过许多次争论。从居住健康、幸福、社会繁荣的角度，从资本运作的需要，很难给出规模的上限。但是考虑土地资源、碳排放空间等自然资源的约束，却存在制约着建筑规模无限扩张的上限。严格控制建筑总量，在科学确定的规模总量之下合理地规划各类建筑的规模，避免无节制的扩张，是生态文明发展观的基本原则和要求，更是实现未来碳中和的基础。

按照什么方式营造建筑室内环境？这是如何实现生态文明发展的又一个基本问题。我国城市建筑运行的人均能耗目前仅为美国的五分之一到四分之一。单位面积的运行能耗也仅为美国的约 40%。这样大的差别主要是由于不同的室内环境营造理念所造成的。我国传统的建筑使用习惯是"部分时间、部分空间"的室内环境营造模式，也就是有人的房间开启照明、空调和其他需要的用能设备，无人时关闭一切用能设备。而美国的"全时间、全空间"是，无论有人与否，室内环境在全天 24 小时内都维持于要求的状态，这种方式无疑会给使用者带来很大的便捷，但由于每个建筑空间的实际使用率仅为 10%～60%，全天候的室内环境营造导致了对能源的巨大需求，为建筑运行实现零碳带来极大的困难。此外，建筑的通风方式，是完全依靠机械通风，还是尽可能优先采用自然通风？室内热湿环境水平，是维持在满足舒适需求的下边界（冬季维持在温度下限、夏季维持在温度上限），还是维持在舒适性的上边界（冬季维持在温度上限、夏季则维持在温度下限）或过量供冷过量供热？这些都会造成建筑运行用能需求的巨大差别。从生态文明理念出发，坚持我国传统的节约型建筑运行模式，在较低的建筑运行能耗强度水平上，实现建筑运行零碳目标。而一旦这种传统的运行模式被打破，出现建筑运行能耗强度在目前水平上增加二三倍甚至更多的现象，则前面提出的各种零碳思路就不能奏效了。同样，按照前文所讨论，要实现建筑设备的"需求侧响应"模式运行，也要在不影响使用者基本需求的前提下，根据供给侧可再生电力的变化适当调整室内用电状况，这会在一定程度上影响使用者的舒适性和所接受服务的便捷性。但这种较小的不适与不便换来的是避免使用化石能源，从而实现零碳。这是在零碳和高标准享受之间的平衡。实际上，随着零碳理念的深入人心，发达国家也开始反思，开始倡导节约低碳的运行模式。从生态文明的理念出发，由追求极致的享受到追求人类需求与自然环境的平衡，是人类文明发展和进步的表现，也是我们应恪守的发展理念。

1.5 通向零碳的路径

我国目前建筑运行每年还排放 20 亿吨以上的二氧化碳，建筑建造每年还间接导致钢铁建材等制造领域排放 17～18 亿吨二氧化碳。现在距 2060 年的碳中和目标还有约 40 年时间，建筑部门在这 40 年内应该通过怎样的发展路径来实现未来目标？

清晰地定义 40 年后的目标，就可以科学规划这 40 年的发展路径，使其在满足实现社会经济文化发展需要的前提下，逐步向未来情景逼近。避免"摸着石头过河"，减少重复建设，少走弯路。

面对现实的大量问题、需求，可以有多种解决方案，但有些方案是通向未来碳中和场景的中间过程，有些却是与未来碳中和的场景背道而驰。那么，是否应该尽可能选取那些与未来目标相一致的方案？

例如，目前北方地区的取消散煤、实现清洁能源供暖的行动，可以是"煤改气"方式，也可以是"煤改电"，煤改电动热泵。从当前看，煤改天然气可以完成取消散煤、实现清洁供暖的任务。但是，从前述讨论看，天然气也属于化石能源，天然气燃烧排放的二氧化碳约为产生等热量所需的燃煤燃烧的一半，未来也属于被替换的范围。那么，我们是否就应该坚持"煤改电"，尤其是煤改电动热泵，而不是先改燃气，然后再"气改电"呢？

自 2000 年以来，世界上就一轮一轮地掀起推广燃气驱动的热电冷三联供系统的热潮，将其作为分布式能源的主要形式，实现节能和低碳。然而这种方式仍然是由作为化石能源的天然气驱动，不可避免地要排放二氧化碳。并且，既然是热电冷联供，仅仅当热与电或冷与电的需求相匹配时，才可实现最高的效率。而对于一幢建筑或一个建筑群来说，电的需求和冷热需求很难同步匹配。按照"以电定热"运行，就会使无热量需求时大量的余热被排放；而"以热定电"又会出现气电顶替风电光电的现象，干扰未来风电光电为主的电力系统的运行。热电冷三联供的更大的问题是促成了区域供冷方式。而实际上从供冷特点看，建筑对供冷的需求在大多数情况下都希望是"部分时间、部分空间"模式的，"集中"促使了"全时间、全空间"的供冷服务，导致终端消费量成倍增加。20 年来，国内也建起不少热电冷三联供系统，但在实际运行中尚未发现一个真正降低了运行能耗，获得节能效果的案例。接受历史的教训，从未来碳中和目标规划，我们是否应坚决停止再上这类项目了呢？

反之，发展建筑表面的光伏发电，这是未来大势所趋。目前，光伏组件的成本越来越低，光伏发电成本已低于煤电。发展光伏又不会对建筑带来什么负面影响，那么为什么不能尽早地在新建建筑中推广，在既有建筑中追加？发展光伏的主要困难是接入和消纳，在建筑内没有实现"光储直柔"改造，形成良好的光伏接入与消纳条件时，在电网未进行深入改造，形成可再生电力分布式接入的条件时，大规模的建筑光伏可能会对电网带来一定冲击。那么，就可以先建设建筑周边停车场的光伏直流充电桩，由电动汽车通过慢充方式消纳光伏电力。这既有利于电动车的推广，又与未来建筑的"光储直柔"配电改造相一致，是通向建筑碳中和路径中间的重要节点。这就是把长远方向与近期任务有机结合的发展方式。

坚持绿色建筑发展方向，通过绿色技术和方式提升建筑的功能和服务水平，这是建筑永远不变的发展方向。在设计和营造中，通过被动化技术，使建筑对机械系统提供的冷、热、光的需求减少到最小；再通过供能系统的最优化技术，使其供能效率得到最大的提高。这仍然应该是建筑和机电系统未来发展的基本要求。在此基础上，再发展储能和灵活用能的技术与措施，就可以逐步逼近和实现未来的碳中和目标。

1.6　总　　结

本文介绍了减缓气候变化、实现碳中和目标和建筑部门的四个主要任务：取消直接碳排放；协助减少电力和热力应用导致的间接碳排放；减少建造和维修用材的生产和运输导致的碳排放；避免建筑中空调制冷系统使用时非二氧化碳类温室气体的排放。生态文明理念是完成这四项任务的基础。为了实现碳中和的目标，这四个方面都必须出现革命性变革，改变用能种类，改变用能方式，改变建筑材料和结构，改变空调制冷方法。只有通过这些根本的改变才有可能实现消除或中和建筑相关的温室气体排放。与此同时，这些革命性变化又将反过来促进整个建筑行业的技术进步。因此，碳减排、碳中和并不是制约了经济发展，而是打破技术和经济发展的僵局，开放出新的发展空间，从而哺育出颠覆性技术，促进全行业出现跨越式发展。这应该是碳减排、碳中和为我们带来的发展机遇，抓住这个机遇，从新的角度去看行业的发展，可以使我们对许多问题看得更清楚，从而产生完全不同的解决思路，促进事物出现革命性变化。

作者：江亿（中国工程院院士　清华大学建筑节能研究中心）

2 绿色建筑室内空气中病原微生物消杀及风险防控

2 Pathogenic microorganism elimination and risk prevention and control in green building indoor air

摘　要：当前，我国雾霾天气频繁爆发，室外大气质量短期内尚难达标，推广绿色建筑可有效改善室内空气质量和保障民众身体健康，新冠疫情的出现对绿色建筑提出了更高的要求。本文介绍了绿色建筑在疫情防控中发挥的作用及存在的问题，分析了绿色建筑室内空气面临的病原微生物气溶胶传播风险，探讨了疫情下室内空气中典型污染物的种类、来源及对人类健康的影响，提出了"五位一体"的室内空气污染防控技术，可以实现致病微生物的全时段彻底消杀。最后提出了绿色建筑室内空气污染防控技术发展方向，进一步提升绿色建筑疫情防控能力。

Abstract：At present，haze weather frequent outbreaks and outdoor air quality in the short term is difficult to meet the standards in China. Consequently，the promotion of green buildings can effectively improve indoor air quality and protect people's health；in addition，the emergence of novel coronavirus pandemic has put forward higher requirements for green buildings. The role and problems of green building in epidemic prevention and control were introduced. The risk of aerosol transmission of pathogenic microorganisms to indoor air in green buildings was analyzed，and the types，sources and effects of typical pollutants in indoor air in the epidemic situation were discussed. On this basis，the " five-in-one" indoor air pollution prevention and control technology is proposed，which can achieve the complete elimination of pathogenic microorganism throughout the time. Finally，the development direction of indoor air pollution prevention and control technology in green buildings is put forward，which further enhances the epidemic situation prevention and control capability of green buildings.

2.1 绿色建筑的室内空气质量控制

全球爆发的新型冠状病毒肺炎（COVID-19）对人的生命健康造成了重大影响，已成为一场全球性的公共卫生危机。当前我国新冠疫情防控成效显著，已经进入科学精准的常态化防控阶段，但新冠肺炎仍在全球蔓延，对许多国家的经济、社会各方面造成了重大影响。如交通设施的停用，旅游业受到冲击；一些大型会议、学生上课采用线上的方式，但在一些贫困、欠发达地区没有网络，无法交流，导致了教育的不平等。

十九大报告中提出"实施健康中国战略"，旨在全面提高人民健康水平、促进人民健康发展，为新时代建设健康中国明确了具体落实方案。《"健康中国2030"规划纲要》提出"普及健康生活、建设健康环境、发展健康产业"。现阶段环境污染，雾霾频发，尤其面对新冠疫情突发公共卫生事件，人们活动范围大多集中在社区和建筑内，建筑成为疫情防控的关键场所，只有消除或降低居住环境中的病原微生物、挥发性有机物（VOCs）等健康风险因素，提升建筑健康性能，营造健康的建筑环境，推行健康的生活方式，才能有效提高国民生活质量和健康水平。健康建筑是健康中国战略落地实施的重要环境基础，是全民健康的必要条件。

健康的建筑应以绿色建筑为前提。"绿色建筑"是指在建筑的全寿命周期内，最大限度地节约资源（节能、节地、节水、节材）、保护环境和减少污染，为人们提供健康、适用和高效的使用空间，与自然和谐共生的建筑。2019年住房和城乡建设部发布了《绿色建筑评价标准》GB/T 50378—2019，规定了建筑安全耐久、健康舒适、生活便利、资源节约、环境宜居、提高和创新六个方面的内容，更加注重建筑的安全、健康、宜居。绿色建筑在提供疫情防控基本保障和便利条件、降低感染风险和预防交叉感染、促进人民身体健康、维持疫情期间生产生活稳定等方面，发挥了积极的促进作用[1]。

我国建筑已逐步开始强调健康属性，健康建筑是绿色建筑在健康方面向更深层次的发展。健康建筑既满足绿色建筑的要求，也兼顾使用者的身心健康，是"以人为本"理念的集中体现，应像生命体一样具有自我调节和适应周围环境的能力，为人们提供更加健康的环境、设施和服务。2016年住房和城乡建设部立项编制了《健康建筑评价标准》，是实现建筑健康性能提升的重要依据，全面促进及带动了健康建筑的发展。但现有的健康建筑标准未考虑疫情引发的室内病原微生物污染问题，可在空气质量要求中增加微生物控制指标，并提出建筑空气净化消杀要求。

2.2 新冠病毒的气溶胶传播风险分析

空气既是人类赖以生存的必要条件，也是传播疾病的重要媒介，以空气为传播媒介的流行病日益频发。空气微生物包括对人体有害的病毒、细菌、支原体和真菌或其孢子等，可能带来传染性疾病，与人体健康和环境质量密切相关。空气中微生物一般以气溶胶的形式存在，因微生物气溶胶引起的呼吸道感染率高达20%。如SARS、禽流感、甲型H1N1流感、新型冠状病毒肺炎等呼吸道传染病已成为公共卫生的重大威胁，严重影响了人民群众身体健康和生命安全。

对于空气中新冠病毒的传播途径，是一个逐渐认识和完善的过程。在疫情初期，呼吸道飞沫和密切接触传播被认为是新冠病毒的主要传播途径。2020年2月29日，《中国—世界卫生组织新型冠状病毒肺炎（COVID-19）联合考察报告》发布，指出"尚无新冠肺炎空气传播的报告，且根据现有证据，也不认为空气传播是主要传播方式。"200多位世界相关研究领域的顶级科学家联名致信世卫组织，提出新冠病毒通过空气传播的风险。2020年3月，笔者团队在《中国科学报》撰文提出"疫情防控一刻不能放松，加强室内空气污染与传播阻断的研究和应用，切断病毒的气溶胶传播，仍然必要。"2020年9月18日，美国疾控中心的疫情防范指南指出，新冠病毒会通过空气中的细小颗粒物传播，建议居家时可以使用空气净化器，减少空气中的病毒。2020年10月6日，美国疾控中心承认新冠病毒可经气溶胶传播，尤其是在通风不足的封闭空间内。

新冠病毒附着在气溶胶上借助空气传播距离最多可达几十米，生物气溶胶（病毒）大小一般在 $0.02\sim0.3\mu m$，在空气中存活的时间长达3个小时。在户外开放空间，新冠病毒气溶胶由于大气稀释作用和自身衰减，不易致病。但在疫区的医院、学校、公共场所等，在没有良好的室内通风净化设施的环境下，感染者产生的气溶胶病毒颗粒可能在室内产生聚集，通过空气传播加剧交叉感染风险。如2003年，香港淘大花园小区因浴室地漏的U形存水弯干涸未能发挥隔气作用，浴室抽气扇抽出的病毒带到天井，受污染的空气进入相隔数层的住户，造成331人感染"非典"，死亡42人，是典型的病毒气溶胶传播案例。广州某餐厅爆发的三个非关联家庭感染新冠案例表明，来自空调的强气流可能使液滴在小范围内交叉传播，而外部通风较差，病毒浓度上升，使感染风险提高。室内通风可以显著降低室内病毒气溶胶浓度，有效缩短人群暴露在高浓度病毒气溶胶下的时间，防止感染。

2.3 疫情下的室内空气复合污染及健康风险

每人每天大约要在室内度过70%以上的时间，因新冠疫情的暴发，人们可能更长时间地置于室内相对密闭环境，由于室内空气通风不畅，缺少净化设施等原因，室内空气面临 VOCs 污染严重、新冠疫情等突发公共卫生事件频发的复杂局面。室内空气中多种污染物共存，交互影响，呈现出复合污染特征，对室内空气净化提出新的挑战。

疫情期间，室内空气病原微生物来源复杂，受多种环境因素的影响，来源包括室外空气中的微生物（建筑的通风和渗透），机械通风系统的盘管、管道及过滤器沉积的微生物，冲洗马桶产生的病毒扩散，室内感染者产生的病毒等。卫生间环境是一个极易产生气溶胶、存在交叉感染风险的场所，病原微生物能够通过感染者产生的粪便或呕吐物扩散至空气中进行传播，马桶冲洗过程中也会产生气溶胶病毒颗粒，扩散至空气中或物体表面。

根据"2019 年中国室内空气污染状况白皮书"报告显示，室内空气污染中，主要有害气体是甲醛和总挥发性有机物（TVOC）。室内 VOCs 成分复杂，种类繁多，可达到 200 多种，其中接近 50％的挥发性有机物来源于建筑材料和室内家具，已成为城市 VOCs 主要排放源之一。室内 VOCs 虽释放缓慢，含量不高，但由于接触时间长，成分复杂，会直接或间接地危害人体健康。2019 年，全国 337 个地级及以上城市中，53.4％城市空气质量超标，以 $PM_{2.5}$ 为首要污染物的天数占重度及以上污染天数的 78.8％。室外颗粒物会通过自然通风、渗透通风等途径进入室内环境，吸烟、固体燃料（如煤）燃烧也会产生细颗粒物，室内颗粒物不易扩散。室内外颗粒物之间存在着明显的相关性，室内颗粒物来源于室外环境的 $PM_{2.5}$ 占 30％～75％。

室内空气污染易诱发变态反应性疾病甚至肿瘤，对人体健康的危害不容忽视。不同污染物对人类健康的影响不同，如二氯苯、苯、萘等室内 VOCs 具有"致癌、致畸、致突变"风险，孕妇如长时间在污染严重的室内，会增加胎儿畸形的概率，还会造成儿童的智力低下、抵抗力变弱、后天心脏疾病等危害。室内细颗粒物诱发急性下呼吸道感染、慢性阻塞性肺病、缺血性心脏病、肺癌、中风等病症的风险相对较高。哈佛大学公共卫生学院监测分析了 2000～2016 年间美国 3000 多个县的 $PM_{2.5}$，研究发现，新冠死亡率较高的地区与长期严重污染的地区有明显重叠。$PM_{2.5}$ 每增加 1 微克，新冠死亡率明显提升，其数量级是全因死亡率的 20 倍，达到 15％。面对肆虐的疫情，要加强空气净化技术及装备研发，尤其适用于病毒微生物的去除技术，改善室内空气质量，保障人体健康。

2.4 "五位一体"的室内空气污染防控技术

为防控新冠病毒气溶胶传播风险，笔者团队集成已成熟应用和具有创新性的空气净化技术，研发了新风系统—室内净化—室内消毒—环境功能材料—排风系统全流程"五位一体"的空气净化集成技术，采用模块化设计，可通过灵活组合适用于不同应用场景，实现致病微生物的全时段彻底消杀（图1）。"五位一体"空气净化系统有机协同效应明显，对气溶胶净化率可达到99.9996%，利用该技术可以把普通的办公室、会议室、住宅改造成负压病房，压差、气流流向、空气质量等参数均可达负压病房的标准，解决病区容量不足、负压病房建设成本高等问题。笔者团队研究成果形成《公共及居住建筑室内空气环境防疫设计与安全保障指南（试行）》（简称《指南》），是中国首部针对公共及居住建筑室内空气环境防疫制定的全国性应急设计与管理指南。该《指南》已分别被翻译成瑞典语和德语，与瑞典和德国的学者分享，为瑞典、德国的抗疫提供参考。

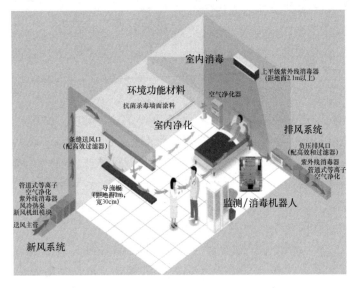

图1 "五位一体"的室内空气污染防控技术

（1）室内新风＋排风系统

先进的新风和排风系统采用直流式正压送风及贴附导流板呼吸区送风技术，实现新风清洁区—过渡区—污染区依次定向流动，降低交叉感染风险。智能负压排风模块依据室内压差的波动，自动减压或增压使室内负压保持稳定状态；消杀功能由紫外杀毒器、臭氧发生器组成，可有效阻止污染物的扩散。与智能新风净化模块组合可使室内形成稳定的负压梯度，并形成相对的净化空气闭路循环。

（2）室内净化＋消毒系统

研发的云式无菌空气净化器以"云式技术"为主，超细雾滴会构建水汽过饱和环境，气溶胶在其中作为凝结核长大，后续在超重力场中被收集。超细雾滴含有吸收消毒液，结合紫外线消毒等方式，保证病原体彻底灭活处理，无需滤料，净化精度高，可同时去除空气中灰尘、PM_1、$PM_{2.5}$、飞沫等细颗粒物。试验表明，对颗粒物去除效率≥99.9％，对 PM$_{2.5}$ 去除效率≥98.5％，细菌杀灭率≥99.2％。

研发的多功能空气净化器采用高效过滤膜、光催化等多种创新技术，可有效去除 PM$_{2.5}$、病原微生物，分解消除空气中的苯、甲醛、氮氧化物等有害化学气体。一种净化器由纳米石墨烯高效过滤膜、蜂窝活性炭吸附、光化杀菌消毒、除 VOCs 污染物模块组成，可根据污染物类型进行自由组合。另一种净化器集成了 HEPA 过滤器、TiO$_2$ 和 ACF/MnOn 光催化、NOx 纳米催化等技术，具有除尘、除有机物、高效杀菌和除氮氧化物等功能。

空气净化（环境监测）机器人可监测空气质量（甲醛和 PM$_{2.5}$ 等），搭载不同类型的消毒模块，可有效去除空气中病原微生物等污染物，保障室内空气质量。机器人可实现远程控制，自主规划巡航路线，有效避开人、物等障碍物，实现室内全场景覆盖，解决了传统消毒设备只能定点净化的问题。

（3）环境功能材料

采用先进石墨烯量子点纳米材料及其合成技术，对于蛋白质具有较高的机械性吸附与结构破坏作用，最大程度地发挥杀灭病毒效果。采用二氧化钛、石墨烯量子点纳米材料制备形成抑菌净化功能涂层，适用于地板、墙面等的连续动态消毒抑菌。研究表明，纳米石墨烯涂层对病毒微生物载体具有良好的吸附捕集及被动持久消杀作用，对物体表面微生物消杀率约为 60.49％。

2.5 室内空气污染防控技术展望

目前，已有多个国家和机构致力于对空气传播、气溶胶传播病原体控制展开研究，主要包括中国、美国、德国和英国等国家的研究机构。研究方向主要集中在生物气溶胶的捕获监测、传播途径、灭活防护等方面，并取得了快速的进步。我国室内空气污染控制技术研究建议从以下几个方面开展。

2.5.1 评估室内空气复合污染对人类健康的影响

我国覆盖全国的空气污染健康影响监测网络仍未形成，缺乏系统长期的监测数据，无法揭示空气中污染物对人体健康的影响及危害，需要加快开展室内空气复合污染（细颗粒物、VOCs、病原微生物）健康影响监测，建立空气中典型污染物对人类健康影响的剂量-反应关系，提出典型污染物的健康阈值，为健康风险评价、绿色建筑标准的制定提供基础数据。

2.5.2 研制智能化的监测、采样和分析设备

目前，先进的空气污染物监测、采样和分析设备几乎都被国外企业垄断，我

国亟需开发先进的、具有自主知识产权的生物气溶胶监测分析仪器。推进基于物联网和大数据技术的智能化远程监控系统开发和应用，对空气质量状况进行监控，联动空气净化系统，实现对空气质量的监测与净化，实现互联网、大数据、人工智能和实体经济的深度融合。

2.5.3　加强空气污染源头控制，开发新型环境功能材料

通过选用绿色建材、绿色环保家具用品等方式，可有效减少绿色建筑室内空气污染源、保障室内空气质量的根本之策。新型的环境功能材料是具有优良环境净化效果的新型材料，采用生态环境工程材料是治理室内空气污染、改善室内空气质量的重要途径之一。如利用纳米、光催化等创新技术，开发能去除室内$PM_{2.5}$前体物的生态环保建筑装饰装修材料，防止病菌附着于颗粒物传播。同时，要重视新材料、新技术可能产生的二次污染问题。

2.5.4　加强室内空气净化技术与装备的研发，进行室内空气污染末端治理

在绿色建筑内，即使采用绿色建材和环保生态型的装饰装修材料，也会不可避免地存在空气污染源，空气净化设备对保障绿色建筑内的空气质量起着重要的作用。在空气净化器的研制中，空气净化环境复杂多样，如何进行高度集成，节约室内空间，是制约空气净化器未来发展的主要因素之一。$PM_{2.5}$净化技术已相对成熟，要加强对各种VOCs及病菌消杀协同净化技术的研发，实现室内病原微生物的彻底消杀，切断病毒的室内气溶胶传播途径。石墨烯有较强的吸附能力和催化活性，利用石墨烯研发空气净化器，具有高效吸附、分解有毒有害气体和杀菌抑菌的功能。

开发多功能新风系统，研发集高效热回收、温度控制、湿度调节、空气污染物净化为一体的新风系统是绿色建筑新风系统的发展方向之一。结合建筑形式与内部空间布局，推进新风系统人性化设计（分体式设计、室外机实现空气净化）、节能降耗研究以及管道清洗维护。

2.5.5　充分利用绿色植物，开发可再生能源高效利用系统

目前，传统建筑可再生能源利用效率偏低，应进一步丰富能源结构，提高可再生能源的贡献率。加强开发太阳能利用技术、风电技术、地热能、生物质能等的高效利用，向零能耗绿色建筑发展。美国俄勒冈大学的研究者发现，黑暗的房间中平均有12%的细菌存活且能够繁殖。与之形成对比的是，有阳光照射的房间只有6.8%的细菌存活，而紫外线照射过的细菌中只有6.1%仍具备繁殖能力。

筛选具有污染物吸附作用的绿色植物，可促进绿色建筑室内空气质量改善。对墙体和屋顶进行绿化，可起到隔热、保温的效果，降低建筑耗能，对空气污染

物有一定的吸附、阻拦作用，并能提高含氧量，可营造绿色建筑周围的微环境，从而提高室内空气质量。

2.5.6　加强绿色建筑室内空气环境的防疫设计

传染性疾病疫情已经成为常态，建筑设计和病毒传播关系极大，但相关法律法规未对建筑防疫提出明确要求，现有与防疫设计相关的建筑设计标准缺失，不能支撑防疫设计技术体系，导致建筑内交叉感染风险加大。因此，需吸纳防疫的最新研究成果，进一步完善现行国家和行业标准体系，丰富室内空气环境防疫设计的技术指南，提出详细的建筑防疫设计要求及技术参数，在新建、改建和扩建中强化室内环境的安全保障，减少疫情造成的损失。

作者：侯立安（中国工程院院士　火箭军工程大学）

3 钢结构与可持续发展

3 Steel construction and sustainable development

3.1 引　言

从全球范围看，绿色化、信息化和工业化是国际建筑产业发展的主要趋势。"十二五"以来，绿色建筑及建筑工业化得到了党中央、国务院的高度重视。"十三五"期间，我国正处于生态文明建设、新型城镇化和"一带一路"倡议布局的关键时期，大力发展绿色建筑，推进建筑工业化，对于转变城镇建设模式、推进建筑领域节能减排、提升城镇人居环境品质、加快建筑业产业升级，具有十分重要的意义和作用。当前，建筑业发展正经历新一轮变革，国家对钢结构行业发展的政策支持力度也逐年加大。2019 年，全国住房和城乡建设工作会议明确指出要"大力发展钢结构等装配式建筑"，住房和城乡建设部在 7 省开展了钢结构装配式住宅建设试点，取得了显著成效。2020 年，住房和城乡建设部继续大力推进钢结构装配式住宅建设试点，总结推广钢结构装配式等新型农房建设试点经验。当前已进入"十四五"新时期，有必要对近年来我国钢结构的发展进行回顾，总结和梳理我国钢结构发展目前所面临的问题、挑战和市场机遇，并加快行动步伐，抓住机遇，大力推动钢结构市场快速发展。

3.2 发　展　回　顾

经过数十年发展，我国钢结构行业取得了巨大成就。2019 年我国粗钢产量创纪录地达到 9.96 亿吨，并且近几年也是钢铁行业历史上效益最好时期。2017年我国钢结构产量达到 6400 万吨，2018 年达到 7000 万吨，2019 年接近 8000 万吨。近十年来，我国钢结构产量持续保持了高速增长，年平均增长率达到 13%以上。目前，我国粗钢产量已达世界全部钢铁产量的一半，并且，我国钢结构的产量也已经超越了世界绝大多数国家的钢铁总产量。我国已当之无愧地成为世界钢结构第一大国（图1，图2）。

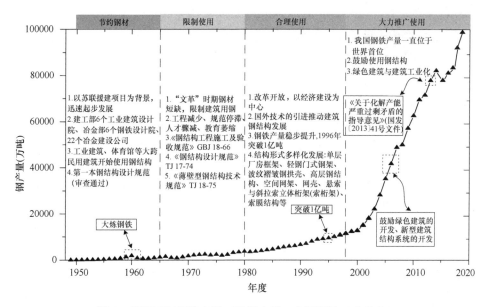

图 1　我国历年钢铁产量（数据来源：中国钢铁工业协会）

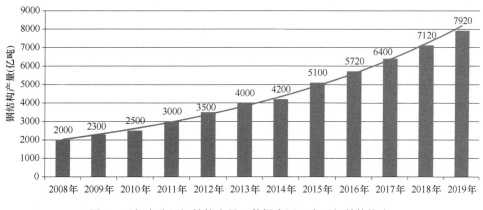

图 2　近年来我国钢结构产量（数据来源：中国钢结构协会）

　　近年来，我国钢结构发展取得了突出的成就，成功建设了一批具有世界领先水平的钢结构标志性工程，涌现了一批具备研发、设计、制造、安装、运营综合能力的大型企业，形成了以《钢结构设计标准》GB 50017 为基础、各门类钢结构相关国家标准及行业标准为主体的钢结构标准体系，钢结构行业的工程技术体系基本建立，并由于政策引导性，已经形成推广钢结构的广泛社会共识。

　　但是，作为世界钢结构第一大国，我国钢结构的发展水平仍然存在一些不尽人意的行业问题。目前，我国钢结构仍以板材为主，近年来占比持续超过 60%；型钢应用占比偏低，焊接量大，不符合可持续发展要求。目前钢结构中 Q235 和 Q345 钢材占比持续保持 90% 左右，高强度钢的应用增长十分缓慢，还需大力推广应用高性能钢材。我国钢结构仍然以房屋建筑为主,近年来在政策支持下,多高层钢结构发展显著,占比显著增长。但是,钢结构行业发展想要突破,还需继续重视发展住宅钢结构,突破行业发展瓶颈。桥梁钢结构近年来发展仍不尽人意,桥梁钢结构占比偏低,改观迹象不明显,且主要应用于大跨桥梁。突破桥梁钢结构的发展瓶颈,还需大力推广中小跨径钢桥和组合桥,并大力推动 H 型钢在中小跨径桥梁中的应用,降低钢桥建设成本。

最近,我们也对国内轧制型钢的行业概况进行了简要梳理。中国现行的热轧 H 型钢标准,在产品规格范围、型号规格数量、外形及允许偏差、尺寸及允许偏差等方面都已经达到国际先进水平,但部分规格量产不足。国内热轧 H 型钢的生产线共计 30 余条,年产量已达 1600 万吨左右。但是,受制于标准化设计体系和市场化供应体系,热轧型钢在钢结构中的应用占比增长缓慢,近 10 年来持续保持在 15%～20%,远低于发达国家 40%～50%的水平。传统设计方案中 H 型钢规格多,热轧型钢用量少,采购难,是热轧型钢推广应用面临的现实问题。我们对国内近年来的部分高层建筑中热轧 H 型钢的用量进行了统计,绝大部分占比低于 30%,且大部分低于 10%。应该说高层建筑设计代表了钢结构设计的较高水平,这一结果令人十分遗憾。但是,我们也惊喜地发现,中国工商银行总部办公楼等项目中,热轧型钢占比达到 70%～90%,只是这些建筑的方案设计单位大都是国外的。轧制型钢发展所面临的瓶颈,一方面与国内传统设计人员习惯相关,另一方面也与标准体系产业链相关。目前,国内热轧型钢产品的标准还不够完善,与工程建设标准的协调存在部分问题;此外,热轧型钢生产厂商过去不重视下游全产业链体系建设,自身的深化加工能力不足,也不利于降低热轧型钢应用的综合成本。2020 年,住房和城乡建设部牵头组织编制了钢结构住宅主要构件尺寸指南,对 H 型钢标准化提出了建议,相信将对热轧 H 型钢在住宅钢结构的应用起到积极推动作用。

3.3 问 题 与 挑 战

目前,我国钢结构高质量发展之路仍然存在诸多挑战,面临的问题主要表现在认识问题、协同问题、人才问题、技术问题和市场问题等方面。

在认识问题层面,社会仍然需要继续加强对钢结构建筑战略意义的认识。钢结构建筑是实现建筑业绿色、生态、可持续发展的重要形式之一,有助于推动国家节能减排政策,促进建筑业转型升级;同时也是国家钢铁战略物资储备的重要途径,有助于促进钢铁产业结构调整和推动钢铁行业高质量发展。近期国家层面已经出台一系列政策,引导市场发展;企业界、消费群体认识已有提升,但仍需进一步加强,大型企业和消费者还需积极参与,进一步提升钢结构住宅市场份额。

在协同问题层面，主要表现在创新链和产业链两个层次。在创新链层次，高校、科研院所和企业间的协同创新仍然不足。高校的研究创新多关注于点状问题，对实际应用的需求关注不够，不能及时转化为生产力。企业往往自身研发能力不强，不足以解决实际工程中亟需解决的关键技术问题。并且，大企业往往热衷于打造自身的专有体系，缺少协同创新，这在住宅建筑方面表现尤其明显，造成国内目前体系多而不精、通用性成果少、标准化程度低的状况。虽然这与企业自身经济利益相关，但从长远发展看，加强协同集成创新，共谋行业发展大势十分必要。在产业链层次，钢结构全产业间协同仍然不足，材料、研发、设计、制造、安装、运维环节衔接不紧密，导致轧制型材和高效钢材应用进展缓慢、产品经济性不足、标准化程度不高、加工制作焊接工作量大、质量问题突出等一系列问题，严重降低了钢结构的优势发挥。因此，我们亟需加强产业协同和质量监管，尽快完善全产业链建设和质量监管认证体系建设，促进行业高质量发展。

在人才问题层面，钢结构产业链各个环节人才短缺问题仍然显著，建筑设计师、结构设计师、产业化工人和专业化监管人员短板依然明显。当然，这与我国钢结构行业快速发展历程相关，近年来的高速发展也造成了高水平的钢结构人才培养步伐不足以跟上市场发展节奏。因此，我们亟需加强人才培养和认证体系建设，突破钢结构发展的人才瓶颈。

在技术问题层面，主要是工程建设标准的升级速度落后于市场需求，导致新型高性能结构和高效部品部件应用推广受阻。在信息化工具方面也存在明显的卡脖子问题，建筑业主要信息化设计工具的国产自有化程度不足，在钢结构上表现尤其明显，因此，亟需开发高效的钢结构设计和辅助设计工具。

在市场问题层面，主要是体系成熟度问题和综合成本问题。体系成熟度不足还是与产业协同有关，目前还缺乏社会广泛认同的装配式钢结构建筑，尤其是住宅体系，缺少经济、实用、耐久的标准化中小跨径桥梁体系。另外，对钢结构全寿命周期成本的认识还需进一步加强，同时，行业同仁也需理顺产业，协同发展，切实降低钢结构一次性综合造价。

3.4　市　场　机　遇

我国建筑业发展正面临严峻的资源危机，传统粗放式的发展和建设模型已经不可持续。据统计，我国仅用两年时间就消耗了美国 20 世纪的水泥总产量，可以说相当惊人。国内传统建筑所需的矿石、河砂等天然资源危机已经凸显，去年以来天然河砂价格疯涨，建筑材料的短缺已经突出影响了工程建设进度和质量。与传统建筑相比，钢结构建筑具有资源消耗低、污染排放少、可循环利用等突出优势。在绿色发展的行业发展新趋势下，随着环保政策日益趋严，混凝土结构材料价格快速上涨也给钢结构发展带了新机遇。钢结构建筑可实现建筑业绿色、生态发展目标，必将成为建筑业乃至大土木行业持续发展的重要支柱。

国家对建筑业产业转型升级也已提出明确要求，加快推进智能建造已经纳入日程。应该说，钢结构智能建造具备先天优势，应抓住机遇加快推广，"互联网＋"与智能建造推动钢结构企业向智能化、数字化和信息化转型，我们应加快推进钢结构制造与管理的智能化、施工安装的数字化和标准化、现场管理的信息化，加快建设钢结构互联网云平台，尽快实现钢结构智能建造，推动钢结构行业产业升级。

当前，钢结构及装配式钢结构大发展时机已经基本成熟。我们已经建立了涵盖研发、设计、钢材生产、加工制造、安装施工、运行维护、性能提升、拆除利用的完整产业链，具备了相对完善的科学研究、技术开发、工程化、产业化全创新链，市场、人才、法规、标准、管理等方面也在全方位发展，这都为钢结构行业继续高速发展奠定了深厚基础。在此背景下，我们要抓住机遇，大力推进钢结构的推广应用。目前，我国钢结构建筑仅占 8%～10%，还远低于发达国家平均 20%～30%的水平；钢结构建筑和中小跨径桥梁占比仍不足 1%，与发达国家 30%左右的水平相去甚远。据估计，我国钢结构产业尚有约 1 亿吨/年的潜能待挖掘，因此，加快推广钢结构住宅建筑和中小跨径桥梁，迈入建筑业主战场，对实现钢结构产业发展全面突破意义重大。

3.5 发 展 建 议

（1）针对钢结构行业发展存在的问题，我们应携手打通钢结构创新链，提高全行业创新能力，要突破高校、科研院所和企业间协同创新的瓶颈问题，着力解决制约行业发展的技术和市场问题，充分发挥"政产学研"作用，加强协同、集成和构建，推动钢结构建筑产业快速发展。并且，要以钢结构建筑研发、设计、制造、安装、运维、服务等全流程技术创新研发为核心，打造协同发展全要素钢结构产业平台，积极推动创新链、资本链、产业链深度融合，打造未来钢结构"三链"融合发展的示范。在创新链层次，需要构建科研创新基地、人才培养基地、产品研发基地和协同创新平台；在产业链层次，要打造全产业链的大型龙头企业，建设绿色环保部品部件的智能化生产基地，推动全专业、全寿命周期信息化建造和运维；在资本链层面，要建设产业孵化基地和"双创"中心，利用互联网平台打造区域产业中心。

（2）要大力推进标准化、智能化体系建设。要优化体系和部品部件，提高产品标准化水平，推广智能制造技术应用，并大力推动轧制型钢使用，加强产业链条互动，推动定型钢材生产与集中配送；也要改变传统工程建设的生产方式，推行模块化、集成化的生产模式。

（3）要加快建设认证体系，推动钢结构专业化认证和监管工作，提升钢结构全流程质量管理水平。加快建立产品认证体系，切实提升钢结构产品质量；建立人员认证体系，突破技术人员瓶颈；建设全流程管理体系，突破质量监管瓶颈。

（4）要以标准为先导，积极走向海外市场。要从国家层面上加强技术标准对接，推动中国标准走向海外；开展钢材和钢结构产品国际认证，加强质量监督，推动产能输出；培养熟悉各种国际标准的专业工程师和适应国际工程的管理人员等，为国际市场储备人才。

（5）要抓住机遇，积极拓展国内增量市场。扶持具有钢结构全产业链的龙头企业或联盟，以点带面，开拓增量市场；拓展钢结构住宅建筑和中小跨径桥梁市场，实现钢结构市场的重大突破。

（6）要突破钢结构发展关键技术瓶颈问题。加快钢结构设计软件平台建设，结合国家中长期科技规划，大力突破行业"卡脖子"技术要求，大力解决钢结构设计与制造软件和平台的开发和建设，尽快建立拥有自主知识产权的钢结构通用设计平台和专用设计工具；以标准改革为契机，加快高性能钢结构标准体系建设，服务工程建设。

（7）要建立多层次的钢结构专业人才培养体系和满足市场需求的多层次专业人才梯队，加强专业设计人员的培养和再教育，完善钢结构人才体系。

作者：岳清瑞（中国工程院院士　中国钢结构协会会长　北京科技大学城镇化与城市安全研究院院长）

4 既有建筑和社区绿色改造的政策、科研和标准现状与发展建议

4 Current status of policies, research and standards for green retrofits of existing buildings and communities and recommendations for development

我国既有建筑量大面广，存在的问题也比较突出，主要体现在以下几个方面：

（1）总体能耗偏高，能效偏低。2017年3月，住房和城乡建设部印发的《建筑节能与绿色建筑发展"十三五"规划》指出，城镇既有建筑中仍有约60%的不节能建筑，能源利用效率低，居住舒适度较差，我国大概有351.5亿 m² 的既有建筑具备较大的节能改造潜力[2]。据中国建筑节能协会统计，2018年，我国建筑相关建材生产、施工、运行等全过程能耗总量为21.47亿 tce，占全国能源消费总量比重为46.5%，其中，建材生产、施工、运行阶段的能耗分别为11亿 tce、0.47亿 tce、10亿 tce。要实现2030年的碳排放达峰、2060年的碳中和，降低建筑能耗和碳排放是重要举措之一。

（2）平均寿命远低于设计使用年限。因规划不合理、建设标准低等问题，我国建筑平均寿命约为30年，与美国的74年、英国的132年等相比，可谓是短命建筑[3]。对尚可利用的建筑拆除重建，不仅会造成生态环境破坏，也是对能源资源的极大浪费[4]。但是，对于问题突出的既有建筑，如果不实施改造，将会浪费更多的能源资源，且严重影响其使用效果。

（3）不能满足人民群众对美好生活的需求[5]。除能耗外，我国既有建筑还不同程度地存在结构安全、功能退化、管网老化、停车困难、内涝灾害、信息化设施落后、绿地率不达标、运行管理差，室内环境质量差等突出问题。截至2019年底，我国60岁以上老年人约2.54亿，占人口总数的18.1%，其中65岁以上人口占12.6%。而按照联合国标准，60岁以上人口占10%以上就是老龄化社会，或65岁以上人口占7%以上也属于老龄化社会。依此来看，当前我国已经处于典型的老龄化社会，这对我国本来就存在诸多问题的既有建筑、既有老旧小区提出

了更高的要求。

（4）既有建筑"非绿"存量大。经历10余年的快速发展，我国绿色建筑规模和新建建筑认证比例已经处于世界前列。截至2019年12月，全国共评出绿色建筑标识项目超过1.98万个，绿色建筑面积达到21亿 m^2，其中绝大部分是新建建筑。与我国建筑总面积约671亿 m^2（截至2018年）相比，绿色建筑的占比仍然很低，仍需要继续加大绿色建筑发展力度。既有建筑绿色改造具有非常广阔的发展前景。

截至2020年，我国常住人口城镇化率已经突破60%。面对城市化进程的快速发展、资源储量有限的现状，"大拆大建、用后即弃"的粗放型建设方式和"拉链式"缝缝补补的改造方式，已不能适应新时代"高质量、绿色发展"战略需求。"存量优化和新建提升并举"的新型建设方式，是建设领域落实绿色发展、解决重大民生问题的重要途径。推进既有建筑绿色改造将是城镇化与城市发展领域的重要发展方向。为推动既有建筑绿色改造发展，国家和地方政府制定并发布了一系列政策，组织实施了一批国家科研项目，制定了国家、行业、地方、团体等不同层级的标准。

4.1 政　策

近年来，既有建筑改造一直是国家关注的重点，国家和地方发布了一系列政策。本文摘取部分政策中有关既有建筑绿色改造的内容，具体见表1。

国家关于既有建筑改造政策列表　　　　　表1

序号	时间	名称	发布机构或领导	内容
1	2014年3月	《国家新型城镇化规划（2014—2020年)》	中共中央 国务院	按照改造更新与保护修复并重的要求，健全旧城改造机制，优化提升旧城功能。有序推进旧住宅小区综合整治、危旧住房和非成套住房改造，全面改善人居环境
2	2015年12月	中央城市工作会议	中共中央 国务院	有序推进老旧住宅小区综合整治；推进城市绿色发展，提高建筑标准和工程质量
3	2016年2月	《关于进一步加强城市规划建设管理工作的若干意见》	中共中央 国务院	有序实施城市修补和有机更新，解决老城区环境品质下降、空间秩序混乱、历史文化遗产损毁等问题，促进建筑物、街道立面、天际线、色彩和环境更加协调、优美
4	2016年7月	《"十三五"国家科技创新规划》	中共中央 国务院	发展既有建筑改造技术体系，研发室内环境保障和既有建筑高性能改造关键技术。通过对既有建筑实施绿色改造，全面提升既有建筑的综合性能

序号	时间	名称	发布机构或领导	内容
5	2017 年 3 月	《关于印发建筑节能与绿色建筑发展"十三五"规划的通知》	住房和城乡建设部	持续推进既有居住建筑节能改造。积极探索以老旧小区建筑节能改造为重点，多层建筑加装电梯等适老设施改造、环境综合整治等同步实施的综合改造模式。鼓励有条件地区开展学校、医院节能及绿色化改造试点
6	2018 年 9 月	《关于进一步做好城市既有建筑保留利用和更新改造工作的通知》	住房和城乡建设部	高度重视城市既有建筑保留利用和更新改造，提出要求建立健全城市既有建筑保留利用和更新改造工作机制、构建全社会共同重视既有建筑保留利用与更新改造的氛围
7	2019 年 3 月	政府工作报告	李克强总理	2019 年政府工作任务之一即"提高新型城镇化质量"，推进城镇棚户区改造，大力进行老旧小区改造提升
8	2019 年 6 月	国务院常务会议	李克强总理	部署推进城镇老旧小区改造，顺应群众期盼改善居住条件呼声，包括明确改造标准和对象范围，开展试点探索，为进一步全面推进积累经验，重点改造小区水、电、气路及光纤等配套设施，有条件的可加装电梯，配建停车设施，在小区改造基础上，引导发展社区养老、托幼、医疗、助餐、保洁等服务
9	2019 年 7 月	国务院政策例行吹风会	住房和城乡建设部副部长黄艳	需要改造的城镇老旧小区有 17 万个；摸清城镇老旧小区的类型、居民改造愿望等需求，明确城镇老旧小区改造的标准和对象范围
10	2020 年 4 月	国务院常务会议	李克强总理	推进城镇老旧小区改造，是改善居民居住条件、扩大内需的重要举措。2020 年各地计划改造城镇老旧小区 3.9 万个，涉及居民近 700 万户，比 2019 年增加一倍，重点是 2000 年底前建成的住宅区
11	2020 年 4 月	国务院政策例行吹风会	住房和城乡建设部副部长黄艳	对老旧小区开展综合改造，避免单项改造出现反复改造、多次扰民的问题。改造内容分为三类：基础类、完善类和提升类
12	2020 年 7 月	《关于全面推进城镇老旧小区改造工作的指导意见》	国务院办公厅	坚持以人民为中心的发展思想，坚持新发展理念，按照高质量发展要求，大力改造提升城镇老旧小区，改善居民居住条件，推动构建"纵向到底、横向到边、共建共治共享"的社区治理体系，让人民群众生活更方便、更舒心、更美好

序号	时间	名称	发布机构或领导	内容
13	2020 年 10 月	《中共中央关于制定国民经济和社会发展第十四个五年规划和二〇三五年远景目标的建议》	中国共产党第十九届中央委员会第五次全体会议	加强城镇老旧小区改造和社区建设,增强城市防洪排涝能力,建设海绵城市、韧性城市。支持绿色技术创新,推进重点行业和重要领域绿色化改造
14	2021 年 1 月	《绿色建筑标识管理办法》	住房和城乡建设部	既有建筑改造采用《既有建筑绿色改造评价标准》GB/T 51141

此外,各省市结合自身发展情况制定并发布了相关激励政策。河北、辽宁、宁夏、河南等地将既有建筑绿色改造写入了地方绿色建筑发展条例和绿色建筑行动方案,要求市、县级人民政府应当按照绿色建筑标准,有序推动既有民用建筑绿色改造,鼓励结合城市更新、城镇老旧小区改造,实施既有建筑绿色改造。2020 年 4 月 17 日,北京市住建委印发的《北京市装配式建筑、绿色建筑、绿色生态示范区项目市级奖励资金管理暂行办法》将《既有建筑绿色改造评价标准》GB/T 51141 列入财政奖励的依据标准,对满足北京市标准《绿色建筑评价标准》DB11/T 825 - 2015 或国家标准《既有建筑绿色改造评价标准》GB/T 51141 等专项标准并取得二星级、三星级绿色建筑运行标识的项目分别给予 50 元/m² 、80 元/m² 的奖励资金,单个项目最高奖励不超过 800 万元。

2021 年 1 月,住房和城乡建设部发布的《绿色建筑标识管理办法》,将《既有建筑绿色改造评价标准》GB/T 51141 作为绿色建筑标识评价的三个基本标准之一,表明下一阶段,政府层面将有效提升绿色建筑标识中既有建筑的比重,大力推动既有建筑绿色改造的发展。

4.2 国家科研项目

根据国务院发布的《国家中长期科学和技术发展规划纲要(2006—2020年)》,建筑节能与绿色建筑为城镇化与城市发展的五个优先主题之一,"十一五""十二五""十三五"期间,科学技术部组织实施了一批既有建筑综合、绿色改造方面的重大项目和课题。

如图 1 所示,"十一五"时期实施完成的国家科技支撑计划重大项目"既有建筑综合改造关键技术研究与示范",共设置了 10 个课题,从既有建筑相关标准、检测与评定、安全性、功能完善、节能、人居环境等方面开展研究。

如图 2 所示,"十二五"时期,实施完成了国家科技支撑计划重大项目"既

"十一五"国家科技支撑计划
重大项目

既有建筑综合改造关键技术研究与示范

课题1：既有建筑评定标准与改造规范研究

课题2：既有建筑检测与评定技术研究

课题3：既有建筑安全性改造关键技术研究

课题4：既有建筑功能提升改造关键技术研究

课题5：既有建筑设备改造关键技术研究

课题6：既有建筑供能系统升级改造关键技术研究

课题7：重点历史建筑可持续利用与综合改造技术研究

课题8：城市旧住宅区宜居更新技术研究

课题9：既有建筑改造专用材料和施工机械研究与开发

课题10：既有建筑综合改造技术集成示范工程

图1　"十一五"国家科技支撑计划重大项目"既有建筑综合改造关键技术研究与示范"

"十二五"国家科技支撑计划
重大项目

既有建筑绿色化改造关键技术研究与示范

课题1：既有建筑绿色化改造综合检测评定技术与推广机制研究

课题2：典型气候地区既有居住建筑绿色化改造技术研究与工程示范

课题3：城市社区绿色化综合改造技术研究及工程示范

课题4：大型商业建筑绿色化改造技术研究与工程示范

课题5：办公建筑绿色化改造技术研究与工程示范

课题6：医院建筑绿色化改造技术研究与工程示范

课题7：工业建筑绿色化改造技术研究与工程示范

图2　"十二五"国家科技支撑计划重大项目"既有建筑绿色化改造关键
技术研究与工程示范"

有建筑绿色化改造关键技术研究与示范"，设置了7个课题，从不同类型的建筑出发，对既有建筑绿色化改造的综合评定与推广技术、绿色化改造关键技术展开了研究。通过项目的实施，针对我国既有建筑绿色改造，获得一批可实施、可推广的先进改造技术。目前，已经有三个课题获得了住房和城乡建设部华夏一等奖。

在"十一五"和"十二五"国家科技支撑计划重大项目的基础上，"十三五"期间国家加大了对既有建筑改造研究的科研投入。如图3所示，科学技术部组织实施了四项国家重点研发计划项目，分别是："既有公共建筑综合性能提升与改造关键技术""既有工业建筑结构诊治与性能提升关键技术研究与示范应用""既

图3　"十三五"国家重点研发计划项目

有居住建筑宜居改造及功能提升关键技术""既有城市住区功能提升与改造技术"。从表2可知，四个项目共设置了33个课题，分别针对既有公共建筑、居住建筑、工业建筑和住区的综合性能提升与改造技术展开研究。通过项目研究，预期将形成一批新产品、新装置、软件工具、标准规范、设计指南和图集等关键技术，为居住、公建、工业等不同类型既有建筑、既有城市住区的绿色改造、宜居改造提供全方位的技术支撑。

"十三五"国家重点研发计划项目及课题列表　　　　　表2

项目名称	课题名称
既有公共建筑综合性能提升与改造关键技术	课题1：既有公共建筑改造实施路线、标准体系与重点标准研究
	课题2：既有公共建筑围护结构综合性能提升关键技术研究与示范
	课题3：既有公共建筑机电系统能效提升关键技术研究与示范
	课题4：降低既有大型公共交通场站运行能耗关键技术研究与示范
	课题5：既有公共建筑室内物理环境改善关键技术研究与示范
	课题6：既有公共建筑防灾性能与寿命提升关键技术研究与示范
	课题7：既有大型公共建筑低成本调适及运营管理关键技术研究
	课题8：基于性能导向的既有公共建筑监测技术研究及管理平台建设
	课题9：既有公共建筑综合性能提升及改造技术集成与示范
既有工业建筑结构诊治与性能提升关键技术研究与示范应用	课题1：既有工业建筑结构可靠度评定基础理论研究
	课题2：既有工业建筑结构振动控制技术研究
	课题3：既有工业建筑钢结构疲劳评估和加固技术研究
	课题4：既有工业建筑混凝土结构耐久性评估及修复技术研究
	课题5：既有工业建筑锈损钢结构安全评定与加固技术研究

项目名称	课题名称
既有工业建筑结构诊治与性能提升关键技术研究与示范应用	课题6：既有工业建筑灾损评估及加固修复技术研究
	课题7：既有工业建筑绿色高效围护结构体系及节能评价技术研究
	课题8：既有工业建筑非工业化改造技术研究
	课题9：既有工业建筑大数据平台建设及远程监控、智能诊断关键技术研究
既有居住建筑宜居改造及功能提升关键技术	课题1：既有居住建筑改造实施路线、标准体系与重点标准研究
	课题2：既有居住建筑综合防灾改造与寿命提升关键技术研究
	课题3：既有居住建筑室内外环境宜居改善关键技术研究
	课题4：既有居住建筑低能耗改造关键技术研究与示范
	课题5：既有居住建筑适老化宜居改造关键技术研究与示范
	课题6：既有居住建筑电梯增设与更新改造关键技术研究与示范
	课题7：既有居住建筑公共设施功能提升关键技术研究
	课题8：既有居住建筑改造用工业化部品与装备研发
	课题9：既有居住建筑宜居改造及功能提升技术体系与集成示范
既有城市住区功能提升与改造技术	课题1：既有城市住区规划与美化更新、停车设施与浅层地下空间升级改造技术研究
	课题2：既有城市住区历史建筑修缮保护技术研究
	课题3：既有城市住区能源系统升级改造技术研究
	课题4：既有城市住区管网升级换代技术研究
	课题5：既有城市住区海绵化升级改造技术研究
	课题6：既有城市住区功能设施的智慧化和健康化升级改造技术研究

4.3 相 关 标 准

针对既有建筑绿色改造，行业内相继开展了国家标准《既有建筑绿色改造评价标准》GB/T 51141-2015、行业标准《既有社区绿色化改造技术规程》JGJ/T 425-2017、上海市地方标准《既有工业建筑绿色民用化改造技术规程》DG/TJ 08-2210-2016（在此基础上，于2020年又制订了中国工程建设标准化协会标准《既有工业建筑民用化绿色改造技术规程》T/CECS 753-2020）、海南省地方标准《既有建筑绿色改造技术标准》DBJ 46-046-2017、深圳市地方标准《既有居住建筑绿色改造技术规程》SJG 40-2017、北京市地方标准《既有工业建筑民用化绿色改造评价标准》（已完成报批）、中国工程建设标准化协会标准《既有建筑绿色改造技术规程》T/CECS 465-2017 和《既有建筑评定与改造技术规范》T/CECS 497-2017 等标准的编制。这些标准为既有建筑绿色改造提供了切实可行的参考依据，对于推进我国量大面广的既有建筑改造和全面发展绿色建筑具有重要意义[6]。

4.3.1 国家标准

目前，国家标准《既有建筑绿色改造评价标准》GB/T 51141-2015 是唯一一部有关既有建筑绿色改造的现行国家标准。该标准是在对国内外相关绿色建筑评价标准进行广泛调研和对国内典型既有建筑的实际运行进行综合检测评定的基础上，统筹考虑绿色改造的经济可行性、技术先进性和地域适用性，结合既有建筑绿色改造特点而进行编制。该标准主要从规划与建筑、结构与材料、暖通空调、给水排水、建筑电气、施工管理和运营管理等方面引导既有建筑经改造后实现绿色建筑所要求的社会效益、环境效益和经济效益。

2020 年，根据住房和城乡建设部相关文件对 2015 年版进行修订。新版 GB/T 51141 将重点关注并解决以下几个问题：

（1）重构评价指标体系。新版 GB/T 51141 的评价指标体系与国家标准《绿色建筑评价标准》GB/T 50378-2019 保持一致，评价指标体系由"规划与建筑、结构、暖通空调、给水排水、电气、施工管理、运营管理"修改为"安全耐久、健康舒适、生活便利、资源节约、环境宜居"。修订后，标准在考虑绿色改造资源节约同时，突出"以人为本"的技术实施，增加群众对健康、舒适、便捷、宜居等绿色性能的感受。

（2）调整评价阶段。为有效约束绿色改造技术的落地，提升我国绿色建筑运行标识面积和数量，新版 GB/T 51141 将既有建筑绿色改造评价的节点重新设定在改造工程竣工后，规定"既有建筑绿色改造评价应在改造工程竣工后进行"。同时，将设计评价修改为预评价，并规定"在建筑工程施工图设计完成后，可进行预评价"。

（3）增加改造评估和策划。为避免既有建筑改造的盲目性，标准修订后要求绿色改造前应进行改造评估和策划，确定既有建筑绿色改造的潜力和可行性，为绿色改造规划、设计、施工及运行等提供依据。如通过评估，既有建筑结构安全、可靠，且满足国家现行有关结构鉴定标准时，可不进行改造，相关结构加固、抗震性等条文可以直接达标或得分。

（4）修改了条文赋分和总分计算方法。条文的设置综合考虑了气候、地域以及建筑类型的适用性，通过条款的合理设置避免了评分项的不参评项，整体条文数量也较 2015 年版标准大幅减少，进一步增强了评价的可操作性。

（5）调整了评价等级。在原有绿色建筑一星级、二星级和三星级基础上增加"基本级"，既体现标准性能评定、技术引领的行业地位，又兼顾国家推广普及绿色改造的重要作用，同时也便于国际交流。

（6）重点关注既有建筑绿色改造新技术、新发展和新需求。①将电梯加装、健康化改造、居家养老、水质检测、场地海绵改造、智慧运行等技术吸纳进来；②重点关注既有建筑绿色改造后具备疫情防控的基础功能，为疫情防控工作开展提供便利条件，降低疫情感染风险和预防交叉感染，促进和保障建筑使用者身体健康，稳定疫情防控期间生产生活环境等相关评价指标。③在评价指标中强化低碳技术的应用，增加光伏发电、热泵技术等非传统能源利用技术的分数和权重，促进既有建筑绿色改造后碳减排。

4.3.2 行业标准

行业标准《既有社区绿色化改造技术规程》JGJ/T 425－2017适用于既有社区绿色化改造的诊断、策划、规划与设计、施工及验收、运营与评估。不适用于存在危险品生产及存储、具有重工业及其遗址的建成区及经诊断不适合改造的社区。该标准以既有社区为对象，以绿色化改造理念为基础，提出系统的、与经济和使用寿命相匹配的改造要求准则和技术体系，为既有社区的改造规划、设计和施工提供规范约束与技术指导，有助于实现我国绿色化改造标准由建筑单体向社区的拓展。

4.3.3 地方标准

（1）上海市地方标准《既有工业建筑绿色民用化改造技术规程》DG/TJ 08－2210－2016。该规程适用于既有工业建筑民用化改造诊断策划、规划与建筑设计、结构与材料设计、机电系统与设备设计、施工与验收过程中的绿色技术应用。民用化改造建筑类型包括厂房和仓库，改造方向包括办公、宾馆、商场以及文博会展等建筑类型。该规程对提升上海地区旧工业建筑改造利用水平，实现旧工业建筑在更高层次上的更新与再生具有重要的意义。

（2）海南省地方标准《既有建筑绿色改造技术标准》DBJ 46－046－2017。该标准适用于海南省民用既有建筑绿色改造设计、施工和运行维护。要求既有建筑绿色改造遵循因地制宜的原则，结合建筑类型和使用功能，以及海南省的气候、环境、资源、经济、文化等特点，对既有建筑的规划与建筑、结构与材料、暖通空调、给水排水、电气等方面进行绿色改造，同时还应有效控制绿色改造施工质量，提升绿色改造后运营管理水平。

（3）北京市地方标准《既有工业建筑民用化绿色改造评价标准》。该标准基于我国绿色建筑最新发展理念，结合北京市既有工业建筑改造工程实践，合理构建了与国家标准《绿色建筑评价标准》GB/T 50378－2019一脉相承的"安全耐久、健康舒适、资源节约、人文与环境、功能配套"评价指标体系。该标准目前已经进入批准阶段，是国内首部既有工业建筑民用化绿色改造技术评价标准，鼓励保护和利用既有工业建筑的结构构件，充分利用原来场地内的道路，延续工业建筑风貌和环境特征，传承与推广工业人文等；鼓励采用装配式结构改造技术、配建电动汽车充电车位、智慧运行技术、土壤质量治理和修复技术等，以规范和引导北京市既有工业建筑民用化绿色改造评价工作。

4.3.4 团体标准

（1）中国工程建设标准化协会标准《既有建筑绿色改造技术规程》T/CECS 465－2017。该标准是为国家标准《既有建筑绿色改造评价标准》GB/T 51141－2015 的推广和实施配套编制。标准借鉴了国外既有建筑绿色改造有关标准和工程实践，基于我国既有建筑绿色改造工程的技术特点和工作需求，对改造前评估与策划，规划、建筑、结构、材料、暖通空调、给水排水、电气等改造技术，科学施工，综合效能调试，及实施改造效果后评估进行了规定，为既有建筑绿色改造设计、施工和运行等提供了技术依据。

（2）中国工程建设标准化协会标准《既有工业建筑民用化绿色改造技术规程》T/CECS 753－2020，该规程是在上海市地方标准《既有工业建筑绿色民用化改造技术规程》DG/TJ 08－2210－2016 的基础上编制而成，通过对地标中相关技术规定进行延伸和扩展，总结了国内既有工业建筑民用化绿色改造特点和技术需求，以推动全国既有工业建筑民用化绿色改造的发展。

4.4 发 展 建 议

目前，我国既有建筑绿色改造尚处于初级阶段，需要在建设"美丽中国"和新型城镇化的新形势下，抓住机遇，进一步完善顶层设计，强化宣传引导；研发技术产品，完善标准体系；开展工程示范，建立推广平台；增强产业支撑，激发市场活力。通过多方努力，共同推动我国既有建筑绿色改造提质增效，助力新型城镇化高质量发展。

4.4.1 完善顶层设计，强化宣传引导

由于既有建筑存在的问题较多，改造内容复杂，头绪多，例如抗震加固、节能改造、停车设施、加装电梯、环境优化以及综合性能提升等。2020 年 10 月，十九届五中全会上通过的《中共中央关于制定国民经济和社会发展第十四个五年规划和二〇三五年远景目标的建议》明确提出，推进重点行业和重要领域绿色化改造；河北、辽宁、宁夏、河南等地将既有建筑绿色改造写入地方绿色建筑发展条例和绿色建筑行动方案；北京市将既有建筑绿色改造列入财政奖励，对获得二星级以上运行标识的绿色改造项目进行资金补助。

与新建绿色建筑不同，应结合我国各地区既有建筑现状和绿色改造需求，对现有政策进行整合、创新，积极探索政府、业主、使用者、设计方和施工企业等与既有建筑绿色改造相关方的最佳利益平衡点，制定科学合理的、贴近实际的激励机制。同时，结合国家和各省市绿色发展的基本需求，阶段性地、适时地制定针对性强的既有建筑绿色改造激励政策，并加强对这些政策的宣传，使绿色改造深入民心，推动既有建筑绿色改造的工程实践。

4.4.2 研发技术产品，完善标准体系

根据《国家中长期科学和技术发展规划纲要（2006—2020 年）》，"十一五"和"十二五"国家科技支撑计划重大项目、"十三五"国家重点研发计划项目均在既有建筑改造方面设置了相关科研项目和课题，研发了一批既有建筑改造新技术、新产品、新工艺等，并编制了国家、地方、团体不同级别的标准。但是，既有建筑绿色改造远比新建建筑复杂，再加上各地气候区、经济发展水平不同，建筑类型和功能需求的差异等，既有建筑绿色改造创新性技术研发和标准体系建立就显得更加迫切。

既有建筑绿色改造应紧扣时代发展，推进"以人为本"的绿色改造技术，致力于解决人民日益增长的美好生活需要和不平衡不充分的发展之间的矛盾，研发关键技术产品，如电梯加装技术、健康改造技术、适老化改造技术等；致力于解决绿色发展、低碳发展存在的问题，构建更加低碳、高效的绿色改造技术创新体系，如 BIM 技术、近零能耗改造技术、海绵城市改造技术、大数据用能分析技术等，推进能源资源节约和循环利用。此外，应适时制修订相关标准，将现有成熟技术尽快纳入标准中，具体包括：以我国标准化改革为契机，进一步整合现有既有建筑改造标准，形成涵盖绿色改造策划、设计、施工、验收、测试、评价的全专业的标准体系；并不断丰富标准层级，鼓励发展国家标准、地方标准、团体标准以及企业标准，形成"保基本、重实用、促创新"的完备的既有建筑绿色改造标准体系。

4.4.3 开展工程示范，建立推广平台

"既有建筑综合改造关键技术研究与示范""既有建筑绿色化改造关键技术研究与示范""既有公共建筑综合性能提升与改造关键技术"等科研项目在实施过程中开展了相关改造工程示范，编写了既有建筑改造年鉴和建立了中国建筑改造网。但是，绿色改造综合示范项目依然较少，与我国量大面广的既有建筑相比，其示范带动性还远远不够，中国建筑改造网偏重技术层面的推广，其功能还需不断完善。

下一步，应逐步建立和完善全国不同气候区、不同建筑类型的既有建筑绿色

改造示范工程，总结并分析绿色改造前后的效果，建立绿色改造数据库，形成可推广、可复制的技术体系，为既有建筑绿色改造规模化发展提供支撑。建立完善的推广服务平台，包括既有建筑数据库、服务公司数据库、物业管理数据库、投融资数据库、设备供应商数据库等信息，实施资源共享，提供一站式服务，减少因信息不对称而增加的交易成本。既有建筑绿色改造相关方应不断加强自身素质建设，提高整合资源的能力，建立自身信誉，从而减少绿色改造项目实施中的风险[1]。

4.4.4 增强产业支撑，激发市场活力

现阶段，我国主要还是通过政府引导来推动既有建筑绿色改造的发展，对市场的调动只是通过专项经费一次性刺激。但是，既有居住建筑改造涉及面广，需要大量的资金投入，仅靠政府资金难以长久维持，且改造后的运维也不易维持。

因此，建议从以下几方面开展工作，激发既有建筑绿色改造市场活力：①注重产业布局，从绿色改造咨询设计、产品生产、施工、运行维护等全寿命期的产业链角度进行引导，带动上下游产业链的发展；②重视培养既有建筑绿色改造专业人才，提升绿色改造后建筑的性能和质量；③出台监管制度和优惠政策，营造良好的外界环境，规范和引导社会资本进入既有建筑绿色改造市场；④成立专门的服务公司，推动既有建筑绿色改造规模化发展。

作者：王清勤[1]　孟冲[1,2]　朱荣鑫[1]　李国柱[1]　谢琳娜[1]（1. 中国建筑科学研究院有限公司；2. 中国城市科学研究会）

5 建筑热环境理论及其绿色营造关键技术

5 Building thermal environment theory and key technology of green construction

5.1 研究背景和总体思路

我国是世界第一能源消耗和碳排放大国。中国政府承诺，2030 年碳排放达到最高限值，2020 年控制能源消费总量 50 亿吨标煤。建筑能耗已占我国全社会总能耗的 22%，供暖线南移导致建筑能耗快速增加，控制建筑总能耗是实现国家节能减排战略的必由之路。

我国每年新增建筑 15 亿 m^2（约占全世界新增面积 40%），大型公共建筑急剧增加。全国既有建筑面积 640 亿 m^2。热环境满意率不到 60%。全面提升建筑热环境是我国高质量发展的必然需求。

供暖空调在欧美国家已有百年历史，特点是能耗高，碳排放量大。我国建筑热环境营造如果继续照搬欧美传统标准和相应技术，必将导致能耗超过控制限额。绿色营造是实现节能减排和提升热环境的必然选择。

然而，实现建筑热环境绿色营造，面临营造理论的科学性、舒适需求和节能减排矛盾、技术体系和产品适应性三大挑战。需要解决热舒适科学度量、热风险安全阈值、绿色营造多参数耦合、舒适与节能协同等科学问题。

因此，项目组在国家自然科学基金项目及国家"十一五"、国家"十二五"科技支撑课题等持续资助下，25 年创新研发，构建了集理论、技术、装备、标准体系为一体的建筑热环境绿色营造体系，实现舒适节能双目标。

5.2 技 术 创 新

我国人口众多，建筑体量大、舒适性差、用能效率低，随着城市发展快速提升，大型公共交通建筑和城市综合体日趋增多，用于改善热环境的能源消耗快速增长，能源供应和保障压力大。用较低能源消耗改善热环境、提高建筑物内热舒适是建筑热环境绿色营造的目标，也是建筑行业发展的重要方向。但存在以下理论方法与关键技术的瓶颈和挑战：

（1）建筑热舒适理论长期参照欧美基于稳态环境下的主观评价理论和方法，导致热环境设计参数与我国实际人体热舒适需求差异大，亟需找到可对人体热舒适进行客观度量的指标，并建立动态热舒适评价理论。

（2）90%的建筑供暖空调系统都存在设计装机容量过大、运行能耗高等资源浪费问题，亟需研发节能设计新方法和运营关键技术。

（3）建筑物内过冷过热、舒适性差，亟需开展建筑供暖空调系统舒适节能关键技术及装备研发。

针对上述问题，通过长期的人体生理学试验、理论研究、现场测试、数值模拟、设计方法和关键技术研发、产品研制以及工程应用，有如下主要创新点：

5.2.1 创建了动态环境人体热舒适新理论与科学度量方法

发现了人体对环境热舒适的适应性和调节性，创立了人体热舒适自适应aPMV理论（图1），揭示了人体对建筑热环境的自适应调节机理，提出自适应系数，建立适应性热舒适模型，解决了动态环境下人体热舒适PMV理论预测不准的问题。

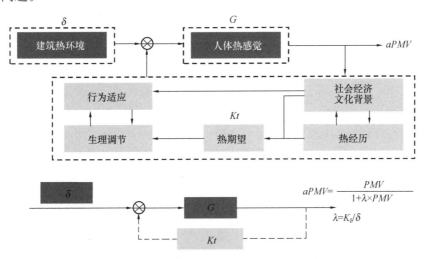

图 1　人体热舒适自适应 aPMV 理论

为解决人体热舒适缺乏客观度量指标的问题，创建了客观度量建筑环境人体热舒适的生理指标体系。通过长期自然环境人体生理试验，确定了神经传导速度等表征人体舒适受环境影响敏感的生理指标，实现了由主观评价到科学量化的根本转变。构建了随环境温度变化的人体生理指标动态响应全图，确定了热环境舒适温度区间和安全保障阈值，突破了热环境分级从定性到定量的技术瓶颈。

5.2.2 建立了基于人体热舒适的建筑环境营造节能技术体系

明确了建筑不同功能区域人体热舒适需求差异，联合中国建筑西南设计研究院有限公司提出兼顾舒适和节能的大型公共建筑空间热环境分区、分级工程设计新方法。建立了建筑热环境节能营造多参数耦合模型，创建了温湿度与风速综合补偿的工程设计线算图；解决了热环境多参数补偿由线性到非线性的难题，实现了由分离单参数向综合多参数的转变。联合北京城建设计发展集团股份有限公司发明了地铁隧道—站台有序活塞风调控等技术（图2），利用通风降温代替空调制冷改善站台热环境，拓展了自然冷源使用范围，延长了免费"供冷"时间。

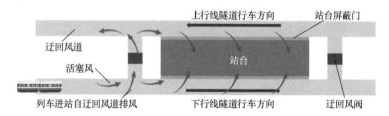

图2 地铁隧道—站台有序活塞风调控技术

5.2.3 研发了空调系统高效运营调控技术与舒适节能空调装备

研发了集中空调系统智能控制技术，提高了天然冷源利用率和建筑物内热舒适的保证率。发明了基于人体动态热舒适理论的新风系统全年动态调控技术，实现冬夏季新风按需供给，扩大了过渡季节新风"免费供冷"的时间和范围，降低空调系统全年运行能耗20%；提出了基于建筑人员行为的气候响应型空调系统智能控制方法（图3），克服了传统控制方式滞后严重、扰动强的缺陷，实现了

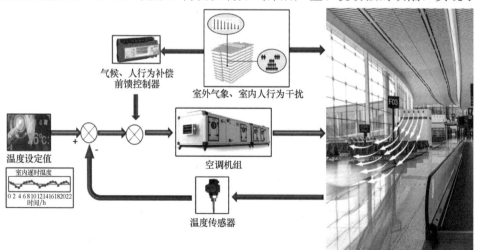

图3 人员行为与气候协调的空调系统运行调控技术

52

空调系统的冷/热量按需供给，建筑物内热环境参数的控制精度提高了60%，能耗降低30%，解决了节能与舒适的矛盾。

5.3　关键技术成果

经重庆市科学技术委员会2015年12月19日组织的以缪昌文院士和崔愷院士为组长的成果鉴定委员会、教育部2014年4月4日组织的以吴德绳顾问总工为组长的成果鉴定委员会、国家自然科学基金委员会2013年3月15日组织的以刘加平院士为组长的重点项目结题验收组及科学技术部西南信息中心技术查新等认为：成果人体热舒适aPMV理论、热舒适客观度量指标、多参数综合补偿工程设计方法和技术、空调舒适送风关键技术等7项成果为国际领先。

成果获发明专利38项，软件著作权5项，出版著作10部，发表高水平论文200余篇；以成果编写的著作由Springer出版，全球发行，被国内外多所高校用作研究生教材。成果专章写入国际标准委员会ISO-TC159主席Ken Parsons教授撰写的专著《Human Thermal Environment》和"十二五"本科国家规划教材《建筑环境学》。

主编国家行业标准5部，包括该领域我国第一部具有自主知识产权的国家标准《民用建筑室内热湿环境评价标准》GB 50785，参编标准39部，另外被10部国家及行业标准直接引用。构建了绿色营造关键技术标准体系，涵盖设计、检测评价和运维。项目组应邀参编美国标准、英国技术指南。牵头编制国际ISO标准。

成果先后获重庆市、教育部等科技进步一等奖3项，获联合国全球人居环境规划设计奖、世界可再生能源联盟"建筑节能"引领奖等国际行业奖3项。

5.4　应用推广和经济社会效益

5.4.1　成果应用及经济效益

项目成果应用于全国不同地区30余项大型工程和310个城市地铁车站，建筑类型涵盖体育场馆、机场、轨道交通、大型商业建筑、居住建筑及城市综合体。提高了建筑空间热舒适，降低了能耗，获多项国内行业工程金奖。同时，研发舒适节能供暖空调装备，实现产业化，经济效益显著，具有广阔的推广应用前景。

中国建筑设计研究院有限公司在国家体育场（鸟巢）设计中采用项目成果，2008年夏季奥运会采用非空调优化通风降温技术，代替中央空调系统，在最大限度满足室内热湿环境的质量条件的同时，显著降低建筑全年能耗。该工程2008年获全国优秀工程勘察设计奖金奖。

中国建筑西南设计研究院有限公司在重庆江北国际机场航站楼热环境营造中采用项目分区、分等级营造和多参数耦合调控技术（图4），节能20％以上，获2018—2019年度中国建设工程鲁班奖。

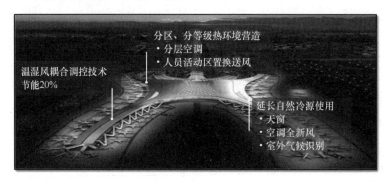

图4　重庆江北国际机场T3航站楼

北京城建设计发展集团股份有限公司在北京、杭州等轨道交通310个地铁车站热环境营造中，利用项目组有序活塞风调控技术，改善了站台热环境；人体热安全风险阈值首次应用于地铁隧道—车站设计，保障了地铁隧道内热安全。

成果推动了产业链、创新链双向融合，海尔、美的等品牌采用项目组成果研发的系列舒适节能型空调装备，销售覆盖全国，并出口世界主要国家和地区，近三年累计销量超过40万套，其中国外销量26.37万套。

5.4.2　社会效益

成果为国家制定《国务院办公厅关于严格执行公共建筑空调温度标准的通知》（国办发〔2007〕42号）和《民用建筑节能管理条例》等政策提供了科学理论支撑，受住房和城乡建设部来函专题表扬。

成果应用于汶川地震安置和灾后重建等重大民生工程，获联合国全球人居环境规划设计奖和政府部门表彰。成果应用于2020年新冠疫情期间"办公建筑运行管理应急措施指南"，指导办公建筑在疫情下的运维，有力推动了新冠疫情后的复工复产。成果拓展应用于我国自主研发的C919大飞机座舱热环境营造，支撑了国家大飞机适航技术标准的制订。

项目团队建成国家级低碳绿色建筑（科学技术部）国际联合研究中心、教育部国际联合实验室等国际化科教平台4个低碳绿色建筑国家级科研基地，与剑桥大学等世界顶尖高校合作在国外设立了分支机构，加强国际技术创新合作。科教融合实践形成了建筑与环境领域的创新人才培养教学成果，荣获2018年国家教学成果奖二等奖，推动了学科发展，培养了一批工程创新技术人才；建成重庆大学建筑环境与能源应用工程为国家首批"双一流本科专业"，助推土木工程一级学科成为国家"双一流学科"。将项目成果凝练后，撰写了多篇教育部科技委战略研究报告和专家建议，如"推进绿色建筑行动，落实国家节能减排战略""科教融合推动我国建筑与环境领域的快速发展"等。

项目团队研发的舒适节能型空调设备实现了家电空调舒适性技术突破，加快了产业结构升级，提升了我国空调制造业的核心竞争力和中国制造国际影响力，产品获中国家电科技进步一等奖、中国轻工业联合会科学技术进步一等奖，促进了行业科技发展。

项目实现了理论创新、技术突破、产品研发和工程应用，促进节能减排，改善人居环境，实现美好生活！

作者： 李百战　李楠　等（建筑热环境理论及其绿色营造关键技术项目组）

综合篇参考文献

[1] 王清勤，李国柱，孟冲，等．GB/T 50378—2019《绿色建筑评价标准》在新型冠状病毒肺炎（COVID-19）疫情防控中的作用与思考[J]．建筑科学，2020，v.36；No.273（04）：211-216.

[2] 王俊．我国既有建筑绿色改造实践与发展建议[J]．建设科技，2015，No.285（06）：38-41.

[3] 叶贵，别领康，汪红霞，洪亮．建筑物使用寿命影响因素的模糊因子分析[J]．现代城市研究，2015，（08）：92-98.

[4] 胡明玉，吴琼，燕庆宁，翟琳璐，张世杰，魏博文．短命建筑引起的资源、能源、环境问题分析[J]．建筑节能，2008，No.203（01）：70-74.

[5] 王清勤，既有建筑绿色改造——政策、科研、标准和案例[J]．建筑节能，2019，v.47；No.342（08）：5-9.

[6] 王清勤．我国绿色建筑发展和绿色建筑标准回顾与展望[J]．建筑技术，2018，v.49；No.580（04）：340-345.

第二篇 | 标准篇

2020 年，住房和城乡建设部联合多部委发布了《绿色建筑创建行动方案》，对于绿色建筑占比、既有建筑能效水平、住宅健康性能、装配式建造方式占比、绿色建材应用等重点绿色发展任务提出了明确要求，对于贯彻绿色发展理念，做好"十四五"谋划，持续推动我国建筑领域绿色发展具有重要意义。

高质量发展离不开高水平标准引领。随着我国标准化工作改革逐步深入，由政府主导制定的标准与市场自主制定的标准协同发展、协调配套的新型标准体系正在加快构建。全文强制性标准作为工程建设标准体系的核心和"顶层"，是约束推荐性标准和团体标准的基本要求，规定了工程建设的技术门槛；推荐性标准逐步过渡为政府职责范围内的公益类标准，是工程建设质量的基本保障；团体标准将有效增加标准市场供给，同时引导标准的创新发展。

基于我国已有的绿色建筑标准体系，在全文强制性规范中注入绿色基本要求，不断优化完善推荐性标准，进一步引导制定涉及激发市场活力和创新潜力的团体标准，已成为我国建设领域绿色高质量发展的重要任务和目标。本篇主要介绍绿色建筑领域标准工作的新成果和新动向，涉及近零能耗建筑、可再生能源利用、碳排放、健康社区、绿色城市轨道交通、绿色超高层建筑等内容，这些标准项目着力于提升城市品质和人居环境质量，注重节能减排和健康性能，充分发挥了标准规范促进科技创新、引领品质提升、推动绿色发展的基础性作用。

Part 2 | Standards

Ministry of Housing and Urban-Rural Development and other ministries jointly issued the "Green Building Creation Action Plan" in 2020. It puts forward clear requirements for the proportion of green buildings, the energy efficiency level of existing buildings, the health performance of residential buildings, the proportion of prefabricated construction methods, the application of green building materials and other key green development tasks. It has important implications for implementing the concept of green development, doing a good job in the 14th Five-Year Plan, and continuously promoting the green development of China's construction industry.

High-quality development cannot be achieved without the guidance of high-level standards. With the gradual deepening of standardization reform in China, the new standard system of coordinated development between the government-led standards and the standards formulated independently by the market is speeding up. As the core and "top level" of the engineering construction standard system, the mandatory codes for engineering construction stipulate the technical threshold of engineering construction and binds the recommended standards and group standards. The recommendable standards are gradually transformed into the public welfare standard within the scope of government responsibility, and they are also the basic guarantee for the quality of engineering construction. The group standards will effectively increase the market supply of standards and guide the innovation and development of standards.

Based on the existing green building standard system in China, inject green basic requirements into the mandatory code for engineering construction, continuously optimize and improve the recommended standards, and further guide the formulation of group standards related to stimulating market vitality and innovation potential, which has become an important task and goal for green and high-quality development in China's construction field. This part mainly introduces the new achievements and trends of the standard work in the field of green building, which covers nearly zero energy buildings, renewable energy utilization, carbon emissions, healthy community, green urban rail transit, super green high-rise building, etc. These standards focus on improving the urban quality and living environment, pay attention to energy conservation and emissions reduction and health performance, give full play to the basic role of standards in promoting scientific and technological innovation, leading quality improvement and promoting green development.

1 《近零能耗建筑技术标准》 GB/T 51350－2019

1 Technical Standard for Nearly Zero Energy Buildings GB/T 51350－2019

1.1 编 制 背 景

自 1980 年以来，我国建筑节能工作以建筑节能标准为先导取得了举世瞩目的成果，尤其在降低严寒和寒冷地区居住建筑供暖能耗、公共建筑能耗和提高可再生能源建筑应用比例等领域取得了显著的成效。建筑节能工作经历了 30 年的发展，现阶段建筑节能 65% 的设计标准已经全面普及，建筑节能工作减缓了我国建筑能耗随城镇建设发展而持续高速增长的趋势，并提高了人们居住、工作和生活环境的质量。

从世界范围看，美国、日本、韩国等发达国家和欧盟国家为应对气候变化和极端天气、实现可持续发展战略，都积极制定建筑迈向更低能耗的中长期（2020、2030、2050）政策和发展目标，并建立适合本国特点的技术标准及技术体系，推动建筑迈向更低能耗正在成为全球建筑节能的发展趋势。在全球齐力推动建筑节能工作迈向下一阶段中，很多国家提出了相似但不同的定义，主要有超低能耗建筑、近零能耗建筑、（净）零能耗建筑，也相应出现了一些具有专属技术品牌的技术体系，如德国"被动房"（Passive House）、瑞士 Minergie 近零能耗建筑等技术体系。

我国近零能耗建筑试点示范自国际科技合作开始起步，2002 年开始的中瑞超低能耗建筑合作，2010 年上海世博会的英国零碳馆和德国汉堡之家是我国建筑迈向更低能耗的初步探索。2011 年起，在我国住房和城乡建设部与德国联邦交通、建设及城市发展部的支持下，住房和城乡建设部科技发展促进中心与德国能源署引进德国建筑节能技术，建设了河北秦皇岛"在水一方"、黑龙江哈尔滨"溪树庭院"、河北省建筑科技研发中心科研办公楼等建筑节能示范工程。2013 年起，中美清洁能源联合研究中心建筑节能工作组开展了近零能耗建筑、零能耗建筑节能技术领域的研究与合作，建造完成中国建筑科学研究院有限公司近零能耗建筑、珠海兴业近零能耗示范建筑等示范工程，取得了非常好的节能效果和广泛的社会影响。

2017 年 2 月，住建部《建筑节能与绿色建筑发展"十三五"规划》提出：积极开展超低能耗建筑、近零能耗建筑建设示范，引领标准提升进程，在具备条件的园区、街区推动超低能耗建筑集中连片建设，到 2020 年，建设超低能耗、近零能耗建筑示范项目 1000 万 m² 以上。随后，山东省、河北省、河南省、北京市、石家庄市等省市针对超低能耗建筑示范推广的政策不断出台，纷纷提出发展目标，并给予财政补贴、非计容面积奖励、备案价上浮、税费和配套费用减免、科技扶持、绿色信贷等方面的政策优惠。

为满足人民群众美好生活的向往，建筑物迈向"更舒适、更节能、更高质量、更好环境"是大势所趋。因此，我国近零能耗建筑标准体系的建立，既要与我国 1986～2016 年建筑节能 30％、50％、65％"三步走"目标进行合理衔接，又要与我国 2025、2035、2050 年中长期建筑能效提升目标有效关联，指导建筑节能相关行业发展。

《近零能耗建筑技术标准》（以下简称《标准》）以 2016 年在施的建筑节能设计标准《公共建筑节能设计标准》GB 50189－2015、《严寒和寒冷地区居住建筑节能设计标准》JGJ 26－2010、《夏热冬冷地区居住建筑节能设计标准》JGJ 134－2016、《夏热冬暖地区居住建筑节能设计标准》JGJ 75－2012 为基准，考虑我国气候区多样和建筑类型复杂，提出不同气候区不同建筑类型达到近零能耗建筑的节能率和能耗控制指标，达到严寒和寒冷地区近零能耗居住建筑能耗降低 75％以上，不再使用传统供热方式，夏热冬暖和夏热冬冷地区近零能耗居住建筑能耗降低 60％以上，不同气候区近零能耗公共建筑能耗平均降低 60％以上，同时各类建筑的可再生能源使用率超过 10％。

编制组开展了近零能耗建筑定义研究、各气候区控制性指标研究、围护结构关键构造与做法研究、先进建筑能源系统及能效指标研究、主动式/被动式/可再生能源系统联合运行策略研究、认证评价管理及技术办法研究、示范项目情况调查研究、关键设备及材料性能调查研究、相关省市政策标准情况调查研究 9 个专项研究，解决了政策支撑、指标制定、关键设备、关键构造、联合运行等关键问题，有力支撑了标准编制工作。

1.2 技 术 内 容

1.2.1 近零能耗建筑技术指标

建立了适用于近零能耗建筑的多目标多参数优化分析方法及平台，采用 Trnsys 与 Genopt 软件结合的优化方法将能耗模拟工具和优化分析工具结合，实现数据的准确交互，进行多目标多参数非线性优化计算，解决近零能耗建筑能耗、室内环境参数、围护结构性能、经济性、设备性能等多参数的最优化问题。

基于优化分析结果，结合我国建筑技术的发展水平和产业支撑能力，研究建立了我国不同气候区近零能耗建筑约束性技术指标。在此基础上，对能耗目标进行分解，提出了不同气候区推荐的围护结构等关键性能参数。

能效指标是判别建筑是否达到近零能耗建筑标准的约束性指标，其计算方法应符合标准能效指标计算方法的规定。能效指标中能耗的范围为供暖、通风、空调、照明、生活热水、电梯系统的能耗和可再生能源利用量。

能效指标包括建筑能耗综合值、可再生能源利用率和建筑本体性能指标三部分，三者需要同时满足要求。建筑能耗综合值是表征建筑总体能效的指标，包括可再生能源的贡献；建筑本体性能指标是指除利用可再生能源发电外，建筑围护结构、能源系统等能效提升要求，其中公共建筑以建筑本体节能率作为约束指标，居住建筑以供暖年耗热量、供冷年耗冷量以及建筑气密性作为约束指标，照明、通风、生活热水和电梯的能耗在建筑能耗综合值中体现，不作分项能耗限值要求。

近零能耗居住建筑的能效指标应符合表1的规定。

近零能耗居住建筑能效指标　　　　　　表1

建筑能耗综合值		$\leqslant 55[kWh/(m^2 \cdot a)]$或$\leqslant 6.8[kgce/(m^2 \cdot a)]$				
建筑本体性能指标	供暖年耗热量 $[kWh/(m^2 \cdot a)]$	严寒地区	寒冷地区	夏热冬冷地区	温和地区	夏热冬暖地区
		$\leqslant 18$	$\leqslant 15$	$\leqslant 8$		$\leqslant 5$
	供冷年耗冷量 $[kWh/(m^2 \cdot a)]$	$\leqslant 3+1.5 \times WDH_{20}+2.0 \times DDH_{28}$				
	建筑气密性（换气次数 N_{50}）	$\leqslant 0.6$		$\leqslant 1.0$		
可再生能源利用率（%）		$\geqslant 10\%$				

注：1　建筑本体性能指标中的照明、生活热水、电梯系统能耗通过建筑能耗综合值进行约束，不作分项限值要求；

2　本表适用于居住建筑中的住宅类建筑，表中面积为套内使用面积；

3　WDH_{20}（Wet-bulb degree hours 20）为一年中室外湿球温度高于20℃时刻的湿球温度与20℃差值的逐时累计值（单位：kKh，千开时）；

4　DDH_{28}（Dry-bulb degree hours 28）为一年中室外干球温度高于28℃时刻的干球温度与28℃差值的逐时累计值（单位：kKh，千开时）。

近零能耗公共建筑能效指标应符合表2的规定。

63

近零能耗公共建筑能效指标 表 2

建筑综合节能率		≥60%				
建筑本体性能指标	建筑本体节能率	严寒地区	寒冷地区	夏热冬冷地区	夏热冬暖地区	温和地区
		≥30%		≥20%		
	建筑气密性（换气次数 N_{50}）	≤1.0		—		
可再生能源利用率		≥10%				

1.2.2 近零能耗建筑设计方法

在进行近零能耗建筑规划和设计时，应充分利用当地自然资源和场地现有条件，减少建筑能耗，利用自然采光、被动太阳得热、遮阳、围护结构保温隔热等措施，多角度全面考虑建筑关键要素的选择，使用建筑性能模拟软件定量评估，综合功能和美学的因素，实现经济、实用、美观和节能的多目标优化。设计流程各阶段任务如图 1 所示。

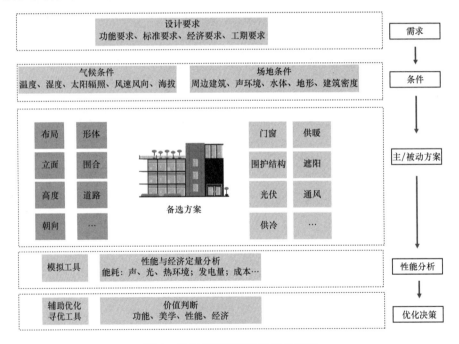

图 1 近零能耗建筑设计任务流程

对于近零能耗建筑设计方法的探究，并不需要一些刻板的技术指导，套用基于单独案例得到的方法到近零能耗建筑的性能化设计中去有一定困难，基于能耗指标的性能化设计需要的是能够凝练建筑设计要点的通用性强、引导性强的方法和完整设计流程的指导。

为推进建筑节能，协助指导近零能耗建筑设计，编制组分析总结国内外现有相关文献与典型案例，依据目标函数的不同，加以考虑建筑所在地气候特点差异，提炼出适用于近零能耗建筑通用的三种设计方法：关键参数限额法、双向交叉平衡法以及经济环境决策法。对各种建筑及不同气候类型下设计近零能耗建筑的要点、流程及步骤给出指导。

（1）关键参数限额法

关键参数限额法即以减小建筑耗能为导向，充分利用气候特征和自然条件，严格控制建筑关键元素（外墙、屋面、外窗的传热系数、气密性）指标，结合高效新风热回收技术，基本满足用户舒适条件的设计方法。这种方法对可再生能源资源的依赖性不强，无需过多模拟计算，实质上是对现有节能标准控制指标的提升，应用此种方法旨在使建筑具备达到近零能耗建筑的潜力（图2）。

应用关键参数限额法达到超低能耗有3个主要技术特征：

① 围护结构热工性能的提高和建筑整体气密性的提高。外墙、屋面、外窗、楼板这些围护结构的传热系数需达到规定数值，由此极大限度地提高建筑保温隔热性能以及气密性。

② 充分利用被动式技术节能。如自然通风、自然采光、太阳能辐射和室内非供暖热源的利用，显著降低建筑能源需求和对机械系统的依赖。

③ 高效新风热回收系统。有效保障室内空气质量和热环境。

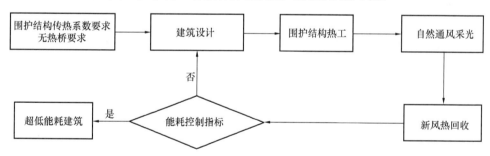

图2 关键参数限额法设计流程

（2）双向交叉平衡法

双向交叉平衡法即以能耗指标、舒适度指标为导向，在优化建筑围护结构和高效新风热回收的同时，考虑可再生能源的应用，建筑消耗的能量由可再生能源来提供，从而达到能量供需平衡的设计方法。设计过程中通过改变建筑朝向、窗墙比，将建筑本身围护结构与系统设备、可再生能源与高效能源有效组合。通过可再生能源达到建筑能源供需的平衡，充分满足用户的舒适要求（图3）。

应用双向交叉平衡法达到超低能耗有3个主要技术特征：

① 充分优化被动设计手段。调节建筑体形系数、内外遮阳、自然通风和自然采光等，严格把控建筑围护结构参数限值，最大限度地减小建筑对化石燃料的需求。

② 主动优化提高系统性能。利用新型技术和设备提高能效，如节能灯具、变频风机或水泵等的应用。

③ 合理利用可再生能源。建筑需求的能量尽可能多地来源于太阳能、风能、浅层地热能、生物质能等可再生能源。

(3) 环境经济决策法

环境经济决策法即以能耗、舒适度和经济性 3 个指标为导向，通过对建筑本身围护结构的优化，有效利用周围环境及可再生能源，考虑经济可行性因素，不断优化建筑设计方法，直到找出使建筑物各项指标满足设计条件的设计方法。该方法将 3 个指标平行考虑，需要循环迭代的计算和定量的分析，在最优化目标函数的同时满足业主和用户的需求（图 4）。

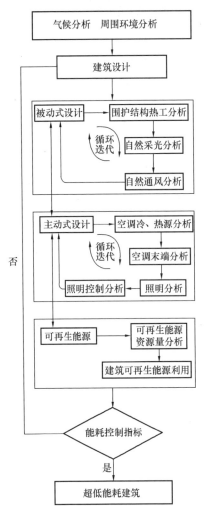

图 3 双向交叉平衡法

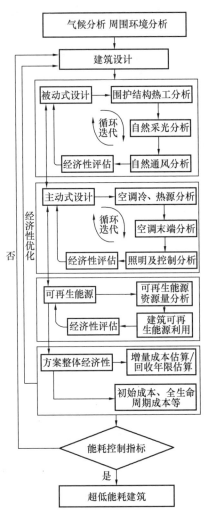

图 4 环境经济决策法

应用环境经济决策法达到超低能耗有 3 个主要技术特征：

① 同时满足 3 项设计指标。建筑设计初期要同时设定能耗指标、经济性指标和环境优化指标，围绕这 3 项指标进行设计。

② 充分主动优化设计。循环迭代优化，得到单个参数的最优取值，系统设计方案及运行方案。

③ 经济可行性分析。决策节能与投资的关系，选择合适方案。

1.2.3 近零能耗建筑专用合规判定工具开发

标准编制组对国内外现有建筑能耗计算理论及工具进行了研究和梳理，对 ISO 13790 中建筑冷热负荷计算方法在我国的应用进行了研究，对自然通风、热桥、间歇负荷计算、供暖空调系统的计算方法以及照明生活热水、可再生能源的计算理论进行了系统研究，建立了基于国际标准、符合我国国情、对接我国建筑标准体系的近零能耗建筑能耗计算和评价理论，并形成了技术文档。

通过研究，编制组开发了涵盖建筑冷热负荷、供暖空调系统能耗、生活热水能耗、照明系统能耗、可再生能源系统能耗的建筑能耗软件，能够完整计算建筑的能源消耗。编制组立足于行业需求，学习发达国家的成熟经验，针对我国国情，开发具有自主知识产权的快速、准确、易用的近零能耗建筑设计与评价工具"爱必宜超低能耗建筑设计与认证软件"。

该软件基于国际标准 ISO 13790，结合我国国情建立了完整的建筑冷热负荷、冷热源能耗、输配系统能耗、照明及生活热水能耗和可再生能源系统能耗的计算方法和理论（图 5）。

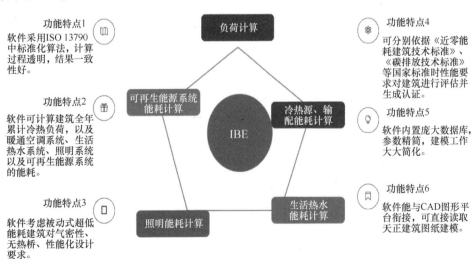

图 5 爱必宜超低能耗建筑设计与认证软件

软件改进了 ISO 13790 中外窗辐射得热计算方法；建立了采用自然采光和智能控制的照明系统能耗计算方法，以及采用气密性测试结果计算常压下建筑冷风渗透量的方法，研究结果具有创新性。采用 ISO 13790 逐月计算方法，一个完整的计算周期里包含 12 个计算点，极大地缩短了工程计算时间，计算时长减少 90% 以上，计算稳定，速度快。

软件建立了涵盖不同类型建筑室内参数、内热设置、围护结构及能源系统参数及运行模式等数据的基础数据库并与计算方法整合，解决了建筑能耗计算中部分输入数据难以准确获得的难题，与国际公认的动态能耗计算软件 TRNSYS（版本：V16.01）计算结果的对比表明，案例的计算负荷误差在 8% 以内，具有良好的一致性和准确性。

所开发软件完全具有自主知识产权，采用 C++ 编写并预留了批处理、后处理以及 CAD 图形平台接口，具有良好的可拓展性，为大规模工程应用和衍生产品的开发提供了基础。软件能够计算建筑全年累计冷热负荷，以及暖通空调、生活热水、照明及可再生能源系统的能耗，基本覆盖建筑运行阶段所有用能产能系统。填补了我国工程建筑能耗快速计算软件的空白，软件具有快速、易用、准确的优势，为我国近零能耗建筑的推广提供了基础工具，具有显著的社会效益。

1.3 结 束 语

《标准》实施以来，已由第三方机构作为依据完成近零能耗建筑测评标识项目 30 个，建筑面积 120 万 m²。《标准》指导北京、上海、河北、山东、河南、江苏等地方标准的编制，夏热冬暖地区《岭南特色超低能耗建筑技术指南》也已颁布实施。《标准》发布之后，编制组在全国 10 个省市开展标准宣贯和技术交流，累计参会人数超过 2500 人次。2019 年全国近零能耗建筑大会，参会人数突破 1000 人。2020 年新冠疫情期间，标准编制组通过凤凰网房产专栏开设 10 期"超低能耗建筑系列公益直播"，45 位专家对标准和示范项目进行解读，累计点击量突破 100 万次，形成广泛社会影响。

《标准》的颁布实施是贯彻党中央、国务院关于加强节能减排和提升节能标准要求的具体体现，是开展建筑节能标准国际对标的需要，是建筑节能行业发展的需求导向，将为我国 2030 年碳达峰、2060 年碳中和总目标下建筑领域积极迈向零碳零能耗，提供技术支撑。

作者：徐伟 张时聪 于震 陈曦 孙德宇 孙峙峰（中国建筑科学研究院有限公司）

2 《太阳能供热采暖工程技术标准》 GB 50495－2019

2 Technical Standard for Solar Heating System GB 50495－2019

2.1 编 制 背 景

冬季供暖是我国严寒、寒冷地区居民的基本生活需求。我国煤炭的储量大、开采、使用成本较低，使燃煤成为我国供暖的主要能源，导致温室气体排放量不断增加，带来了环境污染等问题。京津冀地区发生的雾霾，燃煤排放的污染物是重要成因之一。因此，利用太阳能等可再生能源的清洁供暖技术，就成为提高居民生活水平、改善环境、实现经济可持续发展的重要手段。

我国是世界上最大的太阳能热利用国家，太阳能集热器安装量占世界的70％。太阳能供热采暖是太阳能热利用的主要方式之一，2009 年我国即颁布实施了国家标准《太阳能供热采暖工程技术规范》GB 50495，以规范太阳能供热采暖工程的推广与应用。该标准正式颁布实施以来，对指导太阳能供热采暖工程的设计、施工和验收，保证太阳能供热采暖系统安全可靠运行，更好地发挥节能效益，加快建设资源节约、环境友好型社会，具有十分重要的作用。在过去几年间，我国的太阳能供热采暖技术有了长足的发展，取得了大量的系统运行数据和实践经验，同时也出现了一些新的系统形式，季节蓄热太阳能供热采暖系统、太阳能区域供热系统等开始在我国得到应用。

此外，欧美等发达国家的太阳能供热采暖技术和工程应用也发展迅速。根据国际能源署太阳能供热制冷委员会（IEA-SHC）2019 年报的统计，至 2018 年底，全球总共有 339 个大型（系统容量＞350 kW 热能；集热器面积＞500m²）太阳能供热采暖系统安装运行，系统总容量相当于 1200MW 热能（集热器面积1747200m²）；丹麦是欧洲占比最高的国家，占全欧新增容量的 54％；欧洲以外则是中国占比最高，占其他国家新增容量的 87％。

欧洲是太阳能供热采暖应用最为广泛、技术最为先进的地区，特别是丹麦、德国、瑞典等国家，已经形成了从前期规划、理论计算模拟、系统优化设计、科学施工方案、系统运行管理和长期性能监测的完整技术体系，从而极大地提高了太阳能供热采暖项目的整体效益。加拿大卡尔加里建成的一个太阳能供热采暖小区热力站，则是世界首个实现 100％太阳能供暖的项目，该项目设计时，利用 TRNSYS软件做动态模拟计算，完成的系统优化设计方案及相关参数与后期监测系统获得的工作状态及参数有很好的吻合，说明将太阳能供热采暖系统设计实践理论化，提高太阳能供热采暖系统设计的科学性与准确性，非常必要。

中国的太阳能供热采暖技术和应用，与世界先进国家相比还有一定差距，但近年来的发展进步已使差距越来越小。目前，我国已有多个太阳能供热采暖项目，都是采用与先进国家相同的理论和设计技术体系完成的，因此，需要对已实施多年的《太阳能供热采暖工程技术规范》GB 50495 进行补充完善，提高太阳能供热采暖系统设计的科学性与准确性，进一步规范太阳能供热采暖工程的技术要求，拓展太阳能供热采暖技术的市场化发展道路。

2.2 技 术 内 容

2.2.1 修订内容概述

本标准修订的主要技术内容是：①补充了术语，调整、修改了原太阳能供热采暖系统设计、太阳能供热采暖工程施工、太阳能供热采暖工程的调试、验收与效益评估的章节编排、名称及技术内容；②增加了被动式太阳能采暖一章；③补充了太阳能热电联产供热采暖技术的相关内容；④完善了液态工质太阳能集热系统设计流量和贮热水箱容积配比的计算要求；⑤补充了地埋管蓄热系统的技术要求和新增相变材料的特性。

本标准修订后共包括 8 章技术内容：总则；术语；被动式太阳能采暖；主动太阳能供热采暖系统；太阳能集热系统；太阳能蓄热系统；太阳能供热采暖工程的调试与验收；太阳能供热采暖工程效益评估。

2.2.2 调查研究的重点内容

（1）季节蓄热太阳能供热采暖系统的集热、蓄热系统设计方法

太阳能的不稳定性决定了太阳能供热采暖系统须设置相应的蓄热装置，保证系统稳定运行，提高系统节能效益。以往国内太阳能供热采暖系统多为短期蓄热系统，但国外已有大量季节蓄热太阳能供热采暖系统工程实践，我国目前也有多个季节蓄热太阳能供热采暖系统在设计、实施过程中，故亟需对设计方法进行规范，为集热系统、蓄热系统的设计选型提供指导。因此，本标准对季节蓄热太阳能供热采暖系统的集热、蓄热系统设计方法进行了完善。主要反映在如下 2 个方面：

① 方案或初步设计阶段太阳能集热器总面积计算。

《太阳能供热采暖工程技术规范》GB 50495-2009 中对集热器总面积的计算方法更适用于短期蓄热系统，季节蓄热系统的太阳能集热器全年运行，蓄存全年的太阳能得热量用于冬季采暖，太阳能集热器面积可选得小一些。此外，在计算过程中还应考虑季节蓄热系统的散热损失，因此本标准修订引入了季节蓄热系统效率这一参数，并修改完善了针对季节蓄热系统太阳能集热器总面积的计算公式。

② 季节蓄热系统的蓄热体体积。

本标准参照国外工程实践资料，结合我国的工程经验，给出了不同规模季节蓄热太阳能供热采暖系统的贮热水箱/水池容积配比范围。在具体取值时，当地的太阳能资源好、环境气温高、工程投资高，可取高值，否则，取低值。由于影响因素复杂，给出的推荐值范围较宽，选取某一具体数值确定水箱/水池容积，完成系统设计后，需利用相关计算软件模拟系统在运行工况下的贮水温度，进行校核计算，验证取值是否合理。

（2）太阳能供热采暖系统的热工性能评价指标

太阳能集热系统效率、太阳能供热采暖系统的太阳能保证率是保障太阳能供热采暖工程质量和性能的关键参数，须达到设计时的规定要求。目前，世界上已有 100% 太阳能保证率的太阳能供热采暖工程在成功运行。国家标准《可再生能源建筑应用工程评价标准》GB/T 50801-2013 已对太阳能供热采暖系统热工性能的测试方法进行了明确规定，并给出了相应的评价方法和评价指标。

然而，《可再生能源建筑应用工程评价标准》GB/T 50801-2013 给出的分级指标并未区分短期蓄热系统与季节蓄热系统。季节蓄热太阳能供热采暖系统一般规模高，投资大，只有具备更高的太阳能保证率的季节蓄热系统，才能在经济性和节能性上体现优势。因此，本标准编制过程中以中国建筑科学研究院有限公司为主对不同地区季节蓄热太阳能供热采暖系统的应用效果进行了分析计算，并参考国外工程资料，确定了季节蓄热太阳能供热采暖系统的推荐太阳能保证率，以进一步提高太阳能供热采暖工程的节能效益，加快利用清洁能源供暖的推广进程（表1）。

不同地区的太阳能集热系统效率和太阳能供热采暖系统太阳能保证率　　表1

太阳能资源区划	太阳能集热系统效率 η	太阳能供热采暖系统太阳能保证率 f	
		短期蓄热太阳能供热采暖系统	季节蓄热太阳能供热采暖系统
资源极富区	≥35%	≥50%	≥70%
资源丰富区	≥35%	≥40%	≥60%
资源较富区	≥35%	≥30%	≥50%
资源一般区	≥35%	≥20%	≥40%

（3）被动式太阳能采暖设计

太阳能能量密度低，时空分布不均，降低建筑供暖需求是实施太阳能采暖的重要前提，因此建筑应具有较高的节能水平，除满足建筑节能标准要求外，被动太阳能供暖是降低建筑采暖能耗的另一重要途径。本标准编制过程中，增加了"被动式太阳能采暖"章节，并对建筑被动式太阳能采暖的总体设计、围护结构、集热蓄热部件的相关特性给出了基本规定。此外，对于接收辐射表面不与室外空气直接接触的集热蓄热部件，其吸收率和蓄热能力等影响集热蓄热性能的关键参数，规定可参考同类基本材料的吸收率，如混凝土墙面为 0.7，黑色镀锌钢板表面为 0.89 等。同时，为保证良好的蓄热效果，构筑物主体材料应具有较大的体积热容量及导热系数。密度大的重型材料体积热容量较大，如砖墙、混凝土墙等。

2.3　结　束　语

本标准与相关国际标准、技术导则相比，以我国太阳能供热采暖技术现阶段的发展特点与实际情况为基础，增加了针对我国不同太阳能资源分区、建筑特点的相关内容，并针对工程应用，增加并细化被动式太阳能采暖设计、季节蓄热太阳能供热采暖系统的集热、蓄热系统设计要求，增加了施工安装、调试验收、工程效益评估等相关内容，可对太阳能供热采暖工程的全过程进行规范，在保证工程质量的同时达到安全适用、经济合理、技术先进可靠的目的，促进了太阳能供热采暖技术在我国的发展。以在西藏浪卡子建成的装机容量 15.6 MW 热能、集热器面积 22275m² 的太阳能供热采暖项目为例（图 1），根据 2019～2020 年的实测数据，系统的太阳能保证率达到 100%，用户所需的供暖量未消耗其他能源，全部由太阳能提供。

图 1　西藏自治区山南市浪卡子县县城供热工程

作者： 郑瑞澄　何涛　张昕宇　王敏　李博佳（中国建筑科学研究院建科环能科技有限公司）

3 《建筑碳排放计算标准》GB/T 51366 - 2019

3 *Standard for Building Carbon Emission Calculation GB/T 51366 - 2019*

3.1 编 制 背 景

2007 年 6 月,《中国应对气候变化国家方案》明确提出研究发达国家发展低碳经济的政策和制度体系,分析中国低碳经济发展的可能途径与潜力,研究促进中国低碳经济发展的体制、机制和管理模式;研究隐含能源进出口与温室气体排放的关系,综合评价全球应对气候变化行动对制造业国际转移和分工的影响。2009 年 9 月,在联合国召开的气候变化峰会上,胡锦涛主席代表中国政府向国际社会表明了中方在气候变化问题上的原则立场,明确提出了我国应对气候变化将采取的重大举措。2009 年 11 月 26 日,我国正式对外宣布控制温室气体排放的行动目标,决定到 2020 年单位国内生产总值二氧化碳排放强度比 2005 年下降40%~45%。

本标准聚焦以上政策需求,目的为统一中国建筑物进行碳排放计算时的计算边界和计算方法。标准具有积极推动我国低碳经济的发展和落实国家碳排放和减排政策实施的实际意义,可在此基础上,逐步建立建筑物碳排放计算相关数据库,进而开发与建筑设计相结合的建筑物碳排放计算软件,用于在建筑物设计阶段对不同设计方案的全生命周期碳排放进行比较分析,也可对建筑物运行、改造等过程中不同方案的碳排放进行比较。

3.2 技 术 内 容

本标准主要包括建筑物运行阶段碳排放计算、建造及拆除阶段碳排放计算、建材生产及运输阶段碳排放计算。附录为主要能源碳排放因子、建筑物使用特征、常用施工机械台班燃料动力用量、建材碳排放因子、建材运输碳排放因子。

通过引入建筑物碳排放概念,将建筑物的能耗和可再生能源应用统一折算为碳排放,使得建筑物的节能减排效果更加直观。将建筑物碳排放作为建筑节能的衡量指标,不仅能体现建筑减少的能耗,还能体现使用可再生能源和清洁能源的减排效果。建筑物碳排放计算方法（工具）可以在建筑节能、绿色建筑、低碳建筑和建筑领域 CDM 中发挥重要作用。

标准将继续推动建筑节能。在我国现行的建筑节能标准体系中，衡量建筑物在设计过程中是否节能的主要手段是判断建筑物的围护结构以及能源系统的各项指标是否达标，并没有对建筑物的碳排放作出要求。《公共建筑节能设计标准》GB 50189 在建筑物围护结构权衡判断中提出了性能化指标的要求，但并没有提供针对暖通空调系统的性能化评价方法和要求，无法有效满足实际工程的需要，急需增加暖通空调系统形式和可再生能源建筑应用系统的相关评价方法和要求，采用更为直接的定量指标来评估使用不同建筑能源系统带来的节能效果。

标准将量化评价绿色建筑。近年来，全球范围内绿色建筑迅猛发展。我国绿色建筑在政府的强有力推动和行业的不懈努力下，正在步入快速发展阶段。但是，目前我国绿色建筑评价标准体系中对绿色建筑的碳排放并无明确的要求。通过计算建筑物碳排放，综合评估绿色建筑中建筑围护结构、暖通空调系统、生活热水、照明等部分的能耗情况，以及能源系统和设备能效的提升，自然通风等节能措施以及可再生能源的使用所带来的节能和减排效应，将建筑物碳排放这一指标纳入评价体系中，对推进我国绿色建筑评价体系由定性到定量发展提供坚实的技术支撑。

标准积极响应低碳建筑与社区。社区的碳排放包含建筑物、公共园林、社区内交通、社区照明以及部分市政设施等产生的碳排放和碳汇效应，但社区的核心是建筑，低碳社区概念的核心是建筑物的低碳。建筑物碳排放计算方法可以在设计阶段对低碳建筑和低碳社区的碳排放情景进行预测，基于假定的运营状态，使我国的低碳建筑和低碳社区的评价完成从定性到定量的质的转变，为低碳城市的建设提供支持。

3.3 结 束 语

2020 年 9 月 22 日，习近平总书记在第 75 届联合国大会一般性辩论上宣布，中国将提高国家自主贡献力度，二氧化碳排放力争于 2030 年前达到峰值，努力争取 2060 年前实现"碳中和"。2030 年"碳达峰"与 2060 年"碳中和"的目标，明确了我国绿色低碳发展的时间表和路线图，我国遏制温室气体排放快速增长的工作已取得积极进展，下一步还将对标新的达峰目标开展一系列工作，包括研究提出更有力度的约束性指标，开展二氧化碳排放达峰行动计划，加快推进全国碳排放交易市场建设等一系列工作安排。

本标准颁布实施后，将为 2030 年"碳达峰"与 2060 年"碳中和"目标中的建筑碳排放计算核算，推动建筑节能与绿色建筑高质量发展，迈向零碳建筑、零碳社区，提供强有力的技术支撑。

作者：徐伟[1] 张时聪[1] 李本强[2] 王建军[3] 王洪涛[4] 蒋荃[5]（1. 中国建筑科学研究院有限公司；2. 中国建筑标准设计研究院有限公司；3. 中国建筑技术集团有限公司；4. 四川大学；5. 中国建材检验认证集团股份有限公司）

4 《绿色城市轨道交通建筑评价标准》T/CECS 724 – 2020

4 Assessment Standard for Green Urban Rail Transit Building T/CECS 724 – 2020

4.1 编 制 背 景

地铁是城市轨道交通主要类型之一，是大中型城市交通的主动脉，是高效率城市交通的核心载体。据统计，地铁每天都承载城市常住人口 20%～40% 当量人次的交通运输，极大地缓解了城市地面交通的压力，提升了整个城市经济活动的效率。近几年，我国城市轨道交通建设速度和规模突飞猛进。根据《中国城市轨道交通年鉴（2018）》，截至 2018 年底，共有 35 个城市开通城市轨道交通运营线路 185 条，运营线路里程达到 5761.4km，其中地铁运营线路 4354.3km，占比 75.6%。

城市轨道交通的快速发展，对能源消耗、环境舒适度提出了高要求。根据中国城市轨道交通协会统计，目前，共有 43 个城市新一轮轨道交通建设规划获得国家批复，规划线路里程超过1万km。城市轨道交通能耗占全国总能耗的 1.7‰，其中 50%～60% 为牵引能耗，40%～50% 为环控能耗。并且，由于人们对站台和列车中空气质量、温湿度的要求不断提升，总能耗及环控系统精细化管控的挑战将日益凸显。随着绿色建筑、低碳产品、生态城区等一系列可持续发展产物的出现，地铁作为城市建设的重要组成部分，也同样需要提升整体的绿色性能。

常见办公、商场等民用建筑的绿色技术策略，在轨道交通建筑的直接应用存在巨大挑战。民用建筑的使用者密度较低、长期停留、连续使用强度较为均匀，而城市轨道交通的使用者密度超高、短期停留，且具有显著早晚高峰效应；民用建筑层高较高、重点关注地上，因此自然采光、窗户开启面积、外围护结构隔声性能等是重点，地铁站厅作为一类特殊的建筑类型，在建筑、给水排水、暖通、电气和结构等设计方面具有很强的特殊性和专业性，对防火防灾疏散的设计尤为关注；建设过程中，由于施工环境的特殊性，在绿色施工管理方面的侧重点与地上建筑有所不同；运营过程中，由于地下热湿环境的不同，在地铁站厅的运营管

76

理方面也与常见民用建筑大有差异。

目前,轨道交通领域的绿色建筑标准尚属空白,而现有民用绿色建筑技术体系很难完全适用,为此亟需进行针对性的分析研究,甄别适用于地铁站厅、地铁场段建设的绿色关键技术,提升当前地铁的绿色、健康性能,并结合对安全、人文性能的新要求,支撑国内轨道交通的高水平建设和管理。为此提出编制的《绿色城市轨道交通建筑评价标准》,将适应未来城市轨道交通的规模化和绿色化发展需求,成为我国绿色标准体系的有益补充,对轨道交通建筑的绿色化发展具有积极意义。

4.2 技 术 内 容

4.2.1 基本规定

在城市轨道交通的整体建设中,最重要的两个组成部分为车站和车辆基地,因此本标准的评价对象将车站和车辆基地均涵盖其中。由于车站和车辆基地的功能差异性较大,因此,在标准中设置了两个独立的章节,分别针对车站和车辆基地建立了评价指标体系,使两者可以根据自身的特点分别进行评价。同时,绿色城市轨道交通的规划建设周期较长,为了调动绿色建设的积极性,以及加强对规划建设的全过程控制,本标准将绿色城市轨道交通评价分为"预评价"和"运行评价",运行评价将在城市轨道交通正式运营后进行。

轨道交通车站和车辆基地的评价指标体系均由安全耐久、环境健康、资源节约、施工管理、运营服务 5 类指标组成,且每类指标均包括控制项和评分项,根据各自关注的性能特点,在条文设置方面各有侧重。为了鼓励绿色城市轨道交通建筑采用创新的建筑技术和产品建造更高性能的绿色城市轨道交通建筑,还统一设置"创新"加分项。《标准》将全部的创新条文集中在一起,单独成一章。

绿色城市轨道交通建筑的评价等级划分为基本级、一星级、二星级、三星级4 个等级,与国家《绿色建筑评价标准》GB/T 50378 - 2019 的等级划分保持一致。

4.2.2 关键技术指标

(1) 车站

安全耐久:强调了车站应具有针对火灾、水灾、风灾、地震、冰雪和雷击等灾害的预防措施;强调了车站进站闸机前应设置安检区域,设置安全标志;对于站台设置额外的动态安全储备设置评分项;对于车站楼扶梯、闸机和栅栏门、出入口通行能力预留安全余量设置评分项。

环境健康：对车站建筑的公共卫生间设置单独的污气排放管道并保持负压设置评分项；对于车站内的防霉菌措施提出要求，设置评分项；分别针对地上车站和地下车站提出相关改善声环境及光环境的措施。

资源节约：鼓励车站合理结合周边建筑建设，与其他城市交通实现便捷换乘，提供便民服务设施，分别设置评分项；鼓励对车站建筑的空调负荷进行预测分析，合理设计车站的通风空调系统容量；风井和冷却塔应设置在通风良好的地方；合理采用绿色建材。

施工管理：根据工程场地周边的道路及交通状况，编制并实施交通组织专项方案，遵循少占道、少扰民的原则，减少对城市交通的影响；围挡整体设计，造型、色彩、图案与周围环境相协调。

运营服务：大型换乘站设置母婴室；卫生间设置婴儿座椅；站台设置爱心座椅和 USB 接口；设置无障碍电梯及盲文盲道，车站设计满足老年人使用需求，设置智慧售票系统、智慧查询系统及智慧预告系统。

（2）车辆基地

安全耐久：建筑场地内合理设计道路的安全距离、行进路线，并设置防护隔离，保证人车分流；在场区内采取提升消防安全的措施。

环境健康：充分保护或修复场地生态环境；照明控制采用分区控制和智能控制。

资源节约：车辆基地规划设计便于基地员工生活生产；在场库内采用局部降温措施；车辆基地针对不同类型的建筑采用不同类型的太阳能系统；车废水循环回用；装配式建筑设计及建设。

施工管理：制定土方处置规划，对开挖土方进行再利用，采取有效措施防止水土流失；充分利用车辆段（停车场）内场地进行临建布置，避免占用征地红线范围外耕地。

运营管理：采取合理措施控制吸烟；设置能耗监测、水耗监测及环境监测系统。

4.3 结 束 语

绿色交通是我国交通领域的必然发展趋势，轨道交通是交通领域的重要分支；在绿色生态城市的建设中，轨道交通也是房屋建设领域之外的重要组成部分，迫切需要系统的绿色建设及运营理论和标准的指导。近期全国新增和延长地铁线路建设规模将达上千公里，截至 2035 年预计将达到 5000 多公里，重点经济带如长三角经济带、珠三角经济带和京津冀经济带将进入城市轨道交通高速建设期。面对巨大建设量，当前这本《绿色城市轨道交通建筑评价标准》，填补了城市轨道交通领域绿色建设的空白，成为我国建设工程领域绿色标准体系的重要补充，对城市的绿色未来具有重要意义。

作者：杨建荣[1]　曾华[2]　方舟[1]　王宁[1]（1. 上海市建筑科学研究院有限公司；2. 上海轨道交通十四号线发展有限公司）

5 《绿色超高层建筑评价标准》 T/CECS 727-2020

5 Assessment Standard for Super Green High-rise Building T/CECS 727-2020

5.1 编 制 背 景

超高层建筑在我国已进入前所未有的快速发展期，根据世界高层建筑与都市人居学会（CTBUH）全球高层建筑数据库，截至 2019 年，我国已建成的超高层建筑数量达到 1916 栋，正在规划或建设中的超高层建筑数量为 420 栋（图 1）。超高层建筑虽有显著节地特征，但也对建筑室内外环境、城市能源资源、城市交通以及自身高效运行管理等带来挑战，如何实现超高层建筑与城市发展的和谐共生已成为世界难题。

图 1 各地具有代表性的超高层建筑

虽然我国已颁布并实施《绿色建筑评价标准》GB/T 50378 多年，对评估建筑绿色程度、保障绿色建筑质量、规范和引导绿色建筑健康发展起到了重要作用。但由于超高层建筑存在诸多自身独特性，直接采用现行国家标准《绿色建筑评价标准》GB/T 50378 进行绿色性能评价存在一定的适应性与合理性问题。为此，国家住房和城乡建设部曾于 2012 年组织相关团队结合超高层建筑特点及绿色建筑发展战略需求，编制并颁布了《绿色超高层建筑评价技术细则》（建科〔2012〕76 号），为绿色超高层建筑在规划设计、施工验收和运行管理等方面提供了更加合理的评价依据，对引领和指导超高层建筑的绿色可持续发展起到了良好的效果。

为更好地引导超高层建筑向绿色化转型，实现超高层建筑的高质量发展，中国工程建设标准协会于 2018 年立项由上海市建筑科学研究院有限公司与住房和城乡建设部科技与产业化发展中心联合主编《绿色超高层建筑评价标准》。

超高层建筑由于垂直高度的显著增加，一般会比常规建筑消耗更多的能源和资源，并可能带来城市环境、室内环境等多方面问题，因此，更应在设计、建造、运营过程中注意节约资源、能源和保护环境。

编制组通过对北京、天津、吉林、辽宁、河北、陕西、湖北、福建等部分省市的超高层建筑建设情况调研，了解到这些省市中，高度超过 100m 的建筑项目有 600 余项，其中处于设计阶段的有 10 项，建设中的有 200 余项，处于竣工验收阶段的有 50 余项，已投入使用的有近 350 项，说明我国超高层建筑的保有量较大，且处在规划设计和施工过程中的超高层建筑项目较多，预计超高层建筑数量在一段时期内仍会呈现较强的增长态势。

在专业调研结果的基础上，编制组结合超高层建筑自身的特点和实际状况，对照当时的《绿色建筑评价标准》GB/T 50378-2006，提出了绿色超高层建筑评价的关注点，编制了具体条文，形成了《绿色超高层建筑评价技术细则》。该细则于 2012 年 5 月由住房和城乡建设部颁布实施（建科〔2012〕76 号文），是指导我国绿色超高层建筑的规划设计、施工验收和运行管理的主要依据，从而成为全球首部针对超高层建筑的绿色建筑评价标准。

该细则颁布实施后，先后有北京"中国尊"项目、青岛海天中心、上海外滩金融中心、上海金融中心、上海市卢湾区第 126 街坊和 127 街坊等多个项目评价和使用，有力地推动了我国超高层建筑的绿色实践。

2019 年，我国新颁布《绿色建筑评价标准》GB/T 50378-2019，为适应新阶段我国绿色建筑发展需求，该标准将绿色建筑评价等级从原 3 个等级调整为 4 个等级，增加基本级。评价指标也由"四节一环保"调整为"安全耐久、健康舒适、资源节约、环境宜居、智慧高效"5 类指标。在此大背景下，为解决新形势下超高层建筑的绿色评价问题，编制组在上海中心大厦、天津周大福金融中心、青岛海天大酒店等超高层建筑的可持续建设实践与运行管理经验积累的基础上，在对超高层建筑的设计、施工、运维特点与规律有了更深入、更系统的认识的情况下，联合《绿色超高层建筑评价技术细则》编制团队，根据中国工程建设标准化协会《关于印发〈2018 年第一批协会标准制订、修订计划〉的通知》（建标协字〔2018〕015 号）的要求，开展了《绿色超高层建筑评价标准》的编制工作。

5.2 技 术 内 容

本标准以充分践行"以人为本"的理念，顺应超高层建筑发展需求，充分凸显超高层建筑特征，融合绿色技术发展趋势为宗旨，在编制过程中秉承了"高品质、高效率、高安全、易推广、易实施、易感知、更科学、更满意、更经济"的"三高三易三更"原则。

针对超高层建筑的公共建筑属性以及使用人员多、系统运行复杂、服务质量要求高的特点，标准编制过程中遵循国家标准《绿色建筑评价标准》GB 50378-2019 的指标体系，以"四节一环保"为基本约束，践行以人民为中心的发展理念，构建的绿色超高层建筑评价指标体系为"安全耐久、健康舒适、资源节约、环境宜居、智慧高效"5 类指标。为鼓励超高层建筑采用提高、创新的绿色建筑技术和产品，实现更高的绿色性能，评价指标体系统一设置了"提高与创新"加分项。加分项内容有的在属性分类上属于性能提高，如进一步降低建筑综合能耗；有的在属性分类上属于创新，如传承地域建筑文化、建筑信息模型（BIM）、碳排放分析计算等，鼓励超高层建筑在技术、管理、生产方式等方面的创新。所形成的标准框架如图 2 所示。

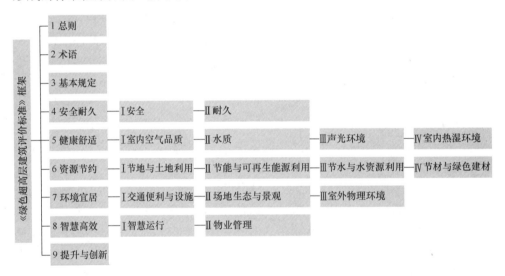

图 2　《绿色超高层建筑评价标准》框架

为提升绿色超高层建筑的性能与品质，对一星级、二星级、三星级绿色超高层建筑在节能、节水、节材和环境等方面提出了更高的技术要求，申请星级绿色超高层建筑等级的项目应在满足标准中表 3.2.8 规定的相关技术要求的基础上（如图 3 所示），根据总得分情况确定对应的绿色超高层建筑等级。

本标准针对超高层建筑规模大、运行业态多样、微气候环境影响、建筑资源消耗高、建筑运行挑战大的特有需求，针对性地提出了包括提升场地交通衔接设计，优化停车设计，应用智能电梯，多种绿化形式引导，注重抗风安全性，强化对周边风环境的影响评价，降低烟囱效应，弱化自然通风，提升玻璃反射率，强化遮阳应用，人工照明智能控制，多类型功能空间声环境优化，场地热岛效应缓

表3.2.8 一、二、三星级绿色超高层建筑的技术要求

划分等级	一星级	二星级	三星级
技术要求1：得分项	各类指标得分比例不应小于其评分项满分值的30%		
技术要求2：建筑玻璃幕墙可见光反射比例	≤0.2		
技术要求3：建筑采暖空调与照明全年能耗降低比例	5%	10%	15%
技术要求4：建筑能源综合规划	制定方案并实施		
技术要求5：节水器具用水效率等级	2级		
技术要求6：装修程度	全装修		
技术要求7：室内主要空气污染物浓度降低比例	10%	20%	
技术要求8：幕墙气密性能	符合国家现行节能设计标准		

图3 星级绿色超高层建筑的技术要求

解引导，热环境指标监控，注重能源规划与优化能源分区设计，提倡能源多样化利用，强化建筑减轻自重，实施建筑基坑对周边影响的评估，强化结构安全监测，注重人车交通智能引导，实施运行评估，室内环境性能监测，强化 BIM 技术运行应用，对建筑系统实施持续调适等多项条文，相关内容概要如图 4 所示，具体请详见《绿色超高层建筑评价标准》。

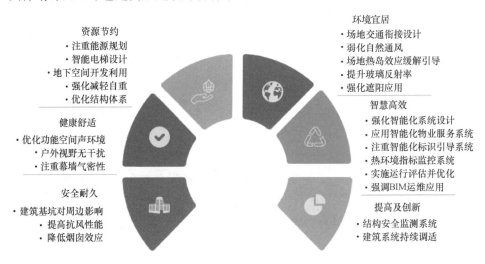

资源节约
·注重能源规划
·智能电梯设计
·地下空间开发利用
·强化减轻自重
·优化结构体系

健康舒适
·优化功能空间声环境
·户外视野无干扰
·注重幕墙气密性

安全耐久
·建筑基坑对周边影响
·提高抗风性能
·降低烟囱效应

环境宜居
·场地交通衔接设计
·弱化自然通风
·场地热岛效应缓解引导
·提升玻璃反射率
·强化遮阳应用

智慧高效
·强化智能化系统设计
·应用智能化物业服务系统
·注重智能化标识引导系统
·热环境指标监控系统
·实施运行评估并优化
·强调BIM运维应用

提高及创新
·结构安全监测系统
·建筑系统持续调适

图4 《绿色超高层建筑评价标准》内容概要

编制过程中，根据《绿色建筑评价标准》GB/T 50378－2019，每类评价指标体系均包括控制项和评分项，并统一设置了"提高与创新"加分项。控制项是绿色超高层建筑评价的前置条件，必须全部达标，评分项是依据评价条文的规

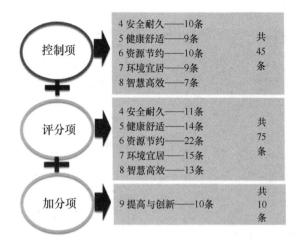

图5 《绿色超高层建筑评价标准》条文设置情况

定，根据具体评分子项确定得分值或根据具体达标程度确定得分值，加分项得分与否取决于加分项条文规定的满足程度。《绿色超高层建筑评价标准》控制项、评分项和加分项的具体条文数量设置如图5所示。

针对多功能综合性建筑的评价，现行国家标准《绿色建筑评价标准》GB/T 50378要求"对于多功能的综合性单体建筑，应按本标准全部评价条文逐条对适用的区域进行评价，确定各评价条文的得分"。但由于超高层建筑可能存在不同建筑功能选用不同绿色技术体系和措施的情况，为确保绿色超高层建筑的总体质量，本标准提出采用"对不同功能区域分别评价"，再根据"整栋建筑星级评定就低不就高"原则进行总体评价。

本标准编制工作及成果获得评审专家高度评价，认为标准构建的绿色超高层建筑评价体系与国家标准《绿色建筑评价标准》GB/T 50378－2019等现行标准相衔接，突出了智慧高效等创新要求，评价方法科学，技术指标合理，标准内容适宜，可操作性强，可为绿色超高层建筑的评价工作提供依据，可更好地指导我国绿色超高层建筑的实践，并一致认为该标准达到国际领先水平。

5.3 结 束 语

《绿色超高层建筑评价标准》是针对超高层建筑特征研究及运行需求编制而成的专项评价标准，是《绿色建筑评价标准》GB/T 50378－2019的有力补充，可为绿色超高层建筑的评价工作提供科学合理的技术依据，可更好地指导我国绿色超高层建筑的实践，将有力地促进我国超高层建筑向绿色可持续高质量转型发展。

作者：韩继红 范宏武 安宇 邱喜兰（上海市建筑科学研究院有限公司）

6 《健康社区评价标准》
T/CECS 650 - 2020，T/CSUS 01 - 2020

6 Assessment Standard for Healthy Community
T/CECS 650 - 2020，T/CSUS 01 - 2020

6.1 编 制 背 景

6.1.1 背景和目的

社区是一切复杂的社会关系全部体系之总称，作为人民群众生活工作的基本单元，是日常营造健康生活与心理环境、引导健康生活、强健人民体魄的重要抓手，也是疫情期间控制传染源、切断传播途径的关键着力点，是联防联控、群防群控的关键防线，是建立平疫结合的基本防线、落实"健康中国"战略的重要路径。

2015 年，党的十八届五中全会明确提出"推进健康中国建设"，之后，习近平总书记在全国卫生与健康大会上强调"将健康融入所有政策"，随后《"健康中国2030"规划纲要》印发实施，十九次全国代表大会提出"实施健康中国战略"，十九届五中全会又强调"全面推进健康中国建设"。健康中国战略的步步深化，充分体现了党和国家维护人民健康的坚定决心和战略布局。同时，也为健康社区的发展与建设指明了方向，《国务院关于实施健康中国行动的意见》制定了2030 年居民健康素养水平≥30%，人均预期寿命达到 79 岁，城乡居民体质合格率达到 92.2% 等系列中长期健康指标，指出"制定健康社区、健康单位（企业）、健康学校等健康细胞工程建设规范和评价指标"等措施支撑目标指标的达成。

为提高人民健康水平，贯彻健康中国战略部署，推进健康中国建设，指导健康社区建设，实现社区健康性能提升，根据中国工程建设标准化协会《关于印发〈2017 年第二批工程建设协会标准制定、修订计划〉的通知》（建标协字〔2017〕031 号）的要求，制定《健康社区评价标准》T/CECS 650 - 2020，T/CSUS 01 -2020（以下简称"《标准》"）。

6.1.2 编制基础

为实现健康建筑的规模化、精细化建设指引，在中国建筑科学研究院有限公司、中国城市科学研究会的大力推动下，以《健康建筑评价标准》为母标准，针对具有鲜明特色的建筑功能类型以及更大规模的健康领域，开展了具有针对性的健康建筑系列标准编制工作。从区域范围讲，由健康建筑到健康社区、健康小镇；从建筑功能讲，由健康建筑到健康医院、健康校园，我国健康建筑系列标准逐步完善，向更精细化发展的同时面向更广泛的人群服务。截至 2020 年 11 月，已陆续立项健康建筑系列标准 10 部，如表 1 所示。

健康建筑系列标准 表 1

序号	标准名称	归口管理单位	状态
1	《健康建筑评价标准》	中国建筑学会	发布
2	《健康社区评价标准》	中国工程建设标准化协会	发布
3	《健康小镇评价标准》	中国工程建设标准化协会	发布
4	《既有住区健康改造技术规程》	中国城市科学研究会	在编
5	《既有住区健康改造评价标准》	中国城市科学研究会	发布
6	《健康酒店评价标准》	中国工程建设标准化协会	在编
7	《健康医院建筑评价标准》	中国工程建设标准化协会	发布
8	《健康养老建筑评价标准》	中国工程建设标准化协会	在编
9	《健康体育建筑评价标准》	中国工程建设标准化协会	在编
10	《健康校园评价标准》	中国工程建设标准化协会	在编

6.2 技 术 内 容

6.2.1 体系架构

《标准》沿用健康系列标准的"六大健康要素"（空气、水、舒适、健身、人文、服务）作为核心指标。各类指标均包含控制项和评分项并另设加分项，如图1所示，评分项下设 19 个二级指标。当社区满足《标准》所有一般规定以及控制项要求，评分项总得分分别达到 40 分、50 分、60 分、80 分时，健康社区等级分别为铜级、银级、金级、铂金级。

《标准》共分为两个评价阶段：设计评价和运营评价阶段。其中，设计评价阶段的社区应满足 3 点基础要求：①具有修建性详细规划；②社区内获得方案批复的建筑面积不应低于 30%；③社区应制定设计评价后不少于三年的实施方案。

设计阶段主要针对社区规划所采用的健康理念、健康技术、健康措施、健康性能的预期指标以及健康运行管理计划进行评价。

运营评价阶段的社区应满足4点基本要求：①社区内主要道路、管线、绿地等基础设施应建成并投入使用；②社区内主要公共服务设施应建成并投入使用；③社区内竣工并投入使用的建筑面积比例不应低于30%；④社区内应具备运营管理数据的监测系统。运营阶段主要针对健康社区的运营效果、技术措施落实情况、使用者的满意度等进行评价。

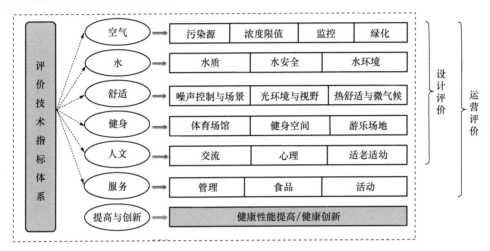

图1 《标准》框架

6.2.2 指标体系

"六大健康要素"中"空气"的主要内容包括：污染源（垃圾收集与转运、餐饮排放控制、控烟与禁售等）；浓度限值（室外及公共服务设施室内的$PM_{2.5}$、PM_{10}浓度限值等）；监控（室外大气主要污染物及AQI指数监测与公示、公共服务设施内空气质量监测系统并与净化系统联动控制）；绿化（通过设置绿化隔离带、提高绿化率、提升乔灌木比例等增强植物的污染物净化与隔离作用）。

"六大健康要素"中"水"的主要内容包括：水质（泳池水、直饮水、旱喷泉、饮用水等各类水体总硬度、菌落总数、浊度等参数控制）；水安全（雨水防涝、景观水体人身安全保护、水体自净）；水环境（雨污组织排放及监测、雨水基础设施）。

"六大健康要素"中"舒适"的主要内容包括：噪声控制与声景（室内外功能空间噪声级控制、噪声源排放控制、回响控制、声掩蔽技术、声景技术、吸声降噪技术等）；光环境与视野（玻璃光热性能、光污染控制、智能照明系统设计与管理、生理等效照度设计等）；热舒适与微气候（热岛效应控制、景观微气候设计、通风廊道设计、极端天气应急预案等）。

"六大健康要素"中"健身"的主要内容包括：体育场馆（不同规模社区大、中、小型体育场馆配比设计）；健身空间与设施（室内外健身空间功能、数量、面积等配比设计）；游乐场地（儿童游乐场地、老年人活动场地、全龄人群活动场地等配比设计）。

"六大健康要素"中"人文"的主要内容包括：交流（全龄友好型交流场地设计，人性化公共服务设施，文体、商业及社区综合服务体等）；心理（特色文化设计、人文景观设计、心理空间及相关机构设置）；适老适幼（交通安全提醒设计、连续步行系统设计、标识引导、母婴空间设置、公共卫生间配比、便捷的洗手设施等）。

"六大健康要素"中"服务"的主要内容包括：管理（质量与环境管理体系、宠物管理、卫生管理、心理服务、志愿者服务等）；食品（食品供应便捷、食品安全把控、膳食指南服务、酒精限制等）；活动（联谊、文艺表演、亲子活动等的筹办，信息公示，健康与应急知识宣传等）。

"提高与创新"对社区设计与管理提出了更高的要求，在技术及产品选用、运营管理方式等方面都有可能使社区健康性能得以提高。为建设更高性能的健康社区，鼓励在健康社区的各个环节中采用高标准或创新的健康技术、产品和运营管理方式。鼓励在健康社区中扩大健康建筑的比例，若申请健康社区的项目中健康建筑比例达到 100％，将直接获得 6 分的加分。

6.2.3 标准定位及实施情况

从健康保障角度来讲，健康社区相较传统社区实现了功能重构、单元重构和设施重构，是社区建设高质量发展的必然趋势。健康社区运动以世界卫生组织（WHO）20 世纪 80 年代的"渥太华宪章"发表为重要标志，首先在西方世界兴起，而后逐步传入其他国家。健康社区以人民群众的健康保障为出发点，重新构建社区的规划、建设与运管，采取政策的、环境的、服务的和资源的综合措施，不仅能够提高社区所有个体的生理、心理和社会的全面健康水平，还能够提高相关组织和社区整体的健康水平。健康社区的建立，需要规划、医学、卫生、建筑、心理、健身、环境、管理等多学科充分集成才能实现。

从实施层面来讲，健康社区是落实健康目标的技术分解。健康社区理念的落地、措施的选择、性能的维护等，都必须有健康社区标准的指导、规范和监督。《标准》在社区大空间范畴内，同《健康建筑评价标准》T/ASC 02－2016 相辅相成，分别着眼社区尺度和建筑尺度的健康要素。《标准》围绕现代健康观所强调的多维健康的理念，不仅关注个体，也关注各种相关组织和社区整体的健康。健康社区注重结果也强调过程，即健康社区不仅指达到了某个健康水平，也要求社区管理者秉持促进和保护居民健康的根本理念，并不断采取切实可行的措施，以促进和保护人们的健康。

以《标准》为主要依据，由中国城科会设立了"健康社区标识"，通过第三方评价的方式促进健康社区的建设。截至 2020 年底，共 8 个项目依据《标准》进行规划设计，并获得了健康社区标识，总建筑面积 326 万㎡，总占地面积 106 万㎡。提升自身社区健康性能的同时，也在应用层面为《标准》的不断优化提出了相应建议。

6.3　结　束　语

《标准》响应"健康中国"战略，支持"健康城市"建设，助力预防关口前移，建立保障人民健康的重要防线。从设计之初就充分考虑了平疫结合（长效健康和应急预防）与慢急兼顾（慢性病和急性传染病）。以可靠的数据测量、可实施的评价手段，提升社区健康基础，营造更适宜的健康环境，提供更完善的健康服务，保障和促进人们生理、心理和社会全方位的健康。

《标准》作为我国首部以健康社区为主题的标准，填补了相关领域的空白。《标准》实施后将在助力健康城市建设，贯彻落实健康中国战略，拉动健康、养老服务消费，促进行业就业与转型升级方面发挥重要作用。

作者：王清勤[1]　孟冲[1,2]　盖轶静[2]　贾瑞思[2]　寇宏侨[1]　赵军凯[1]　陈一傲[1]（1. 中国建筑科学研究院有限公司；2. 中国城市科学研究会）

7 《健康小镇评价标准》T/CECS 710 - 2020

7 Assessment Standard for Healthy Town
T/CECS 710 - 2020

7.1 编 制 背 景

现阶段，我国正处于全面建设小康社会的关键时期。党的十八届五中全会提出推进健康中国建设，习近平总书记指出：没有全民健康，就没有全面小康。建设环境作为人们生活、工作和社会交往的重要载体，很大程度上决定了人们的生活方式，其健康性能直接影响人们的健康水平。2016 年 7 月，全国爱国卫生运动委员会印发的《关于开展健康城市健康村镇建设的指导意见》（全爱卫发〔2016〕5 号）提出，建设健康城市和健康村镇，是推进以人为核心的新型城镇化的重要目标，是推进健康中国建设、全面建成小康社会的重要内容。随后，2016 年 10 月 25 日，中共中央、国务院印发《"健康中国 2030"规划纲要》，提出以"普及健康生活、优化健康服务、完善健康保障、建设健康环境、发展健康产业"为重点，推进健康中国建设。2019 年 10 月 31 日，第十九届中央委员会第四次全体会议审议通过了《中共中央关于坚持和完善中国特色社会主义制度、推进国家治理体系和治理能力现代化若干重大问题的决定》，要求：强化提高人民健康水平的制度保障，坚持关注生命全周期、健康全过程，完善国民健康政策，坚持预防为主、防治结合，让广大人民群众享有公平可及、系统连续的健康服务。2020 年 6 月 2 日，国家主席习近平在专家学者座谈会上指出：把全生命周期健康管理理念贯穿城市规划、建设管理全过程各环节。

为了落实以人为核心的新型城镇化思想，贯彻健康中国战略部署，推进健康中国建设，提高人民健康水平，规范健康小镇评价，根据中国工程建设标准化协会《关于印发〈2018 年第一批工程建设协会标准制订、修订计划〉的通知》（建协标〔2018〕015 号）的要求，由中国建筑科学研究院有限公司和中国城市科学研究会会同有关单位开展《健康小镇评价标准》（以下简称《标准》）的编制工作。经中国工程建设标准化协会绿色建筑与生态城区分会组织审查，2020 年 6 月 16 日批准《标准》发布，编号为 T/CECS 710 - 2020，并于 2020 年 12 月 1 日开始实施。

7.2 技 术 内 容

7.2.1 章节编排

如图 1 所示,《标准》共包括 10 章。前 3 章分别是总则、术语和基本规定;第 4～9 章为空气、水、舒适、健身、人文、服务,即小镇健康性能评价的六大健康要素,以此全面提升小镇的健康性能,为人们创造绿色健康、宜居的工作和生活环境,促进小镇居民的身心健康。第 10 章是提高与创新,主要考虑涉及小镇规划、建设和运行过程中采用性能更优或创新性的技术、设备、系统和管理措施,进一步提升小镇的健康性能。

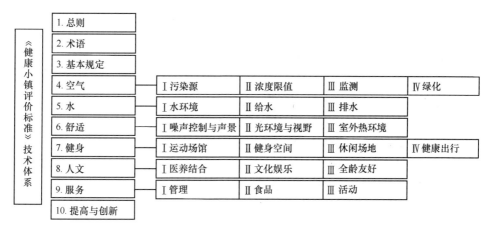

图 1 《标准》技术体系

7.2.2 评价指标

《标准》共包括 100 个评价指标,其中控制项指标 24 个、评分项指标 68 个,加分项指标 8 个。6 大类指标由控制项和评分项组成,每大类指标满分值为 100分;加分项的 8 个评价指标总分值为 15 分,但参评项目的最高得分为 10 分。

"空气"评分指标:污染源(空间布局和扬尘防治、垃圾收集与转运、采暖和厨炊采用清洁能源、禁烟、新能源汽车和充电设施);浓度限值(环境空气 $PM_{2.5}$ 和 PM_{10} 年均浓度、空气质量达标天数);监控(环境空气监测或公示、空气监测点布设);绿化(绿化面积、乔灌结合绿化带)。

"水"评分指标:水环境(自然水域或湿地资源保护、地表水环境质量达到Ⅳ类及以上、场地无内涝积水、人工景观水体安全可靠);给水(集中供水、公共活动区域饮用水、景观娱乐用水水质);排水(雨污水排放、生活污水排放、绿色雨水基础设施、公共厕所设置和管理）。

"舒适"评分指标：噪声控制与声景（声环境功能区规划和绿化隔声带、降噪措施、声景设计）；光环境与视野（室内户外视野、室外功能性照明光色品质、广告和商铺标识牌、公共照明控制和管理）；室外热环境（通风廊道和室外风环境、热岛效应削弱措施、不利热湿环境防控）。

"健身"评分指标：运动场馆（室外运动场地设置、室内运动馆规模）；健身空间（室外健身空间布局、专用健身步道、室外健身设施、室内健身设施、健身空间开发共享）；休闲场地（形式丰富多样、儿童游乐场、老年人活动场）；健康出行（自行车出行、步行系统）。

"人文"评分指标：医养结合（医疗卫生服务设施、新型医疗救助体制、医养结合养老机构、心理咨询室）；文化娱乐（文体活动中心、餐饮服务设施、地域特色）；全龄友好（活动场地全龄友好、母婴室、交通安全便捷、交流场地设施人性化、公共厕所无障碍和配置）。

"服务"评分指标：管理（公共场所整洁、宠物管理、水质监管和储水设施消毒、噪声投诉、公共照明设施运行、无公害病虫防治、疫情应急预案和预警发布）；设施（食品销售渠道、特殊人群食品服务、酒精销售限制）；活动（免费或公益活动、健康宣传教育）。

"提高与创新"评分指标：健康建筑和社区面积占比、健康产业、时间银行和贡献积分制度、地表水环境质量Ⅱ类标准及以上、场地径流恢复开发前状态、互联网健康服务、功能空间灵活设置、其他创新。

7.2.3　评价方法和等级划分

（1）参评条件

根据参评阶段，健康小镇的评价分为设计评价和运营评价。设计评价的重点为健康小镇采取的提升健康性能的预期指标要求和"健康措施"，评价的是小镇规划设计及健康理念；运营评价更关注健康小镇的运行效果，评价的是已建成投入使用的小镇的健康性能。

1）设计评价

小镇参与设计阶段健康性能评价应具备3个条件，即：编制详细规划并通过相关部门审批；30％及以上的建筑面积完成施工图设计；制定3年及以上的实施方案。为了保证评价工作的有序开展，健康小镇应按相关规划要求，编制修建性详细规划，并通过城乡规划主管部门批准。同时，小镇内完成施工图设计的建筑面积应超过30％，起步区道路、管线、场站点等市政基础设施建成并投入使用。另外，为了保证健康设计理念长期稳定的发展和落实，有必要制定未来的实施方案。

2）运营评价

小镇参与运营阶段健康性能评价应具备3个条件，即：公共服务设施应建成并投入使用；30%及以上面积的建筑竣工并投入使用；具备运营管理数据的监测系统。由于小镇建设周期较长，如何把握运营评价的时间起点，在国内外均处于探索阶段。本标准规定主要基础设施和公共服务设施（商店、办公楼等）建成并投入使用，期望小镇初具规模后能营造出正常的生活、工作环境。为了增加可操作性，比照批准的相关规划，小镇内竣工并投入使用的建筑面积比例不低于30%，并具备涵盖小镇主要实施运营管理数据的监测或评估系统。

（2）评价方法

当小镇项目参与本《标准》评价时，应分别对相关指标的控制项和评分项，以及"提高与创新"进行评价。控制项的评价是达标或不达标，6大类指标评分项和"提高与创新"的评价是根据条文达标程度确定分值。

如图2所示，当参评小镇项目满足所有控制项的要求（设计评价时不包含服务部分内容），6大类指标的评分项和"提高与创新"总得分达到40分、50分、60分、80分时，健康小镇的等级分别为铜级、银级、金级、铂金级。

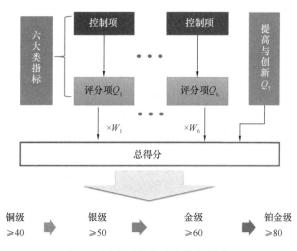

图2 标准评价方法和等级划分

考虑到6大类指标对小镇健康性能的贡献不同，编制组对健康小镇相关领域内的专家进行了问卷调查，并采用层次分析法AHP对其进行了赋权。通过计算，《标准》6大类指标如表1所示。

健康小镇评价指标的权重　　　　　　　　　　　　　　　表1

评价指标 评价类别	空气	水	舒适	健身	人文	服务
设计评价	0.22	0.22	0.21	0.18	0.17	—
运营评价	0.19	0.19	0.18	0.15	0.14	0.15

注：表中"—"表示服务指标不参与设计评价。

7.3 标 准 特 点

（1）生产、生活、生态空间布局

健康小镇覆盖区域较大，《标准》要求综合考虑小镇的生产、生活、生态空间规划布局。第4.2.1条鼓励工业企业、污水处理厂等选址避开当地主导风向的上风向，合理控制小镇内施工、裸露地表等扬尘产生源，减少或避免生产或施工产生的废气、热湿空气、臭味、颗粒物（PM_{10}、$PM_{2.5}$）等进入小镇生活区。第4.2.2条要求垃圾处理站设置于小镇主导风向下风向位置，同样是避免污染气体、臭味进入小镇居住区。第6.2.1条要求不同功能区合理布置，降低工业区、集中商业区对居住区、文教区的噪声干扰。第6.2.4条鼓励小镇居住建筑与周边建筑直接距离为18m及以上，为居民提供良好户外视野。第6.2.8条要求小镇在规划建设时结合当地地理位置、气候、地形、环境等基础条件，利用山体、湿地、绿地、街道等形成连续的开敞空间和通风廊道，同时控制场地内风环境。第7.2.3条对小镇室外健身空间布局提出要求，以便于小镇居民的便捷使用。

（2）公共卫生安全

公共卫生安全是小镇健康性能的重要体现，《标准》对小镇公共卫生间、疫情监测及预警发布、场地灵活功能空间等方面提出了针对性的处置措施。第5.2.5条规定小镇集中式供水普及率不低于90%，以便于水源的卫生防护、水质净化和消毒、最大限度地避免供水二次污染等；与此同时，第9.2.3条对集中供水水质监管和公共饮用水储水设施清洗消毒提出了具体要求。第5.2.7条提出直接与人体接触的景观用水水质符合相关标准卫生要求，且喷泉未检测出嗜肺军团菌。第5.2.11条提出公共厕所全部采用水厕，有效改善公共卫生环境、抑制疾病传播，提高公众健康安全保障。第9.2.7条鼓励制定预防传染病发生、传播、蔓延的措施和应急预案，并在流行病爆发时期进行疫情监测及预警发布。第10.2.7条属于提高与创新，要求合理规划场地空间，注重平疫功能转换。

（3）医养结合

《标准》鼓励在规划建设过程中贯彻落实"医养结合"的理念，以更好地满足小镇居民看病和养老的需求。第8.2.1条对小镇的医疗卫生服务设施配置提出了具体的要求，包括配置指标、布局、医院等级等。第8.2.2条要求小镇设置新型医疗救助体制，例如互联网健康档案、智慧医疗平台等，为小镇居民医疗救治提供便捷帮助，提高医疗资源利用效率。第8.2.3条鼓励小镇发展医养结合型养老机构，缓解养老压力。第10.2.6条属于加分项，在第8.2.2条的基础上提出了更高要求。

（4）健康出行

《标准》要求设置专门的骑行和步行道路，以满足小镇居民出行和锻炼身体的需求。第 7.2.11 条鼓励为小镇居民骑自行车出行提供便捷的设施和条件。第7.2.12 条提出建设完善的步行系统，并与绿地、山体和水系等相结合，以便居民选择方便、安全的步行交通和锻炼身体的方式。同时，鼓励小镇开发郊野徒步路线，让人们在运动中感受大自然，增加运动量，促进身心健康。

（5）低影响开发

为最大限度地降低小镇开发过程中对周边河流、湖、塘等自然水域和湿地资源，场地径流等产生的负面影响，《标准》设置了针对性的条文。第 5.2.1 条鼓励小镇采取有效措施，保护小镇河流、湖、塘等自然水域和湿地资源，并对其受到保护的面积提出了具体要求。第 5.2.3 条提出结合地形、地貌等场地竖向条件，利用重力自流，组织地表径流。第 5.2.10 条要求设置绿色雨水基础设施，合理利用场地空间实现雨水减排和再利用，并利用生态设施削减径流污染。第10.2.5 条属于加分项，对小镇场地径流提出了更高的要求，即：场地外排量接近开发建设前自然地貌时的径流外排量，或年径流总量控制率达到当地海绵城市规划设计标准或《海绵城市建设技术指南——低影响开发雨水系统构建（试行）》要求的高值。

（6）地域特色

《标准》提倡因地制宜选择合适的开发模式、凸显地域特色。第 8.2.6 条鼓励健康小镇把文化、民俗和商业紧密结合在一起，将"商业活动—小镇休闲—历史文化"三者相互融合，营造活泼的小镇氛围，形成小镇的特色。第 8.2.7 条提出配置展示风情与特色、历史人文资源、自然生态资源和民俗文化资源的小镇客厅，向居民和游人展示小镇的过去、现在和未来，增加小镇的归属感。第10.2.2 条属于加分项，鼓励充分利用当地特有的自然环境、资源禀赋、交通辐射网络等优势，发展健康产业，打造以养生、科技、医疗、休闲等为主题的特色健康小镇。

7.4 结 束 语

《标准》基于我国基本国情，以创造绿色、健康、宜居的工作和生活环境为目标，首次建立了以"空气、水、舒适、健身、人文、服务"为核心的健康小镇评价指标体系，实现了规划与运营的协调，区域环境与微环境的统一，生理健康与心理健康的兼顾。《标准》的实施将对促进我国健康小镇发展、规范健康小镇评价，起到积极作用。截至 2020 年底，共 3 个功能定位分别为康养、旅游、滑雪的小镇以《标准》为依据进行规划设计，并提出"健康小镇标识"评价申请。同时，作为"健康建筑"系列标准之一，《标准》与《健康建筑评价标准》

T/ASC 02、《健康社区评价标准》T/CECS 650，T/CSUS 01 等相互配合和补充，实现了我国从单体健康建筑向健康区域的跨越发展。

作者：王清勤[1] 孟冲[1,2] 朱荣鑫[1] 陈一傲[1] 曾璐瑶[1]（1. 中国建筑科学研究院有限公司；2. 中国城市科学研究会）

第 三 篇 | 科 研 篇

    本篇从2020年完成验收的十三五"绿色建筑及建筑工业化"专项以及2020年立项的321项科研项目中分别遴选出2篇以及6篇绿色建筑领域的代表性项目。对各科研项目,分别从研究背景、研究目标、研究内容、研究成果等方面进行介绍。通过介绍8项代表性科研项目,反映了2020年绿色建筑的新技术、新动向。

    旨在把绿色理念投放到国内所有能涉及的领域,拥有创新、绿色的新规划,使我国在建筑节能、环境品质提升、工程建设效率和质量安全等关键环节的技术体系和产品装备达到国际先进水平,为我国绿色建筑及建筑工业化实现规模化、高效益和可持续的发展提供技术支撑。通过多方面的探讨与交流,共同提高绿色建筑的新理念新技术,走可持续发展道路,共同完成绿色建筑发展与兴起的伟大目标。

Part 3 | Scientific Research

This part selects 2 and 6 representative projects from the 13th Five-Year Plan "green building and construction industrialization" project completed in 2020 and 321 scientific research projects approved in 2020 in the field of green building. For each research project, the research background, research objectives, research content and research results are introduced. Through the introduction of 8 representative scientific research projects, this paper reflects the new technology and new trend of green building in 2020.

It aims to put the green concept into all the fields that can be involved in China, and have innovative and green new planning, so that China's technical system and product equipment in the key links of building energy conservation, environmental quality improvement, engineering construction efficiency and quality safety can reach the international advanced level, and provide technical support for the realization of large-scale, high efficiency and sustainable development of China's green building and building industrialization. Through the discussion of the new concept of sustainable development of green building, we can achieve the common goal of green building development.

1 既有公共建筑综合性能提升与改造关键技术

1 Key technologies of comprehensive performance improvement and transformation of existing public buildings

项目编号：2016YFC0700700
项目牵头单位：中国建筑科学研究院有限公司
项目负责人：王俊
项目起止时间：2016 年 7 月～2019 年 12 月

1.1 研 究 背 景

当前，我国既有公共建筑存量大、能耗高，室内环境较差，综合防灾性能较低，因此，既有公共建筑综合性能提升与改造将逐步成为我国推进新型城镇化建设、促进建筑业转型升级的一项重要举措。本项目面向既有公共建筑改造的实际需求，基于更高目标，从建筑能效、环境、防灾等方面开展技术研究和示范，实现既有公共建筑综合性能提升与改造的关键技术突破和产品创新，为下一步开展既有公共建筑规模化综合改造提供科技引领和技术支撑。

1.2 研 究 目 标

基于"顶层设计、能耗约束、性能提升"的改造原则，项目针对既有公共建筑资源消耗水平高、环境负面影响大、综合防灾性能有待提升等方面存在的问题，将在制定既有公共建筑改造实施路线及推进模式，编制标准体系及重点标准，提升围护结构综合性能、机电系统能效、防灾性能与寿命，降低大型公共交通场站运行能耗，改善室内物理环境，实现低成本调适及运营，建设基于性能导向的监测及管理平台等关键技术上形成突破和创新。预期成果可有效提升既有公共建筑能效水平，实现能源的高效利用；改善室内综合环境品质，提供健康舒适的人居环境；提升建筑综合防灾性能，消除潜在安全隐患；形成综合改造技术集成体系，带动工程示范效应。

1.3 研 究 内 容

本项目面向既有公共建筑改造的实际需求，基于更高目标，从建筑能效、环境、防灾等方面开展技术研究和示范，拟解决的关键科学问题、关键技术问题如下：

(1) 既有公共建筑改造中长期发展目标、实施路线及推广模式制定；

(2) 既有公共建筑改造标准体系构建；

(3) 基于更高性能目标的既有公共建筑围护结构综合改造关键技术；

(4) 基于更高节能目标的既有公共建筑机电系统高效供能关键技术；

(5) 大型公共交通场站能耗限额制定与降低运行能耗的新型环控系统研发；

(6) 基于更高环境要求的既有公共建筑室内物理环境综合改善关键技术；

(7) 集抗震、防火、抗风雪等综合防灾层面的既有公共建筑寿命提升关键技术；

(8) 既有大型公共建筑低成本调适及高效运营管理技术；

(9) 基于性能目标导向的既有公共建筑监测及预警管理平台建设。

1.4 研 究 成 果

项目首次制定我国具有地区差别性、类型差异性、技术针对性的既有公共建筑改造中长期发展目标及实施路线，有效解决既有公共建筑顶层发展战略设计不足的问题；构建了集强制性与推荐性相结合、工程与产品相支撑，结构优、层次清、分类明的既有公共建筑改造标准体系，编制《既有公共建筑综合性能提升技术规程》等标准，有效解决既有公共建筑综合性能提升标准缺失的问题。面向既有公共建筑改造的实际需求，基于更高目标，从建筑能效、环境、安全等综合性能方面展开关键技术攻关研究，初步构建了气候适应、功能适用、经济合理的成套提升改造技术体系，为下一步规模化提升改造提供了技术支撑。

2 基于 BIM 的预制装配建筑体系应用技术

2 Application technology of prefabricated building system based on BIM

项目编号：2016YFC0702000
项目牵头单位：中国建筑科学研究院有限公司
项目负责人：许杰峰
项目起止时间：2016 年 7 月～2019 年 6 月

2.1 研 究 背 景

我国正处在生态文明建设、新型城镇化战略布局的关键时期，大力发展建筑工业化，对于推进建设领域节能减排，加快建筑业产业升级，具有十分重要的意义和作用。装配式建筑是集成了标准化设计、工厂化生产、装配化施工、一体化装修、信息化管理与智能化应用的现代化建造方式，BIM 是装配式建筑体系中的关键技术和最佳平台，它能够在全生命周期内提供协调一致的信息，在装配式建筑全产业链中提供有力支持。结合 BIM 平台、标准构件库、物联网、计算机辅助加工、虚拟施工安装等新技术，有效解决预制装配式建筑体系产业化发展中的诸多关键问题，给装配式建筑的全产业链生产方式带来全面提升。

2.2 研 究 目 标

本项目基于 BIM 的预制装配建筑体系应用技术研究，完成自主知识产权的预制装配式建筑体系 BIM 平台，解决预制装配式建筑设计、生产、运输和施工各环节中协同工作的关键问题，建立完整的基于 BIM 的预制装配建筑全流程集成应用体系，为建筑产业化提供科技引领和技术支撑。

2.3 研 究 内 容

本项目在充分研究预制装配式建筑需求的基础上，利用自主 BIM 平台和装配式建筑的研究成果，解决基于 BIM 的预制装配式建筑设计、生产、运输和施工各环节中的关键问题，建立完整的基于 BIM 的预制装配式建筑全流程集成应用体系，并进行工程示范应用。项目共设置五个课题：预制装配建筑产业化全过程自主 BIM 平台关键技术的研究开发（课题一）、装配式建筑分析设计软件与预制构件数据库的研究开发（课题二）、基于 BIM 模型的预制装配式建筑部件计算机辅助加工（CAM）技术及生产管理系统的研究开发（课题三）、基于 BIM 的空间钢结构预拼装理论技术和自动监控系统的研究开发（课题四）、基于 BIM 和物联网的装配式建筑建造过程关键技术研究与示范（课题五）。

2.4 研 究 成 果

本项目立足于我国建筑工业化的大力发展趋势，以满足建筑行业转型升级、高质量发展要求，经过产学研联合攻关，建立了完整的基于 BIM 的预制装配建筑全流程集成应用体系，攻克了通过 BIM 技术解决装配式建筑设计、生产、运输和施工各环节中协同工作的关键技术问题，研发了支撑装配式建筑全产业链应用的自主知识产权 BIM 平台、装配式建筑软件及系统 9 套，有效解决了预制装配式建筑全产业链的"信息互通""数据驱动""智能建造"等关键技术问题，实现了建筑"工业化"与"信息化"的深度融合，显著提升了装配式建筑全流程一体化协同工作效率，性能指标优于国内同类产品，达到国际先进技术水平。研发成果已在全国装配式项目中得到了规模化应用，成果软件覆盖了全国上千家设计企业，提升设计效率 30％以上，软件累计技术转让创造的直接经济收入超过了8500 万元，带动了预制装配式建筑产业链中的上下游企业发展，提高了预制装配式建筑产业化水平，实现了装配式建筑全流程的精细、高效信息管理，成果具有良好的经济效益与社会效益。

3　长三角地区超低能耗建筑关键技术研究与示范

3　Research and demonstration on key technologies of ultra low energy consumption buildings in Yangtze River Delta

项目编号：2020-K-158
项目牵头单位：华东建筑集团股份有限公司
项目负责人：瞿燕
项目起止时间：2020 年 7 月 1 日～2022 年 6 月 30 日

3.1　研　究　背　景

2018 年 11 月 5 日，习近平总书记在首届中国国际进口博览会上宣布，支持长江三角洲区域一体化发展并上升为国家战略。2019 年国务院批复由上海、江苏、浙江三省市提交的《长三角生态绿色一体化发展示范区总体方案》，将"生态绿色"作为长三角区域一体化发展的先手棋和突破口。发展超低能耗建筑，大幅度降低建筑能耗，是长三角区域一体化发展中落实"生态绿色"理念的重要措施。长江三角洲区域各省市气候特征和生活习惯相近，发展超低能耗建筑具有相近技术和管理需求。目前，长江三角洲地区超低能耗建筑在示范工程、技术研发、标准规范、管理政策等方面均较北方明显滞后，长三角等夏热冬冷地区超低能耗建筑的发展也是全国建筑节能工作中的薄弱环节之一，在该方向突破意义重大。

3.2　研　究　目　标

项目针对长三角地区超低能耗建筑的推广应用需求，基于本地区的气候和用能特点，重点突破气候响应设计、除湿措施、技术策略优先等方面应用难题，研究形成长三角地区适用的低能耗建筑检测及评价技术体系，通过将相关的技术要点和体系编制为导则进行推广，并将平台、示范项目等成果通过技术转让、商业开发等方式，在本地区超低能耗建筑设计、检测等领域推广应用。

3.3　研　究　内　容

项目主要研究内容包括以下四个方面：

（1）长三角地区超低能耗建筑的气候响应设计措施研究

从气候响应合计角度研究本地区超低能耗建筑的本体优化设计策略，围绕建筑体型、朝向、采光、通风、遮阳等要素，形成适用于本地区超低能耗建筑的气候响应设计措施体系。

（2）研究长三角地区超低能耗建筑的湿负荷特征以及除湿节能路径

针对长三角地区湿度气象条件，研究长三角地区超低能耗建筑湿负荷以及热湿比变化特征，并在此基础上研究不同类型建筑的除湿技术路径，以及降低除湿能耗的措施。

（3）研究基于节能和经济耦合分析的超低能耗建筑技术策略优选

通过提取影响能耗的边界因素并设置变量范围，进行批量化的交叉能耗计算，并结合经济性分析模型，建立不同节能技术组合下的能耗和成本数据库，提出可供长江三角洲区域超低能耗建筑项目借鉴应用的优选技术策略。

（4）长三角地区超低能耗建筑的性能检测与评价

结合长三角地区的气候特征和建筑用能特点，研究形成长三角地区适用的超低能耗建筑检测及评价技术体系，建立可实施的超低能耗建筑管理办法，以针对性地解决超低能耗建筑在建设和运营中的建筑本体性能检测方法，以及实际运营能耗评价策略等问题，为长三角超低能耗建筑的高质量发展和管理闭环提供支撑。

3.4　预　期　成　果

该研究开发项目预期成果包括如下几个方面：

（1）结合长三角地区夏热冬冷气候特征，重点从地域气候响应设计、除湿措施、技术策略优选等方面开展研发，构建本地区超低能耗建筑应用的技术路径体系，预期形成关键技术专利2项以上。

（2）结合本地区超低能耗建筑的应用特点，编制长三角地区超低能耗建筑技术应用导则，为本地区超低能耗建筑的应用提供技术支撑，预期形成导则1部。

（3）预期形成超低能耗建筑性能评价指南1部，以指导长三角地区超低能耗建筑的性能检测和评价。

（4）示范工程：在长江三角洲地区建立超低能耗建筑示范工程1～2项。

4 基于 BIM 应用的装配式能源站低阻力节能降耗关键技术

4 Key technologies of low resistance energy saving and consumption reduction for prefabricated energy station based on BIM application

项目编号：2020-K-163

项目牵头单位：中国铁建电气化局集团有限公司

项目负责人：董建林

项目起止时间：2021 年 1 月 1 日～2022 年 12 月 31 日

4.1 研 究 背 景

近年来，我国大力推广发展装配式建筑、建筑工业化，以促进传统建筑业的改革。发展装配式建筑是加快建筑业发展的必然途径。为此，国家积极推行《国务院办公厅关于大力发展装配式建筑的指导意见》《国务院办公厅关于促进建筑业持续健康发展的意见》《住房城乡建设部办公厅关于认定第一批装配式建筑示范城市和产业基地的函》等多项政策，并颁布《装配式建筑评价标准》《装配式混凝土建筑技术标准》《装配式钢结构建筑技术标准》等相关标准。装配式建筑由预制品部件在工地装配而成，并采用标准化设计、工厂化生产、装配化施工、信息化管理、智能化应用，是现代工业化生产方式的代表，具有建造速度快、生产成本低、施工过程污染较小，节能环保等特点。装配式建筑离不开装配式建筑构件的工厂化生产，这种全新的生产方式不仅可以节约能源、提高效率、减少环境污染，还可以有效节约劳动力，成为建筑行业发展的新兴方向。

4.2 研 究 目 标

本项目以装配式能源站为研究对象，在总结国内外管道减阻发展和研究现状的基础上，开展基于 BIM 应用的装配式能源站管路输配系统减阻降耗关键技术研究。项目从管道阻力问题的实质——流体涡旋引起的能量耗散着手，探索针对性的涡旋消减及控制方法，总结相应的设计方法，提出能源站管路输配系统减阻降耗关键技术。该项目的实施将解决能源站管路输配系统内的流体涡旋消控及减阻降耗问题，开拓出"BIM技术应用""装配式建筑""建筑节能"领域一条新的发展方向，为工程建设提供技术支持和可靠的工程经验，为装配式能源站工程设计与施工技术规范的补充和完善提供科学依据，也为我国乃至世界范围内的管道减阻（即风机水泵减阻）提供第一手资料。为此，基于BIM技术开展装配式能源站管路输配系统消涡减阻及低阻力设计研究，保障建筑"生命线"管道系统的高效、低耗、合理、安全运行，具有重要的科研、工程意义。

4.3 研 究 内 容

本项目主要研究内容包括以下三个方面：

（1）装配式能源站系列直管段、弯头装置流场及涡旋特性研究

管路输配系统涡量场分析，主要包括分离点、再附着点、涡核位置、涡旋强度及作用范围分析；管路输配系统耗散场分析，主要包括流体能量耗散量分布；管路输配系统应力场分析，主要包括正应力、切应力分布。

（2）装配式能源站系列直管段、弯头装置消涡减阻机理研究

管路输配系统不同区域下的导流叶片消涡减阻机理研究，主要包括上游区、局部构件区、下游区及局部构件之间的连接区；管路输配系统弧线形式优化，主要包括局部构件内及局部构件下游区的弧线形式优化；管路输配系统不同区域导流叶片与弧线形式优化两者相配合条件下的典型消涡减阻机理研究。

（3）基于BIM应用的装配式能源站系列直管段、弯头装置低阻力设计原理总结

低阻力管路输配系统设计参数及设计方法，主要包括阻力系数，相邻系数，无量纲结构尺寸，无量纲导流叶片尺寸，弧线函数等；其他物理条件对管路输配系统消涡减阻效果研究，主要包括粗糙度、温度、压力及密度等。低阻力管路输配系统安装实测，主要测量流量、能耗、水力平衡等参数，基于BIM技术进行暖通设计优化，修正低阻力管路系统设计原理。

4.4 预 期 成 果

本项目预期成果包括如下几个方面：

（1）摸清装配式能源站管路输配系统流场及涡旋特性；查明装配式能源站管路输配系统消涡减阻机理。

本项目以装配式能源站系列直管段、弯头装置为例，着重研究管路输配系统

流场分布，摸清系统流动及涡旋特性，从微观角度分析流动阻力形成机理，为后续研究工作的开展提供理论支持。

（2）提交装配式能源站管路输配系统低阻力节能降耗关键技术研究报告1份。

（3）发表相关论文1篇。

5 医院建筑绿色健康改造与综合性能提升关键技术研究

5 Research on key technologies of green health transformation and comprehensive performance improvement of hospital buildings

项目编号：2020-K-179
项目牵头单位：中国建筑技术集团有限公司
项目负责人：狄彦强
项目起止时间：2020 年 5 月 1 日～2021 年 12 月 31 日

5.1 项 目 背 景

随着经济发展和人们生活水平的提高，我国医院建筑面积正在突飞猛进地增长，成为我国医院建筑能耗增长的刚性动力。有关资料表明，医院空调系统的一次能源消耗量一般是办公建筑 1.6～2 倍，医院能源支出达到医院总运行费用支出的 10% 以上。不仅如此，现有医院建筑在耗地、耗水等方面数量巨大，功能结构较为单一，我国不少医院的室内外环境污染和交叉感染状况也令人担忧。尤其，近年来传染病和公共卫生事件频发，医院亦需要及时引入疫情防控和日常医疗"平战结合"的运营理念，以及协同管控应急安全管理模式。因此，如何将大量医院建筑进行绿色健康改造及综合性能提升，是非常急迫的课题。

5.2 研 究 内 容

本项目主要研究内容包括以下四个方面：
（1）医院功能布局优化与医疗功能用房绿色改造关键技术研究
研究既有医院建筑功能布局优化设计与空间高效利用关键技术，针对医院规模扩大及功能分化带来的整合集中化趋势，研究功能用房自然通风、自然采光等被动技术的适宜性和可行性，分析医疗功能用房的功能集中化程度，构建功能布局"适度集中化"评价指标体系；研究既有医疗功能用房绿色改造与升级关键技术，提出适用于医疗功能用房的高效集约化改造设计模式，实现医疗功能用房绿色改造与综合性能提升的有机结合。

（2）医院建筑机电系统节能改造与能效提升关键技术研究

适用于医院建筑用能特点的能源系统升级改造技术，针对医疗功能用房环境参数要求明显高于普通房间的特点，重点研究大风量、高耗能机电设备系统的优化升级改造技术；研究特殊功能用房机电设备系统的故障预测、诊断及排除技术，全面保障和提升该类用房的系统能效及安全运行性能；基于我国不同气候区医院建筑的功能特征及用能特点，形成具有较强可操作性的多指标综合评价体系，开发相应的综合评价软件，进而构建有效指导医院建筑能源系统优化设计和节能改造的决策支持系统。

（3）医院建筑室内环境质量综合改善与安全保障关键技术研究

适用于医院普通功能用房室内环境质量综合改善和提升关键技术，构建适合于医院建筑普通功能用房的热舒适评价指标体系以及空气品质分级指标体系，有效保障室内环境质量；研究洁净功能用房通风模式、换气次数与室内污染物分布、去除效果的关联性及敏感性，提出区划有利于医护人员安全的通风换气模式及参数指标；针对洁净功能用房的典型环境，研究在保证室内功能前提下的节能降耗技术，实现污染有效控制和系统高效节能的有机结合；研发面向运行阶段的医院建筑室内空气质量监测预警系统，为控制和改善医院建筑室内空气质量提供依据。

（4）医院应对新发重大传染病智慧运维与应急防控策略研究

针对新发重大传染病，结合疫情防控和日常医疗"平战结合"的运营理念，研究基于建筑信息模型和地理信息系统数据与医院既有设施设备耦合的智慧管理架构模型，研究基于文本信息和二维码信息的双向监控模式以及重要信息数据的挖掘与分类统计方法；研究新发重大传染病疫情期间医院空间管理、隔离分区、物资供应、污水处理、垃圾处置、污染防护、餐饮供应等应急服务保障机制及决策管理模式，研究医院后勤机电、电梯、安防、通信等设施设备系统的协同管控机制及运营优化方法，进而实现高效运维与智慧管理。

5.3 研 究 目 标

新型冠状病毒肺炎疫情在全球范围内迅速蔓延，传染病问题再次成为全球关注的焦点，在此背景下，医院的有效应对便承担了更为重要的职责。本项目主要针对医院建筑所处地域特点、气候特征等，依据绿色、健康、可持续原则，在医院功能布局优化、机电系统节能改造、室内环境质量安全保障、应对新发重大传染病智慧运维等关键技术上形成突破和创新，进而提出适用于医院建筑绿色健康改造的技术条件、优化设计方法和工程实施模式等，全面提升医院建筑的绿色健康性能以及应对重大传染病的敏感性、针对性和综合防控能力，最终实现医院建筑安全性能升级、节能优化等目标，充分满足我国医院建筑绿色化、健康化改造的经济和社会发展的重大需求。

5.4 研 究 成 果

取得新技术3项，通过科技成果鉴定，总体达到国内领先水平，分别为：医院功能布局优化与医疗功能用房绿色改造关键技术；医院建筑机电系统能效提升与室内环境质量安全保障关键技术；医院应对新发重大传染病智慧运维与应急防控关键技术。

6 基于绿色建造的绿色健康低碳校园技术体系研发与示范

6 Research and demonstration of green healthy low carbon campus technology system based on green construction

项目编号：2020-K-167

项目牵头单位：北京中建工程顾问有限公司

项目负责人：孙鹏程

项目起止时间：2020年5月1日～2021年7月31日

6.1 研 究 背 景

本项目为探索基于校园建筑的绿色建造管理模式，促进校园建设项目在设计、施工和运营阶段的有效结合，确保绿色建筑技术的落地实施和工程项目绿色健康低碳目标的实现，以澳门路小学为例，结合理论与实践，以实现绿色健康低碳校园技术体系和绿色建造管理模式的应用与示范。本项目的研究成果可以在同类学校中应用和推广，具有重要的复制和推广意义。

6.2 研 究 目 标

本项目的研究目标是提出一套绿色健康低碳校园适宜性建筑技术体系，构建以健康为导向的绿色校园评价指标体系，探索基于校园建筑的绿色建造管理模式，以澳门路小学为例，实现绿色健康低碳校园技术体系和绿色建造管理模式的应用与示范。通过本项目的研究和项目示范，以期实现提高校园建筑品质、获得良好运营实效、创造健康舒适校园环境的最终目标。

6.3 研 究 内 容

(1) 绿色健康低碳校园适宜性建筑技术体系研究

进行绿色健康低碳相关技术的评估与试验,并对各项节能技术进行节能效果评估和成本效益分析,筛选出适合学校建筑的绿色健康低碳技术体系。

(2)以健康为导向的绿色校园评价指标体系构建

作为目前绿色校园评价指标体系的补充和完善,以广大师生关注的安全健康为导向,从保障教学安全性、灵活性、多元化、环保低碳、健康舒适等方面考虑,探索影响绿色健康低碳校园建设和运营的关键性能指标体系。

(3)基于校园建筑的绿色建造管理模式探索

本项目通过对国内外绿色建造管理模式的研究,结合学校工程项目实际建造过程跟踪,探究 EPC 工程总承包模式下校园建筑设计阶段优化、建设质量跟踪、采购品质管控、试运营检测等全过程集成一体化建设管理,探索如何将绿色建筑、海绵城市、装配式建筑、健康建筑等先进理念和技术融合在一起,满足校园建筑(群)、功能多样性要求的基础上,实现校园建筑品质的显著提升,创造有益于师生身心健康的校园环境。

(4)澳门路小学绿色健康低碳校园应用与示范

以澳门路小学项目为例,通过绿色建造管理模式,将本项目研发的绿色健康低碳校园适宜性建筑技术应用在设计、施工至运营各个阶段,以运营后评估和现场检测的方式来评估其实际使用和运营效果。项目验收之后,提炼和总结绿色健康低碳校园的关键技术和管理模式,推进我国高品质绿色校园的建设和示范。

6.4 预 期 成 果

本项目预期成果包括如下几个方面:

(1)绿色健康低碳校园适宜性建筑技术体系:该项研究成果以专项报告或者论文的方式表达。

(2)以健康为导向的绿色校园评价指标体系:该项研究成果以专项报告或技术导则或标准的方式表达。

(3)澳门路小学绿色健康低碳校园应用与示范:该项研究成果以示范项目的方式表达。

7 基于物联网和大数据的绿色建筑智慧高效运行关键技术研究

7 Research on key technologies of intelligent and efficient operation of green building based on Internet of Things and big data

项目编号：2020-K-169

项目牵头单位：中国建筑科学研究院有限公司天津分院

项目负责人：杨彩霞

项目起止时间：2020 年 7 月 1 日～2022 年 6 月 30 日

7.1 研 究 背 景

2015 年，国家发展改革委等发布《关于印发促进智慧城市健康发展的指导意见的通知》，要求推动城市公用设施、建筑等智能化改造。《建筑节能与绿色建筑发展"十三五"规划》提出继续推进既有居住建筑节能改造、供热管网智能调控改造。2020 年，工业和信息化部办公厅发布《关于深入推进移动物联网全面发展的通知》，要求提升移动物联网应用广度和深度，围绕产业数字化、治理智能化、生活智慧化三大方向推动移动物联网创新发展。一系列政策的出台，不断引导着物联网、大数据技术与绿色建筑的深度融合发展。大数据与物联网技术为绿色建筑运行阶段的优化提效提供了有效方法，在此过程中，物联网的有效应用、大数据的获取与共享、基于大数据的系统运行科学评估、大数据指导下的系统运行优化策略等，成为影响绿色建筑智慧高效运行的重点。

7.2 研 究 目 标

本项目通过对绿色建筑用能系统数据需求的分析，提出考虑动态数据从采集到应用的用能系统运行监测关键技术。研究绿色建筑不同用能系统用能特征，建立用能系统评估方法与分级体系；基于物联网信息识别，实现重点用能设备动态评估与跟踪维护；考虑建筑类型差异与气候区差异，研究绿色建筑用能设备与系统耦合关系，建立保障绿色建筑用能系统高效运行的系统控制与管理技术。

7.3　研　究　内　容

（1）基于大数据的绿色建筑用能系统问题识别

针对我国当前绿色建筑实际运行情况、监测平台运行及数据质量进行广泛调研，总结目前绿色建筑在实际运行中存在的关键问题，深入分析能耗监测平台监测数据类型及数据质量，进行基于大数据的绿色建筑用能系统问题识别。

（2）绿色建筑用能系统运行监测关键技术研究

研究绿色建筑用能系统运行数据动态采集、多数据源的数据集成和存储等数据框架，研究基于服务的监测平台架构，建立数据分离、数据展现、数据应用和数据采集集成处理的后台逻辑并规范数据通信接口，提出用能系统运行监测关键技术，并提升其适用性和推广性。

（3）绿色建筑用能系统运行评估关键技术研究

基于绿色建筑用能系统运行数据，分析不同用能系统的用能特点和用能强度，建立基于运行能耗大数据分析的不同用能系统的评估方法，构建绿色建筑用能系统分级体系；研究基于物联网重点用能设备的信息识别关键技术，并开发绿色建筑智慧运维 APP，实现软硬件连接、重点用能设备运行评估和维护跟踪。

（4）绿色建筑用能系统高效运行关键技术研究

针对不同的建筑类型以及所在的气候区，研究绿色建筑用能设备与系统间的耦合关系，建立典型空调采暖系统的动态数学模型，研究建立典型负荷工况下的空调采暖系统高效运营控制策略，研究绿色建筑全过程的运营管理程序和资源共享模式，建立实现大数据与资源高效配置共享的运行管理技术。

7.4　预　期　成　果

本项目基于物联网、大数据，对实现绿色建筑智慧高效运行的关键技术进行研究，以期推动绿色建筑运行阶段提效节能、智慧运营。技术成果可用于不同气候区、不同类型绿色建筑的运行大数据获取、能效评估和运行管理，通过尽可能减少绿色建筑运行阶段的资源消耗，推进建筑的可持续发展。在绿色建筑运行节能的同时，降低建筑运营成本，提升管理水平，增强建筑使用效果。本项目不仅具有较好的生态效益，其经济效益和社会效益同样显著，具有重要的实用价值和广阔的应用前景。

预期成果名称及表达方式：

（1）研究报告

《基于物联网和大数据的绿色建筑智慧高效运行关键技术》研究报告1份。

（2）软件及软件著作权

开发绿色建筑智慧运维APP 1项，并申请软件著作权。

8 普通公共建筑健康节能改造及运行技术研究与示范

8 Research and demonstration of health and energy-saving renovation and operation technology of ordinary public buildings

项目编号：2020-K-175
项目牵头单位：北京市住房和城乡建设科学技术研究所
项目负责人：徐俊芳
项目起止时间：2020 年 7 月 1 日～2022 年 12 月 31 日

8.1 研 究 背 景

本项目以中小型的普通公共建筑为基本出发点，结合全民抗击新冠病毒战斗中对公共建筑室内通风的新要求，分析不同类型普通公共建筑的特点及在绿色健康营造和能效提升存在的关键问题，优化提升的技术方向，构建普通公共建筑节能绿色化改造技术体系；从实际运行管理角度，基于物联网和大数据技术，研究与普通公共建筑相适应的健康节能改造技术与运行管理制度体系，编制相应的健康节能运行管理技术导则，形成更具指导性、适用性、针对性的普通公共建筑健康节能技术体系，以加强对普通公共建筑健康节能运行的指导，实现普通公共建筑绿色健康、节能低碳的运行目标。

8.2 研 究 目 标

项目定位于 2 万 m² 以下的中小型普通公共建筑，以提升普通公共建筑室内绿色健康品质和运行能效为目标，坚持结果导向，从调研分析不同类型普通公共建筑的特点，以及绿色健康环境营造和能效提升中存在的关键问题入手，结合已有公共建筑节能绿色化改造的经验，基于几种普通公共建筑价值提升定位情景，提出技术方向及方案策略；基于物联网和大数据的理念，研究提出更有针对性的普通公共建筑室内健康在线监测和能源系统在线监测耦合的监控技术，开展项目示范实践及后评估工作；研究与之配套的健康节能运行管理制度体系，并编制相应运行管理技术导则。提升普通公共建筑健康节能运行技术体系的针对性、适用性和指导性，从而推动普通公共建筑的健康品质和能效的提升，促进建筑低碳绿色化发展。

8.3 研 究 内 容

本项目开展普通公共建筑（面积小于 2 万 m^2）室内绿色健康品质和运行能效技术研究和实践，编制技术导则，同时在酒店、康养等普通公共建筑项目开展实践，创新普通公共建筑室内健康和能源等在线监测耦合的监控技术，主要包括：

（1）普通公共建筑健康节能现状调研及特性分析；

（2）普通公共建筑健康节能运营关键技术研究及应用；

（3）普通公共建筑健康节能运行管理制度体系研究；

（4）普通公共建筑健康节能运行管理技术导则编制。

8.4 预 期 成 果

目前全国公共建筑面积约 128 亿 m^2，若按北京市普通公共建筑面积占比（北京市公共建筑总面积约为 3.17 亿 m^2，其中普通公共建筑面积约为 2.35 亿 m^2，占比约 74％，全国比例应高于此）推算，全国普通公共建筑总规模在 92 亿 m^2 以上，因此项目成果的推广应用前景广阔。

本项目成果适用性、实用性强，通过构建与普通公共建筑相适应的技术策略及运行管理体系，充分调动人在运行管理中的积极性，以实现提升普通公共建筑品质和能效的目标；能较好地指导解决普通公共建筑能耗强度高、建筑及设备老旧低效、管理粗放等问题，若按节能 10％测算，全国范围推进可实现每年节约耗电量达 900 亿 kWh，具有巨大的节能效益、社会经济效益和环境效益。

预期成果名称及表达方式：

（1）研究报告 1 份；

（2）《普通公共建筑健康节能运行技术导则》（征求意见稿）1 份；

（3）普通公共建筑健康节能改造示范项目 1～2 项；

（4）申请专利 1 项；

（5）发表文章 2 篇以上。

第四篇 | 交流篇

　　本篇针对绿色建筑发展过程中的热点问题、理论研究及技术实践等，从学组提交的文章报告中选取了健康建筑、建筑师主导的协同设计、可持续设计、建筑节能设计计算软件、智慧负压方舱医院、装配式超低能耗建筑实践6篇文章，分别从绿色建筑的发展理念、设计方法、项目实践及评价等方面为读者展示绿色建筑发展现状及发展趋势，助力推动我国绿色建筑高质量发展。

　　2020年新冠疫情的爆发，不仅引发了人们对健康建筑、健康环境的高度重视，更引发了建筑师对健康建筑设计的思考，开始探索更高质量、更健康的可持续建筑。

　　与此同时，以建筑师为主导的多主体全专业绿色协同设计，能够统筹建造全过程、优化性能指标、保障良好运行，将为绿色建筑全过程高质量发展提供高效保障。基于BIM平台以DeST3.0为内核的建筑节能软件，支持建筑全性能仿真平台与BIM应用软件的结合，解决了建筑设计模型与性能分析内核的数据流通。

　　模块化智慧负压方舱医院采用模块化设计理念及DfMA方法，引入大量智慧化元素，将模数化建造方法与应急医疗功能需求结合起来，为世界范围内快速建造高标准负压方舱医院提供了良好的示范。雄安城乡管理服务中心对装配式钢结构、超低能耗建筑、BIM＋能源管理平台集成技术进行探索和实践，整合技术资源，总结可复制的建造经验，对同类工程具有重要示范效应。

Part 4 | Communications

With the focuses on the hot topics, theory, technology and practice in the development of green buildings, this part selected six articles from the submitted research reports in the areas of healthy building, collaborative design conducted by architect, sustainable strategies, building energy efficiency software, modular intelligent negative pressure mobile cabin hospital, prefabricated ultra-low energy construction practice. The aim is to reveal the development status and trends of green building based on development concept, design method, project practice, and to promote the development of green buildings in China.

The outbreak of novel coronavirus epidemic in 2020 not only attracts people's attention to healthy building and environment, but also arouses the architect's thought on healthy building design and to develop more high-quality and healthy sustainable building.

Green collaborative design with multi subject and full specialty conducted by architect can coordinate the whole process of construction, optimize performance index, and ensure good operation, which provides support to achieve the high-quality development of green building. Building energy efficiency software taking DeST3. 0 as the core bases on BIM and supports the combination of building whole performance simulation and BIM software, which solves the data circulation of building design model and performance analysis.

The design of modular intelligent negative pressure mobile cabin hospital combines modular construction method with emergency medical requirements, which provides a good demonstration for the rapid construction of high standard negative pressure mobile cabin hospital in the world. Xiong'an urban and rural management service center explores and practices fabricated steel structure, ultra-low energy consumption building, and BIM plus energy management platform integration technology, which integrates technology resources and summarizes the experience of reproducible construction. It has an important demonstration effect on similar projects.

1 疫情后健康建筑的思考

1 The thinking of the healthy building after the epidemic situation

1.1 引　言

公共卫生事件会直接影响人所处空间—建筑的设计。2002 年，SARS 的蔓延引发了人们对全空调现代建筑的反思；2020 年，新冠疫情的爆发则不仅引发了人们对健康建筑、健康环境的高度重视与强烈需求，而且从根本上改变了人们的生活方式。如更多的人居家工作，出入建筑都需要查验健康凭证与测量体温，洗手换衣成为回家第一件事，建筑公共卫生得到空前重视；网络＋快递成为人们更为依赖的购物渠道；人们对健身更加热衷，等等。这些生活方式的转变将长期而深刻地影响人们的生活需求，进而改变现有的建筑模式与空间。建筑作为人长期居住和活动的物理空间，不仅需要重新调整功能布局以满足人们新的需求，也应从设计出发，形成良好的物理防御和舒适健康生活空间[1]。

1.2　健康建筑及设计理念

健康建筑理念从最初提出，到疫情后受到普遍重视，从一个看似遥远的概念发展到现在与人们休戚相关，在疫情冲击下需要重新审视。

国际上第一个关于健康建筑的评价标准是 2014 年开始实施的 WELL v1，而后在 2018 年修订形成 WELL v2。WELL[2]标准涵盖了健康方面十大评价内容，分别为空气、水、营养、光、运动、热舒适、声环境、材料、精神、社区。其中，精神和社区条文分值权重最高，重点关注人文和心理，其次为空气品质。

我国 2016 年颁布实施的《健康建筑评价标准》T/ASC 02[3]定义健康建筑为："在满足建筑功能的基础上，为建筑使用者提供更加健康的环境、设施和服务，促进建筑使用者身心健康、实现健康性能提升的建筑。"标准指出健康建筑的前提必须是绿色建筑，重点从空气、水、舒适、健身、人文和服务六个角度提升建筑环境，促进人的生理、心理、社会多方面的健康。其重点关注室内空气品质和水质，从声光热环境评价舒适性，对营养方面较少涉及。在空气质量方面，对室内污染物浓度、颗粒物浓度等提出较绿色建筑更高的要求，如控制指标中，要求 $PM_{2.5}$ 年均浓度应不高于 $35\mu g/m^3$，PM_{10} 年均浓度应不高于 $70\mu g/m^3$。在人文方面，从适宜老龄人口活动、居住等角度，要求采用无障碍、防滑设计等措施。

受疫情影响，人们生活模式、使用需求、社会行为方式在逐渐改变，这也影响了人们对于健康建筑的解读。在生活模式上，人们开始重视入户消毒工作、开窗通风能力、社区健身功能等，对户型设计、被动式设计以及社区服务设施提出了新的健康要求。在使用需求上，对健康建筑设计提出了需满足应对疫情的新要求，包括快速组装模块式搭建，从原始建筑功能空间快速转变为疫情防控医疗空间、从居住空间转换为隔离期间办公空间的转换，防止病毒通过卫生间水体传播[4]，突发疫情时社区具备临时医疗生活用品自给自足的功能，以及对社区内小型超市的需求等。人们对室内热舒适和空气品质也提出了新的要求，不再局限于温湿度和二氧化碳的范围控制，开始关注室内甲醛及 TVOC 等污染物浓度控制、室内污染物浓度与新风系统的联动功能、室内自然通风和采光能力、空气品质可视化能力等内容。另外，随着互联网蓬勃发展、快递、外卖行业的进一步兴起、人们交往方式的多样化，无接触理念逐渐为人们所重视。

新的健康生活理念引发了现有设计的再思考。传统的建筑功能布局已无法满足健康居住的需求，更无法满足人们对室内热舒适、空气品质的更高要求，新的空间和功能设计需要设计师不断探索、不断创新。

1.3　健康建筑设计需求

1.3.1　功能布局

（1）对卫生的需求

在生活习惯上，人们形成了入户先洗手、换衣的归家动线，在住宅设计中需要相应地优化住宅功能流线，使洗手间距离入口更近，或者在玄关设置专门的消毒/清洁区域（图 1）。在空间使用上，由于要将可能存在疫情风险的空间隔离开，并设置用于消毒的缓冲空间，疫情迫使更多类型的建筑项目设计中考虑"洁污分区"的理念，为未来提供一套"防疫设计方案"。例如垃圾房和公厕要尽可能远离住户且位于下风向，并避免正面朝向住户门窗；展馆、机场等要明确对内对外空间的分界线，以便防疫管理；餐饮空间则要重视冷库和厨房的设计，优化食材入库、储存、处理流程以避免污染和传染。在行为活动上，无接触配送等措施得到延续和推广，建筑功能更细分，流线更复杂，设计应当为不同角色人群提供更加清晰和人性化的引导，如入口大堂的空间设计、电梯内部和候梯厅的设计等（图2）。对于细部设计，人们更愿意接近看上去比较干净的界面，因此办公、住宅和酒店建筑中应特别注意墙面、桌椅、地板等的选材与维护，采用避免积灰的装饰细部，引导人们形成良好的心理感受和精神状态。

图1　独立式玄关与洗手台

图2　电梯厅的防疫设计

（2）对数字化的需求

现实空间中的疫情隔离引发了信息和网络空间的繁荣局面，各种信息化、数字化技术在短期内得到大量推广，比如，门禁系统的人脸识别功能、会议室中的视频会议系统（图3）、商场里的智能AI、餐厅里的扫码点餐、智能家居中的语音识别控制技术等。与此同时，工作模式和生活方式也发生了转变，比如，办公室推行无纸化办公、远程会议、居家办公，对建筑中的网络基础设施提出更高要求，也使SOHO模式再次成为热点（图4）；生活中无处不在的AI系统，为智能家居进一步疏通了道路。此外，快递行业的迅速发展引发人们的反思，快递寄取空间从无到有发展为从大到小、从集中到分散布置，并通过合理的流线布局与空间设计提升用户快递存取体验。因此，未来的健康建筑应当是结合智慧建筑理念，运用数字化技术优化居住和工作环境，提供更加便利和舒适的设施，创造具有自我调节功能的宜居环境。

图 3　配备远程视频系统的会议室

图 4　居家办公的 SOHO 模式

（3）对共享的反思和对交往的需求

此前，"共享"一词一直具有很高的热度，疫情使许多共享设施和共享空间遭到闲置。疫情后，首先需要肯定的是交往空间的必要性和共享的价值。其次，疫情使人们更加审慎地选择交往活动，共享设施更要紧密结合建筑主要功能，设置能够真正激发活力的空间，摒弃不必要的空间浪费，并且要明确服务对象人群，有针对性地提供必要的服务设施。对于食堂、报告厅等人员密集型场所，功能布局中不仅要满足最基本的疏散要求，还要兼顾人们的社交距离和疫情期间的防疫距离。人员过于密集的活动可能需要分散进行，因此会议室、报告厅和门厅的尺度不宜过大，而小型的、错峰使用的共享空间在提高空间利用率、避免大规模聚集性传播风险上更有优势。此外，共享空间应布置在采光、通风优良的位置，尽量借助被动式设计改善空气质量，保障健康安全并使人身心愉悦（图5、图6）。

图 5   有隔断的小型会议室、共享微空间

图 6   有充足阳光的休憩空间

（4）对健身的需求

对于个人来说，疫情给人的启迪之一是要重视人体健康。有数据显示，疫情期间健身行业处于下行，但居家健身和"云健身"迅速兴起，健身呈现新形式。人们的健身活动从集中的、专业的健身房转移至小区公共空间、室外广场和家中。为满足健身需求，住宅、小区、公园、社区中心等应更加重视健身空间的布局和设计，如扩展公共活动区面积、延长健身步道长度、增加健身器材数量、增设健身角等（图7）。室内健身活动用房则需要进一步提升舒适度、扩大使用空间，避免出现闷热拥挤的状况。另一方面，运动健身的形式也更加多样，老年人、儿童、青壮年以及不同爱好的人群，对活动设施均有不同要求，要根据具体情况进行设计。

图 7　小区健身活动步道

1.3.2　热舒适

（1）不同功能热舒适需求

建筑室内环境的热舒适性是健康建筑的一项重要指标。《健康建筑评价标准》T/ASC 02-2016 沿用了《民用建筑室内热湿环境评价标准》GB/T 50785 对人工冷热源条件下室内整体和局部热湿环境的评价要求以及自然通风条件下人体对环境的适应性热舒适要求。一方面，健康建筑鼓励通过自然通风等被动式调节措施来营造舒适的室内环境，尽可能地降低采暖空调系统的使用需求。另一方面，为了减少和防止由于不合理的运行带来的采暖和空调用能的浪费，基于人体热舒适的控制系统将会是采暖空调系统调控方式的未来发展趋势之一（图 8）。

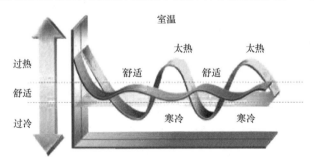

图 8　基于 PMV 的暖通空调系统控制技术

疫情期间，为了防止新冠病毒通过空调通风系统在相对封闭的室内空间扩散造成交叉感染，办公楼、商场等公共建筑均关闭全空气系统，造成室内热舒适性很差。因此，在保证建筑能够在突发疫情等公共卫生事件时满足防疫需求的同时，不明显降低室内热舒适，是健康建筑采暖空调系统设计中需要考虑的一个重要内容。

（2）节能与舒适度的平衡

除了节能和舒适两个维度之外，健康的重要性在这次新冠疫情暴发之后，引起了普通民众的广泛重视。在健康建筑的设计和建造过程中，需要兼顾节能与舒适度的要求。

这次疫情对传统的全空气系统也提出了挑战。2020 年年初疫情期间，全空气空调系统无法正常开启，导致室内温度偏低，严重影响了人员的热舒适度。辐射式空调系统不仅能够提升人员的热舒适度，比对流式空调系统更加节能，还可以避免病毒等有害物通过回风系统在建筑内快速扩散，未来辐射式空调系统会成为兼顾节能、舒适和健康的一个选择（图 9）。

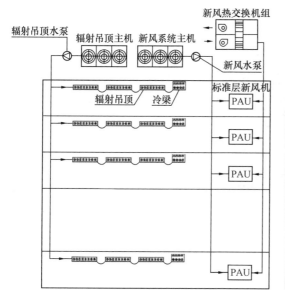

图 9　辐射吊顶＋新风系统（以星展银行空调系统为例）

1.3.3　空气品质

（1）对空气品质提升的需求

从本次新冠病毒传播机理来看，含病毒的飞沫、气溶胶传播和密切接触传播是最主要传播途径，含有冠状病毒气溶胶交叉污染是造成二次感染最主要的原因。因此，解决日常建筑室内空气环境存在的隐患，提供稳定、可靠、卫生、健康的空气品质极其重要。

目前，民用建筑室内污染物的主要来源是建筑及装饰材料、家具、设备和日用品以及人体等，主要污染物包括 CO_2、CO、微生物粒子、烟气、氮氧化物、挥发性有机化合物和放射性气体氡等，均会对人体产生不同程度的伤害，是健康建筑的设计中需要重点关注并加以控制的内容。

（2）安全可靠的新风系统

近些年来，室外大气中 $PM_{2.5}$ 和 PM_{10} 浓度超标，普通民众逐渐认识到新风过滤系统对人员健康的重要性，而这次新冠疫情让人们更加关注室内环境的健康性。

在健康建筑的空调系统设计时，宜适当增加全空气空调系统的最大新风比、提高独立新风系统的系统容量，同时采用 G4 粗效过滤器＋F8 中效过滤器，必要时采用高效和超高效过滤器等过滤措施对空调送风进行过滤，以满足室内环境的健康安全要求（图 10）。

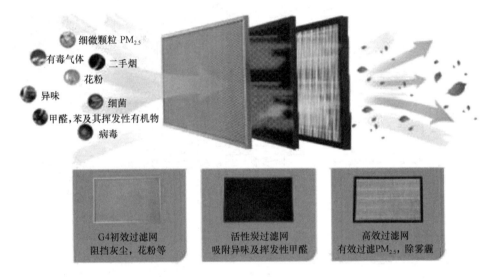

图 10　新风及空调送风系统采取有效的过滤措施

（3）空气品质的可视可感与可控

《健康建筑评价标准》T/ASC 02-2016 中，在空气品质方面主要涉及建筑内甲醛、TVOC、苯系物等典型污染物，$PM_{2.5}$、PM_{10} 等可吸入颗粒物，地下停车场的 CO、建筑室内的 CO_2 等浓度指标。其中提出了"设置空气质量监控与发布系统""地下车库设置与排风设备联动的 CO 浓度监测装置""调查室内空气质量主观评价"等控制方面和人员主观感受方面的要求，涉及空气品质的可视性、可感性和可控性。可视性即空气品质相关参数可实时连续测量、显示和记录，人员可看到实时数据；可感性即室内空气品质应体现为无色无味；可控性即空气品质监测装置可与控制空气品质的某些设备进行联动控制。

1.3.4 迈向健康城市

城市化的发展促成了大规模现代居住区的诞生，而疫情的传播路径提醒人们，健康建筑需要从单一建筑出发，迈向更大尺度的健康社区、健康城区和健康城市。一方面，卫生防疫是城市和成熟居住区的必要功能之一，卫生防疫和社区管理功能要渗透到每一栋建筑中。另一方面，人们的活动空间是连续而变化的，如何保障人们全过程全方位健康是未来一个重要方向。纽约市自 2006 年起召开"健康城市会议"，并尝试通过城市规划和建筑设计的手段，提升居民日常锻炼的可能性。近年来，国内外建筑学学者也开始关注"城市空间影响健康"的相关机制与实践。"健康建筑学"概念开始流行，学者们从建筑到社区再到城镇各个层面来思考健康建筑的发展路径。因此在后疫情时代，健康建筑将很有可能与健康社区、健康城区乃至健康城市关联发展，形成如同绿色低碳理念一样的多层级体系（图 11）。

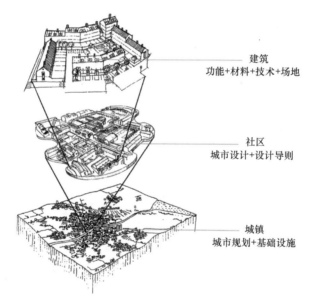

建筑
功能+材料+技术+场地

社区
城市设计+设计导则

城镇
城市规划+基础设施

图 11 健康建筑设计向社区和城镇层面拓展

1.4 结 语

纵观历史长河，疾病往往会对人类社会的发展产生深远的影响[5]。新冠疫情的全球性暴发以及我国实行居家隔离的有效防控措施，不仅改变了人们的生活方式，更引起了人们对建筑室内健康的重视程度，影响着人们对健康建筑的理解。

人们对健康生活的追求，引发了建筑师对健康建筑设计的思考，建筑设计应响应人民需求，积极主动把"人民城市人民建，人民城市为人民"的重要理念贯彻落实到建筑设计的全过程和城市工作的各方面，以探索发展更高质量、更健康的可持续建筑。

作者：沈立东　张桦　瞿燕　陈湛（华东建筑集团股份有限公司）（绿色建筑规划设计组）

2 建筑师主导的绿色公共建筑协同设计流程研究

2 Research on architect-led green architecture collaborative design workflow

2.1 国内外绿色协同设计流程方法对比分析

2.1.1 我国存在的问题分析

(1) 缺乏全过程统筹

绿色建筑离不开建造全过程的合理统筹组织，作为项目的技术牵头者，建筑师理应担负起这个主导统筹的重要角色。然而，实际的情况并非如此，造成我国"绿色建筑"设计标识多、运行标识少，很多建筑实际运行性能无法达到预期的效果。

(2) 建造过程割裂

由于长期割裂的行业管理模式，致使设计、施工、采购和运营完全割裂，设计的前期阶段根本不管材料选择、诸多的专项设计和施工建造，更谈不上对运营的思考；施工图设计中甚至不包括装修和场地景观设计，只设计了空壳的"毛坯房"。

(3) 缺乏系统支撑

对于建筑性能、舒适度、建筑成本、选材选型和节能运行等，基本处于流程式的技术罗列、设计预评分。建筑师在设计方案阶段，缺乏对于绿色建筑设计理性的数据支撑，只能停留于"讲概念"，造成了本应在前期的分析模拟变成了后期评价的模拟补充材料[6]。

(4) 缺乏产业链协同

缺乏在设计建造全过程将全产业链的生产加工、施工装配、交付调适等要素与建筑设计融合的集成系统，无法实现设计、工艺、制造一体化协同，也缺乏绿色设计统筹策划、设计、生产、施工、交付建设全过程集成设计协同方法，经常出现建造过程管理不细所带来的性能品质下降以及运行系统"大马拉小车"的现象[7]。

2.1.2 与发达国家的对比分析

(1) 发达国家的绿色整合设计

发达国家大多将绿色建筑协同设计相关内容称为整合设计过程（Integrated Design Process）。"整合设计"区别于以往传统的线性设计过程，旨在使建筑各方面性能系统性达到目标要求的基础上，通过整合设计过程提升效率并降低开支。Alex Zimmerman 的《Integrated Design Process Guide（整合设计过程指南）》阐述了如何建立有效的整合设计过程以及主要参与人员和关键技术。其协同设计方法不仅包含技术内容，更强调整个建设过程的多主体、全专业团队随时都要以优化整体而非优化部分为目标，并将每个组成部分的专业性意见进行综合分析优化[8]。

(2) 发达国家在设计过程中的性能模拟

美国建筑师协会发布了《建筑师的建筑性能指南——在设计过程中的性能模拟》。指南的主要目标是帮助建筑师使用建筑性能模拟来进行整个建筑设计过程中的决策[9]。

建筑性能模拟和优化要求建筑师在设计早期就考虑建筑的能耗，这些模拟包括环境质量、主要功能空间用能、自然资源利用、成本控制等在设计的不同阶段所进行的不同深度的估算和模拟分析，而这些通过模拟形成的决策将对设备系统的选型、成本以及运行能耗起到决定性的作用[10]。

2.2 绿色建筑正向协同设计流程方法

2.2.1 协同设计流程和工作模板的构建

绿色建筑设计全过程的协同工作是一个"巨系统"，建筑师要想统筹好这个组织环节和技术体系越来越复杂的"巨系统"工程，流程管理至关重要。

(1) 确定流程控制节点

协同设计流程的设定并不是要罗列所有的工作节点，而是要明确建造全过程与建筑质量和品质密切相关的性能控制节点都有哪些？建筑师应该怎么做？做了没有？是否达到目标要求？本研究将国家标准《绿色建筑评价标准》、各地方编制的绿色建筑设计标准，以及正在编制的团体标准《建筑工程绿色建造评价标准》和《公共建筑后评估标准》等标准及技术措施中 1600 余项措施要点进行提炼，总结为约 70 项流程步骤，再将这些流程步骤按照"场地规划设计、建筑方案设计、技术设计、设计选材、设计交付与调适"五个阶段约 19 项流程（过程）进行控制（其中建筑师主导的关键控制节点为 7 项），保证每项步骤和关键流程节点的过程控制效果。

（2）制定项目前置控制要求

美、英等发达国家的建筑师需要负责编制项目的"技术标准（Technical Specification）"，并在不同的设计阶段进行不断的优化调整，可以形象地说，他们的很多设计工作是"写出来"，而不是"画出来"的。

我国设计工作很多只是止步于图面上，多以"标准"为依据开展设计。实际上，即使标准规定得再详细，也不可能做到穷尽所有事项，只有根据不同项目的具体情况，结合流程和内容节点控制要求，制定详细的项目级"技术标准"（技术规范书，Technical Specification），形成"一案一标"的前置性能控制要求，并在项目实施过程中不断优化调整，才能使绿色设计的流程控制具备精细化落地的"抓手"。

（3）选取重点节能空间

本研究针对 100 多个不同类型的公共建筑项目，以及《建筑设计资料集》对于各类型公共建筑不同功能空间的分类，整理出 260 个功能空间。经过归类整理，从中归纳出 74 类主要的功能空间，再经过针对建筑师的问卷调查，并依据《全国民用建筑工程设计技术措施》和相关标准中对主要功能空间负荷指标的规定，合并简化为 32 类节能重点空间。通过对各类功能空间的供暖热负荷及电负荷模拟计算，形成节能重点空间的负荷区间取值。

（4）确定重点节能空间影响因子

针对重点节能空间，建筑师通过优化设计进行有效控制，首先应以空间面积、空间大小、空间在建筑中所处的位置、空间的功能复合性等为影响因子；其次以围护结构、通风采光、窗墙比等主动、被动技术手段的应用情况进行数据模拟；最后通过大量设计项目在协同设计平台的应用，形成大数据叠加，通过机器学习不断进行自我修正，最终形成技术应用的影响系数区间。

（5）搭建绿色建筑协同设计模板

随着新一代信息技术的应用，可以将协同设计流程与方法应用于设计平台之中，其中绿色建筑协同设计模板作为开展工作的基础，应包括量化分析、数值约束、设计要点和性能要求等关键要点。与传统设计方法相比，其优越性具体体现为：①能够明确重点节能空间，以及各类空间节能影响率；②前期多方案自查比选方便快捷且科学合理；③对于优先应用被动技术，可直观估算各技术手段的节能率；④实时比对舒适性、能耗、经济等指标对于不同技术手段的变动情况；⑤将后期暖通模拟基本系数简化、前置，形成与建筑师的有效沟通。

2.2.2 绿色建筑正向协同设计流程的编制

（1）场地规划设计流程和节点控制要求

1）城市环境呼应与场地资源利用保护，包括：符合上位规划和城市设计要求；

场地布局与城市环境进行呼应；对场地既有设施和现有资源环境进行利用和保护。

2）对场地规划布局进行环境模拟分析，包括：日照环境、风环境、光环境、声环境、遮荫环境等模拟分析。

3）场地交通与公共设施规划布局合理，包括：场地人行、车行流线和停车设施布局合理；形成开放共享的服务设施和公共空间；室外设施完备，材料安全、耐用、易于维护。

4）优化调整公共空间环境舒适与利用率，包括：提供多样化的室外空间；公共空间具有舒适度，满足多季节、多时段使用需求；公共空间具有吸引力，促进使用者交流。

（2）建筑方案设计流程和节点控制要求

1）优化调整建筑形态和重点耗能功能空间布局，包括：优化调整建筑形态、体型控制、重点耗能功能空间布局。

2）优化调整窗墙体界面，包括：优化调整不同朝向，周边自然环境资源影响建筑开窗和窗墙、幕墙比例；优化调整窗体开启方式和比例。

3）建筑利用自然资源优化模拟分析，包括：对地上、地下建筑主要功能空间的光环境、日照环境、自然通风环境进行模拟分析；对窗洞口和构件以及导光构件进行模拟分析。

（3）技术设计流程和节点控制要求

1）完成模数和构造节点性能优化设计，包括：对空间模数和用材模数协调进行优化设计；对墙面、窗体、幕墙、地面、吊顶和隔墙等构造节点进行优化设计；对围护结构和内隔墙的热工性能、防水性能、隔声性能等构造节点进行优化设计；对管线集成和安装节点进行优化设计。

2）结构设计涉及建筑功能、建筑形态、模数、装配和基坑等优化，包括：结合建筑功能进行结构优化设计；结合建筑形态进行结构优化设计；空间和构件符合模数化设计要求；采用工业化装配结构；结合实际施工条件进行基坑开挖优化设计。

3）围护设计涉及建筑性能指标的认定，包括：对围护结构防火性能、热工性能、防水性能、隔声性能等进行优化设计。

4）机电设计涉及设备系统性能指标的认定，包括：对空调热源和冷源、输配系统、监控和计量及末端装置等进行优化设计；对供配电系统、照明系统、电气设备进行优化设计；对直流供电充电桩配置、蓄能系统等进行优选优化设计；对信息网络和智能运维系统进行优选优化设计；对可再生能源利用进行优选优化设计。

5）给水排水设计涉及生活和设备用水系统性能指标的认定，包括：优化调整卫生器具的用水效率等级；对绿化灌溉系统进行优化设计；对空调冷却水系统进行优化设计；保证生活饮用水水质符合技术要求。

6）室外环境丰富度和雨水利用优化设计，包括：使室外环境符合绿化充分、景观层次丰富、环境整洁美观的优化设计；优化场地竖向设计，对雨水收集利用、排放和海绵渗透进行优化设计。

（4）设计选材流程和节点控制要求

1）外界面利用废弃、自然材料和复合材料选材优化，包括：界面表皮材料利用自然资源就地取材和废旧材料；外饰采用单元式幕墙、多功能复合墙体等集成墙板材料；室外环境材料采用自然资源就地取材和废旧材料；采用以废弃物和建筑垃圾为原料生产的利废建材。

2）建筑内装修采用一体化集成产品选材优化，包括：采用装配式装修；选用厨卫集成模块。

3）材料同寿命期族群和部品部件之间寿命匹配选材优化，包括：建立相近使用年限的同寿命期族群适配材料组合；活动配件选用长寿命产品，并考虑部品之间合理的寿命匹配，构造便于通用性拆换。

（5）设计交付与调适流程和节点控制要求

1）交付前对建筑围护系统和各设备系统进行设计调适，包括：围护结构和设施系统调适；空调、照明系统调适。

2）开展运行能耗与设计工况对比分析，包括：围护结构热工性能测试与设计工况对比；空调、照明、插座等系统运行能耗与设计工况对比分析；可再生能源利用与设计工况对比分析。

3）开展室内外环境质量与设计工况对比分析和用户满意度评价，包括：测试天然采光、混合采光、人工照明质量；测试室内空气质量、室内热舒适度、过渡季自然通风质量；室内外环境的用户满意度评价。

2.3 北京大兴国际机场南航运控指挥中心绿色设计

北京大兴国际机场南航运控指挥中心是集航运 3C 运控指挥、飞行签派出勤、飞行训练、飞行空勤周转、飞行体检康复、飞行数据中心、航勤配套服务和航运管理等功能于一体的大型综合体建筑，建筑规模 50 万 m^2，是亚洲规模最大的航空运控指挥中心，如图 1 所示。

由于该项目建设周期较短且采用设计总承包方式，项目组按上述的全过程设计流程、步骤和节点控制要求进行管理，将规划设计、建筑结构、机电设备、部品部件、装配施工、装饰装修、景观环境和各类专项设计以及工艺加工、绿色选材和成本管控等工作流程汇集于一体进行管理。制订了每个步骤相应的设计策略、控制要点、优化要点和目标值，并在关键的设计节点进行仿真模拟分析要求。分析不同的功能空间能耗特征，明确节能重点空间，给出相应的关键技术索

图1 南航运控指挥中心整体建设效果实景

引，获得了三星级绿色建筑设计标识，形成的流程管理平台申请了软件著作权。过程中形成的绿色协同设计流程和节点管控构架如图2所示。

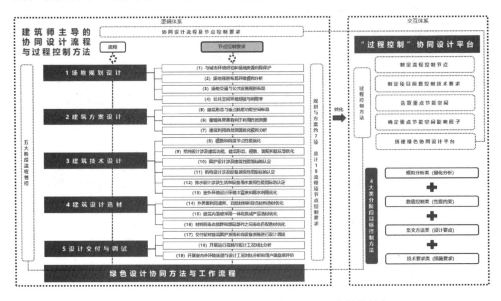

图2 南航运控指挥中心协同设计流程和节点管控构架

该项目建设规模大、建设周期短、建设标准高，只有通过这种科学的协同设计流程管理方法，才能保证项目高质量、高品质的实施。主要包括：①在项目前期就制定了项目"技术标准"（技术规范书，Technical Specification），形成了前置性能控制要求。②建立"高颗粒度"的绿色协同设计流程，有效组织了土建、装修、景观、专项、标识等多专业的一体化并行协同设计。③设计优化与施工深化并行协同，节点设计、设备选型、选材等深化设计结合过程管理和运行管理的要求进行优化，既保证了建筑质量、品质，又保证了成本的控制、运行实效以及建设工期。

　　该项目采用高性能装配式围护结构，节能率达到 80％，整体围护结构传热系数为 1.71W/m² · K；地板和整体墙板全部采用弹性可变管线空间，解决了大型航空运控设施信息化功能升级调整慢的问题。

　　为使长时间在封闭狭小机舱工作的空勤人员在此能够得到心情舒缓，项目跨越城市市政道路设计了一条连接各功能建筑群的"空中绿廊"，拥有良好的天然采光，观景视线良好，可供休憩、交流。中庭空间随处可见绿植，所有健身空间和配套服务空间均可天然采光，在室内交通空间节点设计具有良好景色和天然采光的"家庭式相聚单元"，帮助空勤人员尽快卸下一天的疲惫，得到充分的身心休息。建成效果如图 3～图 9 所示。

图 3　高性能装配式围护结构及庭院环境

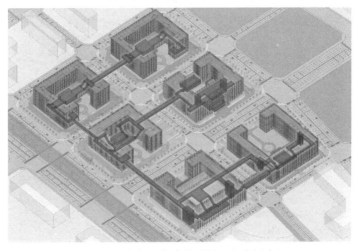

图 4　连接各功能建筑群的"空中绿廊"

图 5　"空中绿廊"庭院环境

图 6　"空中绿廊"交往空间

图 7　"空中绿廊"无障碍路径

140

图 8   具有良好景色和天然采光的"家庭式相聚单元"

图 9   可自然采光通风并带有天井小院的游泳健身空间

作者：薛峰   凌苏扬   崔德鑫（中国中建设计集团有限公司）（绿色建材与设计组）

3 适宜技术，物尽其用——我国
可持续设计与实践思考
3 Sustainable strategies：appropriate technology
and making full use of resource

在我国，建筑师的可持续设计目标，关注于建筑学视角可持续设计的创新性，及其反哺于扎根中国本土的工程实践的探索性。在整个过程中，建筑师们思考更多的是如何在可持续设计领域依托专业的训练和自己的智慧，创造性地设计。笔者以为，基于建筑学视角的可持续设计存在"两个基本点和三条路径"："两个基本点"分别为不必然对评价指标体系的硬性可定量指标的设计回应，以及建筑师的未来创造远超于指标体系价值；"三条路径"分别对应于满足指标体系下设计品质的提升，无法满足指标体系下适宜技术和文化多样性的价值，以及物尽其用等思维的建筑学创新。其中，第二、第三条路径对于当今中国尤为重要，即通过设计实践探索先进技术对传统手工艺的提升，以及基于材料需要的容错机制的物尽其用的创新。

3.1 可持续设计的两个基本点

建筑规模的大小，类型的差异，就如同建筑在城市，还是乡村，我们的设计逻辑并没有什么不同，是一以贯之的，即：对中国不同发展阶段的不同地区符合可持续设计理念的朴素设计策略和技术体系的建筑学再发现和提高。设计逻辑的一贯性，并不能带来设计结果的一贯性，各种不同的条件，终归造就了结果的不同。例如城市环境中，关注发达地区能够获得的解决问题的手段和聚焦建筑对城市环境的解读，力图创造出达到发达国家和地区可持续设计优秀水准的中国案例；乡村环境中，关注传统气候的适应性策略和技术的改进，并最大限度地利用当地的材料，关注当地丰富的文化多样性，力图在当今世界发出发展中的中国的可持续设计的声音。近年来，许多国家和地区的各种绿色建筑的指标体系都制定得越来越细致，包罗万象，算无遗策，充分反映了建筑技术科学在最近几十年来的长足进步，也为可持续设计的研究和实践奠定了基础。尽管如此，对于我们而言，需注意两个基本点：

第一，可持续设计从来不必然是对各种绿色建筑评估体系中的硬性可定量指标的设计回应，因为可持续设计全面关注建筑的环境、社会和经济三个方面的表现，有着更多的社会和文化关注，存在难以精确定量的指标，例如可持续设计密切关注的公众参与，文化多样性的保持等。

第二，无论在指标体系内外，建筑师的创造力皆可为人类可持续的未来创造出远超这种指标体系的价值。这不是说我们不关注这些指标，恰恰相反，我们非常重视这些指标体系本身，尊重这些体系的完备性及其科学体系的支撑。

因为建筑技术科学的进步，专业咨询团队亦成长得足够强大，足以为建筑师提供满足各种指标定量要求的咨询服务。因此，我们在每一个以可持续设计为追求的项目中，均与咨询团队共同迎接设计的挑战，一起为了大家理想的可持续设计而努力。当然，如果单论达到国际或者国内各种绿色建筑标准体系认证，我们业界同行完成的实践中有不少均获得其最高级别的铂金、杰出、五星或者三星等认证，这些实践同样是我们可持续设计系列中的不可分割的重要组成部分。

3.2　可持续设计的三条路径

如果以这些指标体系为锚固点，其实现可持续设计存在三种路径，即：

路径一： 在满足这些指标体系的前提下，建筑师基于建筑学的整体关注，将气候、形式、功能、构造等各种设计策略与科学原理或者技术指标要求结合起来，找到更加体现设计创造力的对策。这条路径通向品质，解决的是表现"多寡"的问题。毋庸置疑，建筑师的创造力可以让达标的那些绿色建筑更适用、更经济、更美观，甚至更绿色。我们在很多达到绿色建筑国际水平的前沿高精尖的实验性示范建筑的设计实践中，均采用此路径。

路径二： 在无法满足这些指标体系的前提下，建筑师从更广博的可持续设计角度，从提升环境、社会和经济表现三个方面入手，例如低造价下的对策、公众参与、适应气候的传统策略的现代化改良等，创造性地进行可持续设计实践。无法满足指标体系的事例在建筑师的实践过程中并不鲜见，可能是经济、社会条件不允许，例如受制于造价、技术设备运维能力等。这条路径通向公平和特色，解决的是物质"不均"和文化"多样"的问题。物质的多寡，不是可持续设计的门槛，更不是可持续设计能否惠及的条件。文化的丰瘠，则是可持续设计中"社会"这一方面关注的重要内容，而文化多样性恰恰是中国的巨大优势。二者通盘考虑，才是建筑师和工程师的智慧体现，才是建筑师的社会担当，才能走出自己的可持续设计道路。

路径三： 寻找这些指标体系之外符合可持续设计原则的内容，或者与现有体系观点存在不同解读的一些内容。建筑师作为建筑的总设计师，有义务也有责任，通过理论研究，更通过实践作品，去阐述自己的观点，去引领体系的完善，而不是简单遵从已有指标体系做设计。这条路径通向未来，解决的是体系"求异"的问题。事物总是要不断发展，任何已经制定的指标体系，都会面临时间的考验，今天先进的东西，将来可能会落后。指标体系自身也需要创新性发展。作为可持续设计研究和实践的主力，建筑师对这种求异思维下的创新性发展需未雨绸缪，且任重道远。巴克敏斯特·富勒（Buckminster Fuller）曾经说过："通过与现存的东西斗争而改变它是不可能的。如果想要改变它，那就去创造一个新的模型，创造一个让已有模型淘汰的新的。（You never change things by fighting the existing reality. To change something, build a new model that makes the existing model obsolete.)"

2017年笔者参加在印度斋普尔举办的亚建协大会，同印度建筑师们交流，他们表达了一种态度，那就是他们不会参加发达国家制定的绿色建筑标准的评估认证，因为做不起也达不到。的确如此，当年获得"可持续建筑"类别亚建协金奖的项目是印度本土建筑师蒂姆波·米塔尔（Dimple Mittal）等完成的印度班加罗尔的作为建筑师住宅和办公两用的 Place MAYAPRAXIS，显然难以满足各种指标体系的要求。获得银奖的三个项目中只有中国的贵安"THE-Studio"是满足了英国 BREEAM 和中国绿建三星标准的建筑，另两个越南武重义事务所的竹构建筑绝无可能达到那些指标体系的要求。这些都是建筑师视角中，亚洲地区的优秀可持续设计范例，比起达到标准认证，更能让人们深刻理解可持续设计中建筑师创造力的价值。

3.3 适宜技术、物尽其用的实践诠释

"云在亭"位于北京林业大学校园内，是 2018 年"竹境·花园节"的主展亭，面积约 120m²。花园节的时候，朝向校门方向的最大的拱门如舞台的台口，而漂浮的亭子便成为各种活动的舞台，例如评审、开幕、闭幕、颁奖等。各个高校的作品星罗棋布，围绕在云在亭周围，均是临时搭建，赛后可以拆除，恢复原有的自然地貌。花园节结束后，云在亭将是林大师生、离退休老人和儿童们日常活动的场所，可游可观可憩可玩。该项目像很多第三世界建筑师的可持续设计作品，谈不上指标体系的认证，但得到国际同行的认可并获得"2019 World Architecture Festival/Winner in Engineering Prize""2019 World Architecture Festival/Shortlist in Landscape of the year"等奖项，恰恰诠释着笔者在前述第二、第三条路径的思考。

从场地环境分析，云在亭位于校园内小树林中，周围植被丰饶，乔灌草齐备，生机盎然。纪念石、休闲长椅环绕原有的螺旋形小广场，广场铺地强调设计

的图形感，与自然环境交接略显生硬，人工痕迹重，材料自身为不透水性材料。为了节约资源、保护环境，现状植被和休闲长椅原封未动，而已到使用寿命的地砖，被更换为可透水自然地面：首先全面恢复原有地面土壤表层的自然形态，然后在其上散铺一层小的砾石，既方便透水，又可以保证使用者的各种活动需要。新的地面与形态自然的亭子主体一起，改变了原有广场和自然环境的关系，交接不再生硬。竹构轻质体系的各项荷载均非常小，这使得地基最小化破坏地面环境成为可能。云在亭自身设计意图是路径上的漂浮式遮蔽节点，有遮风避雨的功能，翼然临于路上，下可穿越，不阻碍原有行人动线。无论是风、云，或者随风漂浮的纱的意向，在最初的设计阶段已经形成。毕竟是成熟校园环境的一角，周边建筑经年不变，现有场地路径清晰明确，来来往往的人流路径稳定，竹亭不过如熟悉路径上一抹新的云翳，日影流动，随之漂浮。场地南侧是清华东路，交通噪声大，因此整个南侧部分是落地的密实构筑物，相当于声障，这样亭下的人可安享舒缓的氛围。可穿越的构思确定了云在亭的两个主要开口，最大的开口朝向主校门方向，次大的开口对向学研楼。因植被完全保留，第三个低矮的开口跨过现有灌木丛，如灌木长进了竹亭，而尺度相仿的小儿们也可呼啸而过。为了突出纪念石，亭子西北角凹入一点。中央的支撑圆锥体将自然天光导入亭中，也确定了云在亭主体的高度，在结构上的作用是减小跨度，适当减低挑战"物尽其用"创新的难度。经过环境、功能深化，云在亭的自由形态控制要素一步步被确定了，包括边界范围、开口边界、密闭边界、主体高度、开口尺寸、三维形体的态势等。形态控制要素确定之后，开始形式创造，这始终是建筑学最根本的挑战之一。美或不美，仁者见仁，智者见智。基于共性化的美学原理和个性化的直觉感受的判断是客观存在的，如富勒所言："当我尝试解决一个问题的时候，我从来不会去考虑美，但是当我解决了这个问题，如果解决方案不美的话，我知道这个解决方案是错的。（When I am working on a problem，I never think about beauty but when I have finished，if the solution is not beautiful，I know it is wrong.）"有时结构即便复杂、合理，甚至很精巧，但也未必能建构一个美的实体。结构应该同形式恰当结合，共同呈现出一个美的实体，所以恰如其分的形式设计很重要。由于竹构建筑是建筑与结构一体的，形式设计尤为重要。

云在亭形式设计始终是建筑师的工作，采用的是完全逆向设计的思路，即所有的形式均是建筑师在各种限制条件下，在形体尺寸、结构形式以及构造节点等方面汲取结构工程师和工匠的经验，经过审慎的推敲，充分研究后，完成形式创造，并利用各种计算机软件进行数字化转译。形式创造的过程如下：首先，确定基本曲线的定位和形态，包括各个方向的开口以及顶部的圆洞，据此生成曲面屋顶和中心圆锥筒。然后，根据工匠经验估算的梁间距，从曲面生成提取所有曲梁，明确单层原竹构件的信息并在曲梁上方附加一层菱形竹板网格，将整个屋面结构连成一体。最后，是对 PMMA 有机玻璃板和竹板瓦的屋顶进行曲面定位。与当下日渐普及的计算机生成形式、定制构件并建构体系的做法不同，我们采用的是一种略显老派的做法，坚守建筑师形式创造力的主阵地。因为云在亭不是为研究展示计算机技术而存在的原型，而是实践可持续设计第二、三条路径的原型。

(1) 对于路径二的思考

来自恩斯特·弗里德里希·舒马赫 1973 年出版的《小的是美好的》这本书的启发。其对自然价值的定义，对于材料替代的关注和中间技术的关注，为那个时代兴起的替代材料和适宜技术研究奠定了哲学基础。简言之，采用先进技术改良原始技术，在较低造价前提下，提升原始技术，从而发现中间技术，并借助教育的力量，动员众多普通人参与。不论是佛陀经济学的概念，还是传统技术经先进技术提升改造为中间技术的思路，都是舒马赫在印度这样人口众多的发展中国家调研的基础上得出的。不独印度，人口众多，留存有很多传统手工艺的地方均非常适合，譬如中国。其最大的启示在于：技术不必求先进，文化务必求多样，需要创造性地发现适宜技术表现文化特色的设计对策。这使我们理解第三世界的可持续设计完全可以走出别于第一世界、第二世界道路之滥觞，也因此对第二条路径充满信心。

利用先进技术，提升竹构建筑建造传统手工艺技术，通过云在亭设计和建造一体的方式，完成一个将工程师科学计算、建筑师现场思考以及工匠的经验思考完美结合的原型实验。实验的过程是三者互为师徒，相互学习的过程，是一个共同研究竹材特性，找到适宜技术，建造出云在亭这样形式的竹构建筑的过程。传统手工艺在竹构建筑建造中大量存在，我们需要找到的是如何提升传统工艺的效率。计算机发挥了重要的作用，经过数学逻辑控制生成的曲面及关键单层原竹杆件结构曲线，可以更加符合结构受力和建造规律。在此基础上，建筑师与结构工程师及工匠们一起优化，形成数字化构件库，确定所有构件的长短、态势、空间位置等几何属性，并以 1：1 打出纸样放样，利用放样控制预制弯曲定型，在工厂内加工竹材构件，并完成编号，到现场进行装配建造。单层原竹杆件落地处，利用金属连接件与现浇混凝土条基础固定，不同方向的单层原竹杆件采取通用的传统竹构连接方式交接。传统原竹手工艺特征还体现在加工具有容错性的复合结构体系中，在现场对单层原竹杆件、菱形竹板、竹板瓦等进行灵活调整。

(2) 对于路径三的思考

来自对资源节约的思考。每一个指标评估体系都会强调节约资源，但是怎么节约呢？曾经出现的减少装饰性构件使用的指标，对于建筑师来说是很难领悟其真谛的，"何为装饰"本身在建筑师头脑中就是一场乱战，因为这是建筑学最本质的焦点之一，如此轻描淡写地定义建筑学焦点问题，会令建筑师陷入首鼠两端的困惑。

前溯 83 年，富勒于 1938 年又创造了一个词："Ephemeralization"，在这个词之前是 20 世纪 20 年代创造的"Dymaxion"。二者基本上阐述的是"通过较少的资源输入耗费，获得较大的资源产出"的概念，富勒的原话是："通过较少的投入，获得较大的产出，这样我们原来满足 40% 人类需求所耗费的资源，可能可以负担 100% 人类的需求。（By doing more with less, instead of being able to take care of only 40% of humanity we might be able to take care of 100% of humanity）。""Do more with less"是建筑师们耳熟能详的一系列通过"多"（more）和"少"（less）的关系简述建筑追求的箴言中的一条，不妨称之为："物尽其用"。这种哲学层面的思考，表面上没有一个定量化的指标，却为建筑师的创造指明了一种方向，深深影响了一批像诺曼·福斯特（Norman Foster）那样的大建筑师，思考通过设计，更合理地使用材料，发挥各种结构、设备系统的最大效率。因此不论是富勒的 Dymaxion 系列的汽车、住宅，还是后来的张力杆件穹隆（Geodesic Dome），都是通过小的原型探索一种新的范式。其实舒马赫的"小的是美好的"（small is beautiful），与富勒的"物尽其用"（do more with less）概念，都让人看到了"小"的原型的价值。这种发现一直激励着工作室：通过"小"的实践案例，关注于"物尽其用"的创新，进行各种原型探索，这些原型需要通过后期测试验证，不论成败，均为将来建筑学层面可持续设计新路径研究的基础。在这种意义上，云在亭是一种小的原型，在充分理解材料和可的能适宜技术的前提下，通过符合材料特点的集现代技术与传统工艺于一体的结构和建造体系，最大程度地发挥材料的特性，解决建筑学关注的环境、功能和形式等问题。

"物尽其用"的创新性，包括寻求最小耗费竹材的单层原竹结构形式的探索等。在安徽尚村竹篷乡堂实践中，领悟到三点：第一，要保持原竹优异的物理性能，必须要保持其完整性，而没有任何两根完整的原竹是完全相同的；第二，经过热弯等工艺加工后的原竹，由于自身材性特点，总会产生一些微小的变形。第三，不同于钢材、木材可以严格按照设计加工出极为精确的构件，原竹构件的安装需要考虑一种容错度高、精度低的安装方式。即，需要利用现代结构科学，借助建筑师的智慧寻找适合原竹的容错机制。当然，从可持续角度分析，这反而是竹材的一个优点：粗放的再加工过程导致的能量耗费和碳排放比起其他材料要少得多。

云在亭是一个竹构建筑的基于建筑学视角的可持续设计路径探索的小的原型，探索的是计算机技术提升传统手工艺的适宜技术复杂形体实现，以及基于容错机制的整体轻质复合结构体系的"物尽其用"的创新。作为原型，不论适宜技术体系，还是结构体系的探索，具备拓展到其他材料或规模更大的建筑上去的可能性。

3.4 持续多样的可持续探索

我们的建筑师和工程师以高度的社会担当与智慧体现，走出了符合自己的可持续道路，多样性的文化产生多角度纵深性的可持续设计研究与实践探索。在这里，我们将中国城市科学研究会绿建委绿色建筑理论与实践学组学者成员的部分研究成果进行汇总分享。

（1）被动式气候调节腔/层

根据围护结构可开启面积比、进出风口面积比、导风面方向角与空气流速之间的影响机理的研究表明，围护结构及其组件的开启与朝向等变量，会在一定的深度与高度范围内导致空气流速的波动。此外，太阳辐射对围护结构的影响体现在一定深度范围内的非稳态传热。这说明调控气候要素的过程与适度的空间紧密相关。因此，在室内外环境之间，根据外部气候条件及建筑功能需求设置具有一定深度及高度的腔/层调控空间显得尤为关键。腔/层的各种调控行为，可强化、削弱、拒绝或诱导建筑表皮内外的各种气候要素，如太阳辐射、自然风和天然光等，改善建筑物理环境并减少能耗。基于上述规律，提出交互式表皮设计的被动式气候调节腔/层关键技术。被动式气候调节腔/层是指在特定气候条件和建筑内部空间的环境性能需求下，利用围护结构在一定深度或高度内的材质、构件与空间组织设计，对建筑内外风、光、热等环境要素进行交互式调控的设计技术。影响环境物理性能的被动式气候调节腔/层因子包括 8 个变量，分别为窗墙面积比（WWR）、可开启面积比（HWR）、进出风口面积比（S）、导风面方向角（θ）、腔层竖向孔隙率（Φ）、腔层深度（D）、综合遮阳系数（S_w）和热质（Q）。这些变量的作用表现在对操作温度、相对湿度、空气流速、太阳辐射和室内照度五项建筑环境物理参数的影响。（张彤、吴浩然、邹立君，东南大学建筑学院）

（2）谦和建造——复杂地形下的在地设计

"谦和建造"是面对恒远的时空、丰富的自然与多样的地域心存敬意而至简的建筑观。在建筑实践中，"谦和建造"直接体现为复杂地形下的适宜性在地设计。在空间（布局及其使用）层面，结合地形复杂的山地环境，建筑水平向布局遵循环等高线的极坐标系统，更复杂的大型山地聚落甚至是多套极坐标系统的组合；建筑竖向布局则是在环境低影响前提下以化整为零、抓大放小的方式整合场地景观并顺应基地地形。在建造（材料及其建构）层面，结合基础设施相对薄弱，地域材料相对易于获得的山地环境，因地制宜、就地取材实现被动式节能、循环利用等。在场所（景观及其意义）层面，结合场地自身鲜活的山地环境，善于发现过去不同时期基地内自然与人类遗存的痕迹，当建筑得体地将其延续与展示时，建筑成为基地历史的一部分。郑州是中国地理之第二、第三板块的分界地，也是黄土高原和黄淮平原的分界处。郑州市希望在黄河边设计一座黄土博物馆，以展示黄土在亿万年间的自然演化过程，同时展示黄淮平原人民几千年来与特殊自然环境相处的生产和生活方式。我们针对当地一组旧窑洞进行了研究，在剖面上做出一个"三明治"结构，用两栋新建筑将旧窑洞"夹"在中间，靠近黄河的正面为覆土建筑，博物馆背侧则采用大跨度钢结构，新建筑与旧窑洞整合，共同组成了黄土博物馆。当年在黄土中挖成的旧窑洞既是展览的空间，其自身也成为展览的内容。设计摒弃了传统博物馆入口设置中轴对称之广场的套路，保留了入口前的小树林，观众穿过黄河边的小树林便自然进入到黄土博物馆。（李保峰，华中科技大学建筑与城市规划学院）

（3）绿色校园规划建设技术体系

借鉴 ISO 质量管理体系的建构思路，尝试从过程控制（梳理并明确绿色规划建设流程）、技术引导（理清各关键节点的技术控制原则与目标要求）、效能评估（对不同团队提交的实施方案进行目标和有效性的判读）三方面提出绿色校园规划建设的引导和要求。康复大学规划设计实践项目，尝试以"自然特色和人的需求"为原点，将绿色校园核心关切与规划设计基本逻辑相结合，重构绿色校园规划设计策略体系。主要亮点包括：①通过适应学科特色和未来校园对创新空间的要求，并为未来预留充分发展空间的空间格局，营造出最少空间浪费的校园，实现真实的"节地"目标；②通过融入自然生态环境，并依托海绵校园、景观一体化新能源利用等生态化与灾害韧性预防策略，进一步丰富"节水""节材"的内涵；③通过气候适应性设计和引入更多的自然采光、通风，为低碳校园目标的实现奠定牢固的物质空间基础，提升校园"节能"工作效益；④通过开放校园的营造、通用无障碍环境的建设，以及系统化健康普惠校园的塑造，在心理上，打造真正意义的人文校园，从而实现"环境友好"的绿色目标。（黄献明，清华大学建筑设计研究院有限公司）

（4）基于建筑本源的绿色建筑创作原型

基于建筑本源思想，创建以显性要素和隐性要素为基础的新的绿色建筑创新创作方法体系。①建筑本源思想：基于场地环境和建筑的原创性，以建筑空间和构件细节为节能原型实现绿色建筑创作，是一种低技术的绿色实践研究，在不考虑空调机电的前提下，低技术、低成本、易建造地实现建筑节能的建筑思想。研究体系将绿色建筑涉及的相关要素分为：绿色显性要素和绿色隐性要素。②绿色显性要素：定义节能存在可以被视觉感知的要素为绿色建筑的显性要素，如建筑造型、遮阳、通风、架空、大屋檐、立体绿化等。在设计中根据地域特色，采用显性要素的一个点或者几个点作为设计绿色建筑的形体或构件的原型要素，进而推导绿色建筑设计的全过程，其设计过程与节能效果由建筑师主导。③绿色隐性要素：定义无法被视觉感知、其节能存在只能通过参数表格被人感知的要素，也可称为指标要素，如保温系数、热阻、窗墙比、新风量、非传统水源利用率、可再生能源利用率等。（戎武杰，绿地集团；刘智伟，华东建筑设计研究院有限公司）

（5）湿热地区建筑气候适应性设计

基于绿色建筑逐步趋于性能化、精细化的发展方向，着眼绿色建筑需要达到的舒适与节能目标，深入推敲遵循气候适应性理念的被动式设计在绿色建筑设计过程中的应用模式，选择湿热气候作为典型地域背景，选取办公建筑作为实施对象，从城市、建筑和细部三个维度构建系统方案。如广东交通设计大厦绿色建筑设计全过程优化，采用气候适应性设计策略，从平面和立面两个维度实现整体建筑性能提升：①在平面维度上，针对原有方案的西北角办公室廊道、核心筒、东侧阳台、东南角办公空间布局进行风环境模拟，提出优化建议，显著改善建筑内部自然通风效果；②在立面维度上，通过光环境模拟，聚焦南向采光均好性与遮挡太阳热辐射最优解、南向遮阳采光效果与景观视线最优解两大问题，对南向幕墙的尺寸、形状、角度、间距和构造做法进行优化调整，得出平衡性最佳方案。（王静，华南理工大学建筑学院）

（6）传统建筑绿色设计技术量化萃取与改良

与我国绿色建筑地域性导控机制不完善、绿色技术同质化现象严重、绿色建筑地域特征显现度较低等问题形成鲜明对比的是，传统建筑蕴含的绿色技术不仅能彰显其地域特征，且具备高度的可识别性和气候适应性，但在所属地区绿色建筑实践中并未得到有效传承。本研究首先以传统建筑为样本，通过调研、测绘、实测和性能分析介入，结合所在地区气候、文化等地域性要素干预，对其应用的绿色设计技术进行定量拆解与提取，建立地域性绿色设计技术信息数据库；其次，对数据库中地域性设计技术进行性能化分析，建立与绿色建筑评价协同的关联机制，有选择地对数据库内容进行优化和改良，完成数据库优化；最后，介入AHP法，对数据库内容进行导控分区和层级分配设置，通过问卷设计和专家打分，确定各分区、层级和端量的权重值，完成所属地区绿色建筑地域性导控体系搭建，实现传统建筑绿色设计技术在所属地区地域性营建上的传承应用，指导绿色建筑地域属性的研究与创作。（丁建华、席天宇，东北大学建筑学院）

（7）轨道交通综合体井式空间被动式设计策略

轨道交通快速发展的同时，轨道交通及上盖综合体建筑的能耗与舒适度问题开始凸显。而建筑的环境品质和节能效果取决于规划设计阶段，建立设计目标、挖掘作用机理是找寻解决途径的核心。"井式空间"的形态在交通类建筑中非常常见，是传递人、物质与能量的载体，它介于建筑外部环境与建筑室内环境之间，是外部环境和室内环境的联系体，能够利用天然能源（如风能、太阳能、雨水）和自然环境，具有调节室内微气候环境的功能，以及提高室内环境品质的被动式调节作用的潜力。本研究选取位于北京的5个典型轨道交通综合体建筑，5个站点包含了北京的6条主干地铁线路：1号、2号、4号、10号、13号、14号地铁。调研对象均为城市轨道交通的枢纽，测试时间选择北京地区夏季最高气温时段以及冬季最低气温时段，目的在于检测最不利气候条件下，井式空间在城市轨道交通综合体中物理环境的性能表现特征。调研发现，井式空间中存在大量的舒适度低、使用者满意度低的现状问题。基于此，本研究提出以井式空间为媒介的城市轨道交通综合体整合设计的思路，形成以高性能、低能耗为目标导向的井式空间在城市轨道交通综合体中被动式设计方法。高性能表现在舒适度和人体健康两个方面，分别关注室内的热环境、光环境以及空气品质、使用者感受。低能耗是利用井式空间的功能和形态优势，在建筑中起到如被动式降温、新风补给、自然光、风能的利用等方面的节能效果。本研究提出整合设计的思路，包含两个方面：其一是整合原有相对独立的设计分工，在轨道交通综合体设计的流程中，综合考虑建筑单体和地下站房、站厅空间的组织关系。其二是整合空间和系统，以高性能、低能耗为目标导向，优化复合空间的综合性能。基于此，本研究提出了三种复合空间的设计构想：① 地道风—太阳能烟囱（建筑中庭）—空气过滤的井式复合空间系统。竖向通高的中庭空间也可以看作是一个拔风的太阳能烟囱，与横向的地道风井结合设计，有利于提高室内空间的热环境品质，并降低建筑能耗。② 采光—热压通风拔风井式复合空间系统。此复合空间系统还可以与地道风—太阳能烟囱（建筑中庭）—空气过滤的井式复合空间系统整合，将自然光、空气过滤系统、通风降温等功能整合为一个复合作用的空间，使空间的被动式调节效果进一步提高。③ 活塞风发电—辅助照明系统。在地铁站台层少量布置微型风力发电机，产生的可再生能源用于站台层、站厅层或轨道交通与城市综合体的接驳空间人工照明，是地铁隧道风能利用的一个方式。（李珺杰，北京交通大学建筑与艺术学院）

(8) 微气候层峡

已展开的城市形态，特别是街道尺度的关键几何特征与室外热舒适、城市能耗之间关联的研究表明，通过街道界面属性和街区自然基质覆盖程度的改善，能够明显降低城市下垫面的表面温度，降低室外空气温度，从而提升城市近地面热舒适性和减少城市能源消耗；通过街廓街巷空间结构、建筑组群布局以及街区层峡几何特征等空间形态和建筑形态的优化，可以形成良好的街区室外风、日射环境，从而避免空气污染和热滞留。这说明城市微气候与城市形态存在紧密的相关性，通过城市形态调整，无论对于旧城既有街区或者待建城区的形态调整，能够大大改善和优化城市微气候。因此，在城市街区尺度，根据外部气候条件及室外热舒适与城市节能需求，设置具有关键几何特征的微气候层峡显得尤为关键。微气候层峡是指，在特定气候条件和城市室外热舒适以及城市整体节能需求下，利用城市街道三维空间及其空间界面的位置、量级、布局及使用等，对太阳辐射、风、自然光、降雨等城市微气候要素进行城市街区空间形态完善和优化的设计技术。与城市室外热舒适、城市能耗相关的街区尺度的微气候层峡形态指标包括三个层级、四个基本指标及其多个衍生指标。三个层级是指城市室外环境的安全、健康与舒适、高效使用；四个基本指标是指空间位置、空间量级、空间布局、空间使用；衍生指标包括街廓朝向、街巷走向、土地开发强度、自然基质覆盖率、开敞空间围合度、天空可视率、空间聚类密度等。这些指标作为变量对太阳辐射强度、空气温度、空气流速、空气湿度和自然光照度等室外物理环境产生影响。（王振，华中科技大学建筑与城市规划学院）

3.5　后　　记

建筑师有匠人的一面，而匠人必须熟悉材料、熟悉工法，要做到熟悉，就需多接触、多累积。可持续理念认同的材料体系中，如竹、木、砖等蕴能量小的材料，如有幸经过多次研究与实践，而且聚焦在可持续设计的方向上，是难得的幸事。虽然设计逻辑一致，只是每增加一座，仍要设法面对具体的不同，做出应答，通过实践探究不同维度和内容的问题解决。古语云：一鼓作气，再而衰，三而竭。实际上，对于建筑师而言，是要有再而不衰、三而不竭、生生不息的韧劲的。

注：本文引言、第3.1～3.3节及第3.5节后记部分为基于宋晔皓等发表于2020年5月的《时代建筑》所刊"体现可持续设计适宜技术及物尽其用思考的云在亭设计"一文的整理提炼，第3.4节内容为中国绿建委绿色建筑理论与实践学组部分学者根据已有相关研究成果总结提供。

作者：宋晔皓（清华大学）（绿色建筑理论与实践组）

4 基于 DeST3.0 为内核的建筑
节能软件开发与应用

4 Development and application of building energy efficiency software based on DeST3.0

4.1 引　　言

随着建筑节能的发展，我国的建筑节能标准已迈向"第五步节能"，2020年，北京市颁布了节能率达到80%以上的节能设计标准[11]，于2021年1月1日实施。标准中节能累计耗热量指标的计算方法也由之前的稳态计算方法，调整为采用 DeST3.0 内核的动态模拟计算方法。动态模拟计算充分解决之前由于简化计算未考虑外窗受室外环境变化引起的太阳辐射得热计算误差大等问题，而且采用计算机逐时动态模拟建筑能耗更具有科学性和合理性[12]。

我国绿色建筑系列软件已经成为贯彻执行绿色建筑标准、节能建筑标准的基础。尤其是建筑节能设计软件，已成为建筑节能设计、技术研究的重要手段和有力工具，以及建筑信息模型（BIM）系统的重要组成部分。

采用计算机软件模拟进行节能设计时，由于节能软件模型平台及内核引擎的差异性，人员操作产生的误差，即使同一个建筑单体项目，计算后得出的建筑设计方案及建筑的节能量也会大不相同，设计师很难判断计算的准确性和合理性。因此，在已有的 PKPM 绿色建筑系列软件相关技术及软件的基础上，分析基于 BIM 架构的数据转换技术，研究 DeST3.0 内核接口，开发支持我国建筑节能设计标准的建筑节能软件。PKPM 绿色建筑系列软件是 PKPM 从 2003 年开展的节能、绿色建筑性能化模拟软件。为了提高建筑节能设计的工作效率和节能计算的准确性，PKPM 以我国完全自主知识产权的权威内核 DeST3.0 为计算引擎，进行建筑节能计算。

软件构建了基于 XDB 等不同模型的通用平台接口，实现本建筑性能仿真平台对 BIM 平台的协同调用。主要研究 BIM 架构下模型数据转换关键技术及数据转换的实现。将不同来源及结构类型的差异化数据转换为 XDB 等标准数据格式，通过制定通用接口，实现 BIM 数据交换和多平台系统应用集合。

4.2　软件的模型架构

软件是基于 PKPM 绿色建筑软件三层模型架构，通过 DeST3.0 内核的接口开发，构建基于 BIM 平台等多平台的节能设计软件，主要包括：图形平台、数据平台、应用平台等。基于 BIM 数据架构的不同模型的统一接口构件模式如图 1 所示，建筑节能计算软件的工作流程如图 2 所示。

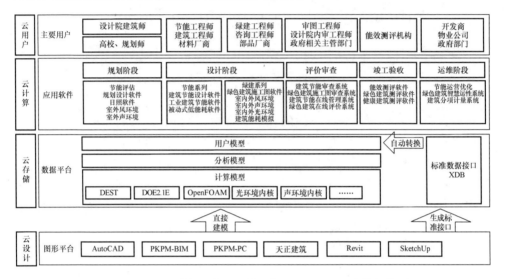

图 1　基于绿色建筑软件三层模型架构应用 DeST 内核架构图

4.2.1　建筑图形平台接口

建筑图形平台可以通过两种方式将建筑模型信息导入数据平台。一种方式是直接在不同的平台上建立建筑模型，如 PKPM 绿色建筑软件可以支持 Auto-CAD、PKPM-BIM、PKPM-PC、Revit 等不同平台建立的建筑模型。另一种方式是以 XDB 为中间文件载体，将不同图形平台的大量建筑信息转换成 XDB 格式（XDB 是雄安新区规划建设 BIM 管理平台数字化交付标准的公开格式的数据库，已被应用在 BIM 报审系统与管理平台，成为其数据转换标准）。

4.2.2　专业软件接口

专业应用软件通过数据平台的三层模型结构，搭建软件与图形平台之间的扩展数据交换框架，解析 XDB 扩展数据信息，创建应用软件的数据字典，开发调用内核的输入/输出接口模块，调用内核引擎进行计算，并生成报告书。

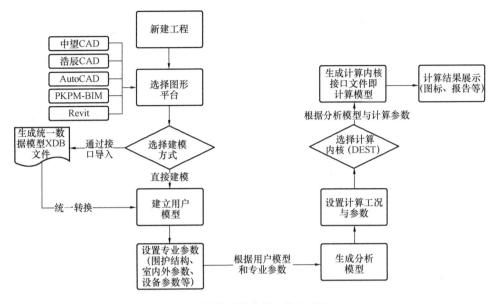

图 2 节能计算软件工作流程图

4.3 BIM 模型的公开标准格式 XDB

BIM 即建筑信息模型,是以三维数据技术为基础,集成建筑工程项目各种相关信息的工程数据模型,是对工程项目相关信息的数字化表达。它是建筑全生命周期中各类数据的记录载体,可实现数据共享及各专业协同合作。用公开标准的数据库格式记录各行业交付的 BIM 数据,以保证后续应用中对 BIM 数据的无损读取,这种数据库文件称之为"XDB 数据库文件"。XDB 数据库中的指标数据作为目标驱动定义出的 BIM 数据,可采用通用的数据库格式文件,如 Sqlite、Mysql 等。

XDB 数据库结构由基本数据与扩展数据组成,基本数据包含 BIM 平台导入的单体模型数据。单体数据库信息包含项目信息、建筑单体信息、单体楼层信息、建筑构件信息、空间区域信息、建筑关联关系等。下面以建筑单体信息的数据信息(表 1)、建筑构件里的墙体信息(表 2)、建筑关联关系(表 3)进行说明,其他数据库组成部分参见相关文献[13]。

建筑单体信息　　　　　　　　　　　　　　　　表 1

字段名称	字段描述	数据类型	是否为空	是否需要进入数据库
buildingNo	建筑编号	字符串	否	是

续表

字段名称	字段描述	数据类型	是否为空	是否需要进入数据库
buildingName	建筑名称	字符串	否	是
basePointX	基点坐标	小数	否	是
basePointY	基点坐标	小数	否	是
basePointZ	基点高程	小数	否	是
rotationAngle	旋转角度	小数	否	是
xdbPath	单体 XDB 路径	字符串	否	是
constructionState	建筑状态	枚举	否	是
constructionStage	建筑阶段	字符串	否	是
isLandMarks	是否为标志性建筑	布尔	否	是

建筑构件信息数据库包括：墙体信息、梁信息、楼板信息、柱信息、栏杆/栏板信息、阳台信息、门信息、洞口信息、窗信息、坡屋顶信息和其他信息。

墙构件信息 表 2

字段名称	字段描述	数据类型	是否为空	是否需要进入数据库
height	高度	小数	是	是
thickness	厚度	小数	是	是
startPointX	起点坐标 X	小数	是	是
startPointY	起点坐标 Y	小数	是	是
startPointZ	起点坐标 Z	小数	是	是
endPointX	终点坐标 X	小数	是	是
endPointY	起点坐标 Y	小数	是	是
endPointZ	起点坐标 Z	小数	是	是
isOutsideComponent	是否为外部构件	布尔	否	是

建筑关联关系数据包括：区域组合关系、分摊关系、区域分摊关系和包含关系。

包含关系信息 表 3

字段名称	字段描述	数据类型	是否为空	是否需要进入数据库
id	项目中 ID	小数	是	是
guid	对象唯一 ID	小数	是	是
userlable	备注	小数	是	是

156

续表

字段名称	字段描述	数据类型	是否为空	是否需要进入数据库
containerType	包含者类型	枚举	否	是
containerId	包含者 ID	整数	否	是
containedType	被包含者类型	枚举	否	是
containedId	被包含者 ID	整数	否	是

4.4　基于 BIM 平台以 DeST3.0 为内核的节能软件

软件支持北京市居住建筑节能设计标准 80％节能率的节能设计与计算分析，如图 3 所示。采用的计算机语言为 C++，基于原有 PKPM 绿色建筑系列软件中的建筑节能分析 PBECA 进行二次开发，调用以清华大学为主要研发单位研发的 DeST3.0 内核[14~16]，进行建筑的负荷计算。通过对北京市新的《居住建筑节能设计标准》的研究，考虑建筑节能技术的主要影响因素的计算与判定，如采用新的外表系数 F 作为标准强制性条文判定的条件、建筑活动遮阳效果的计算，考虑热桥的外围护结构传热系数计算和根据外表系数进行耗热量限值判定等内容。

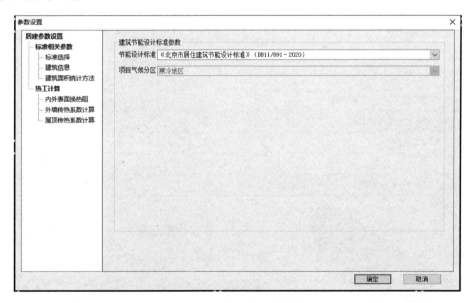

图 3　支持北京居住建筑 80％节能标准的软件界面

对于软件模型平台，可直接读取多种三维外部模型，如天正、PKPM-BIM、Revit 等格式，或统一采用 XDB 数据库，极大地简化设计师建模工作量。软件选择最新的北京市《居住建筑节能设计标准》，通过建筑模型、设置建筑材料和房间参数，然后点击"规定性指标"可以进行强条判定，强条通过后，进行"动态计算"，则软件将调用DeST3.0内核程序，生成建筑节能的规定性指标报告书及累计耗热量计算书，用于对北京市居住建筑节能设计标准中的围护结构热工性能对比标准进行分析判断，且判断建筑累计耗热量是否满足标准要求。

4.5 典型住宅建筑计算

4.5.1 建筑模型描述

模拟地点为北京市，建筑面积3918.22m²，外表系数为1.02，为5层有凸窗的常规住宅建筑，建筑热工性能全部满足北京市《居住建筑节能设计标准》DB11/891-2020的要求（表4），采用PKPM的建筑节能分析软件建模如图4所示。

建筑主要围护构造热工性能参数　　　　　　　　　　表4

围护结构部位	传热系数 K [W/(m²·K)]	传热系数 K [W/(m²·K)]	保温材料及厚度
屋面	0.16（平均值）	0.15（主断面）	主断面：210mm挤塑板
外墙	0.30（平均值）	0.23（主断面）	主断面：190mm挤塑板
外窗	1.10	1.10	5双银Low-E+12(16)Ar+5+ 12(16)Ar+5双银Low-E
与供暖层相邻的非供暖空间楼板	0.41	0.45	30mm挤塑板，50mm超细无机纤维
供暖与非供暖空间隔墙	1.46	1.50	35.0mm玻化微珠保温浆料
户门	1.46	1.50	—
单元外门	2.00	2.00	—
变形缝墙（两侧墙内保温）	0.41	0.60	100mm岩棉板

图4　软件建模

4.5.2 节能计算结果

根据模型中按户设置的不同方法，模拟了2种计算工况。一种是通过设置分户墙的方式，以户为单位进行计算，标准层如图5所示；另一种是将每户内的内墙全部删除，标准层如图6所示。围护结构热工、房间内部得热都一致，只考虑户型内围护结构的影响。

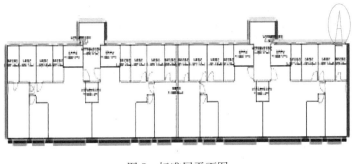

图 5 标准层平面图

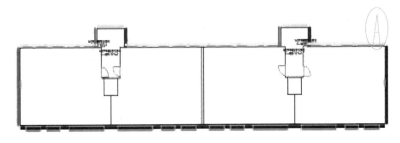

图 6 标准层简化后的模型

从图 7 可以看出，本项目的两种户型建模方式均可达到北京市《居住建筑节能设计标准》DB11/891-2020 中累计耗热量指标为 $28.6kWh/m^2$ 的要求，但是各个房间的内隔墙对负荷计算有一定的影响，相差为 $1.97kWh/m^2$。所以在建模时，可以通过分户墙的设置，完成每户为单位的分隔，而不必将建筑内的各个内部构件全部删除。

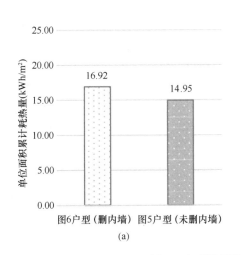

(a)

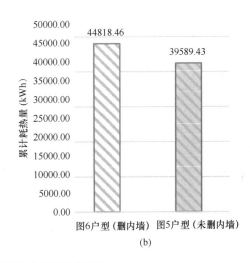

(b)

图 7 户型设置的 2 种方式节能计算对比

4.6 结　语

软件采用通用标准格式调用接口，将零散的计算机软件串联成一条完整的计算机软件生产线，将建筑的信息整合在一起，形成一个整体。研究成果和研发的软件工具，不仅解决建筑设计和建筑节能设计脱节的问题，整个流程可以实现协同工作。在软件工具方面，通过接口调用 DeST3.0 软件进行建筑节能设计的能耗部分计算，支持了建筑节能设计与 BIM 应用软件的结合，实现了建筑设计模型与性能分析内核的数据流通。

作者：厉盼盼　张永炜　朱峰磊　林林　王梦林（北京构力科技有限公司）（绿色建筑软件和应用组）

5 基于 DfMA 方法的模块化智慧负压方舱医院的探索

5 Exploration of modular intelligent negative pressure mobile cabin hospital based on DfMA method

5.1 引　言

DfMA（Design for Manufacture and Assembly）即面向制造和装配的设计，在汽车、飞机、计算机等领域均有成熟应用，是建筑领域产品开发的新方法。DfMA在设计时考虑建筑功能、现场限制、成本等因素，将建筑分解为不同组件或模块，在工厂预先制作，再运送到工地进行装嵌。DfMA 的应用除可表现为建筑整体单元件等方式外，也可应用于机电、装饰等系统，将大量构配件的生产施工变为少数模块的制造组装，提高专业化水平和产品质量。

模块化智慧负压方舱医院很好地将模数化建造方法与应急医疗功能需求结合起来，能够在快速、充分收治新冠肺炎患者的同时，做到对不同类型患者分区管理、分级救治，并运用整合式技术措施保证医疗工作的安全性和高效率。

面对急速发展的新冠肺炎疫情，应我国香港特区政府请求，中央决定实施援港三大抗疫项目。香港社区治疗设施项目是内地及香港第一所高标准智慧负压方舱医院，也是世界规模最大的室内负压隔离方舱，项目严格按照世界卫生组织的标准，符合香港医护人员的使用习惯并根据场地特点进行设计，采用模块化设计理念及 DfMA 方法，引入大量智慧化元素。项目在极短时间内完成交付，为香港抗击新冠肺炎疫情做出了重大贡献。

5.2 项　目　概　况

香港社区治疗设施（以下简称"港版方舱医院"）位于香港亚洲国际博览馆（以下简称"亚博馆"）8~11 号展馆，总建筑面积约为 30000m²，用于收治无症状感染者、轻症确诊者及症状稍严重的确诊病患，共计 952 张床位，其中负压隔离病床 160 张，普通隔离病床 792 张，提供护士站、中央指挥室、X 光室等公共设施共 32 个，并新增冷气设备 1600 吨及大量信息化控制系统。

项目基于 DfMA 方法的模块化设计，短时间内高效率、高标准地完成设计及建造，于开工后 87 小时完成 40 间负压隔离病房及 792 间普通隔离病房搭建，472 小时完成全部建筑、机电系统、家具安装及测试验收，比合约工期提前 200 小时交付。项目实拍图见图 1。

图 1　实拍图

5.3　项目策划及建筑规划设计

在策划方面，项目基于"医护工作效率最大化，交叉感染风险最小化"的原则，从香港医护人员的使用习惯出发，充分考虑病患需求，明确洁污分区、人物分流，并根据病患严重程度进行分级处理，创新性地引入了"双重负压"设计。项目坚持以人为本的理念，充分考虑医院各功能模块的合理组合与配置，增加病患、医护、医院管理人员等使用者的便利程度，为高质量的医疗卫生服务奠定良好基础。

5.3.1　模块化设计

项目采用模块化设计理念，统筹规划，以功能分区和医疗流程为基础，将医院分解为几个基本功能模块，通过集中资源精细打磨基本模块提高整体设计品质，通过不同模块间的灵活组合实现空间和形态的多样化提升设计速度。

项目建设场地为亚博馆现有的 8 号、9 号、10 号、11 号四个展馆，其中北侧的 9 号馆及 11 号馆，南侧的 8 号馆及 10 号馆可分别连通，形成两个独立场馆。平面图及模块化设计见图 2 和图 3。

在进行建筑规划时，项目沿用四个展馆呈轴对称分布这一特点进行了模块化

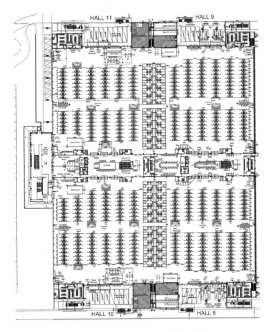

图 2 港版方舱医院平面图

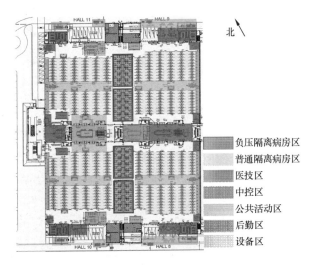

负压隔离病房区
普通隔离病房区
医技区
中控区
公共活动区
后勤区
设备区

图 3 港版方舱医院模块化设计

设计，将港版方舱医院内部划分为 7 个主要模块：负压隔离病房区、普通隔离病房区、医技区、中控区、公共活动区、后勤区及设备区。

负压隔离病房区：集中分布在 8 号和 10 号展馆、9 号和 11 号展馆之间的轴线位置；

普通隔离病房区：在各展馆内均平行布置 6 排；

医技区：登记处、护士站、采血点、药房、X 光室、视像就诊室等（图 4）；

中控区：中央指挥室、医护人员办公的行政用房等；

公共活动区：沙发、电视机、洗手装置等设施（图 5）；

图 4　X 光室　　　　　　　　　　　图 5　公共活动区

后勤区：医护休息室、衣物清洗室、储物室、卫生间、更衣室、淋浴房、取餐点、医疗废物回收点等；

设备区：分布有移动式高效过滤装置、自助维生指数量度设施、制冷机组等。

5.3.2　人员动线设计

人员动线设计属于医疗策划中的重要环节，对应于医疗工艺流程的第三级流程，是指患者和医护人员在房间或特定区域内的行为，以及实现这些行为的功能设计。这些细节直接影响患者及医护人员的体验感。

项目在前期策划及方案设计过程中充分考虑了人员动线设计，并细分为病患入院及出院路线、医护工作路线、人员逃生路线等。

（1）病患入院及出院路线

病患的动线设计主要基于如下几点原则：

1）缩短病人入住方舱医院的路线，尽量减少病患在非隔离区的逗留时间，以降低病毒的传播风险和途径；

2）结合并充分利用展馆原有的建筑平面设计，规划病患入住期间的动线设计；

3）依照病患健康情况区分入住场所，提高病患的收治效率。

病患入院路线如图 6 所示，具体为：

1）于 10 号馆北侧入院门口位置下车（序号 1）；

2）步行至 10 号馆护士站处进行入院治疗信息登记和身体检查（序号 2）；

3）待登记及检查手续完毕后，医生根据患者病情严重程度进行分流，安排患者入住普通隔离病房或负压隔离病房进行后期观察和治疗（序号 3）；

4）病患分流完成后，医生结合其身体状况，于序号 4 处安排进行 X 光检测，检查其肺部感染情况。

患者入住期间，可在场馆中部的"维生指数量度"区自助测量体温、血压、

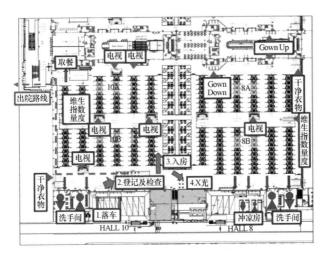

图 6 出入院图（以展馆 8 号、10 号为例）

脉搏及血含氧量等基本指数。在每个病区内均配备了大量的卫生间、洗手装置，设备区配有足量的刷牙处及带空调的淋浴房等生活设施（表 1，图 7），以供病患使用，充分体现了"以人为本"的设计初衷。

病房区生活实施配置   表 1

名称	卫生间	洗手装置	刷牙处	带空调的淋浴房
数量	女 56 间，男 32 间	224 个	40 个	女 24 间，男 24 间

图 7 刷牙处及带空调的淋浴房

病患康复后，其出院路线如下：

1）于 10 号馆护士站进行出院登记及检查；

2）沿虚线箭头方向自 10 号馆西侧门离开医院。

（2）医护工作路线

医护人员的主要活动区域在相对清洁区，如需进入病患区，首先应在个人防护设备穿戴室做好充分的个人防护工作，完成相关工作后必须经过个人防护设备卸除室卸除个人防护设备并做好必要的清洁，方能回到相对清洁区（图8）。

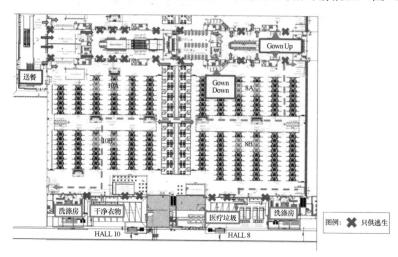

图8　工作人员路线图（以展馆8号、10号为例）

（3）逃生路线

依据就近逃生的路线原则，当出现火警等意外情况需要进行馆内人员疏散时，以场馆中心点作为逃生区域划分的参考中心点，将场馆内人员平均划分为四个部分。同时，开启场馆西侧作为出院通道的大门以及南北两侧的紧急通道作为逃生通道，各区的病患及工作人员分别依图9所示箭头所指方向进行有序疏散。

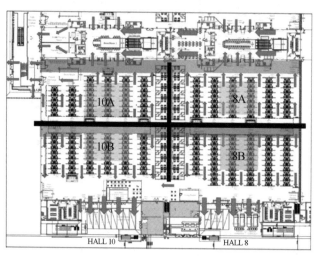

图9　逃生路线图（以展馆8号、10号为例）

5.3.3　人性化的智慧医院设计

按照智慧医院的设计原则，积极采用全面监控系统、负压报警系统、消防自动报警系统、病人呼叫系统、E-Health 自助检测系统及视像诊治系统(图10)，大大提升了医护人员的工作效率，降低了感染风险。

图 10　中央指挥室

5.4　高标准的双重负压设计

项目通过精心设计、计算及计算机模拟，改造亚博馆现有冷气通风系统及新增设施设备，给 8～11 号馆提供冷气供应，并形成整体空间"大负压"及负压方舱"小负压"的双重"负压"设计，有效降低感染风险。

5.4.1　病房区整体空间"大负压"设计

根据室内压力的不同，港版方舱医院在整体空间规划上可划分为 3 个区间(图11)，其中 A、C 区间为低压区间(病患区)，B 区间为高压区间(医护及辅

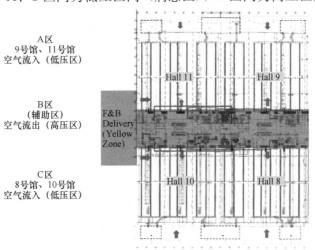

图 11　"大负压"设计下的整体空气流向

助区)。通过采用通风系统,确保 B 区间的气压始终高于 A、C 区间,气流始终由相对清洁的医护区流向存在污染风险的病患区,此为"大负压"设计。

为实现这一效果,需要对亚博馆内原有的 24 台风柜机组及通风设施进行改造。同时,亚博馆 1~7 号馆已经满负荷运行,无法提供冷气给 8~11 号馆。项目经过精细计算,在满负荷使用基础上考虑10%的裕量后,设计增设了8台水冷制冷机组(图12),共提供 1600 吨冷气供应,解决了冷气供应、气体的流向控制等问题。

图 12　新增制冷机组之一

为检验通风系统设计方案的可行性,项目采用 CFD 三维模型进行了室内空气动力学仿真分析(图 13)。

此外,在公共空间项目设置近百部 H14 级移动式高效过滤装置,净化场馆内部空气,可以过滤 99.995%的直径不小于 0.3μm 的空气中的颗粒,清除大部分细菌和部分病毒。在洗手间也布置了医用实验室级别的空气净化设备。

5.4.2　特殊区域"小负压"设计

为最大限度地控制传染,针对病情较重患者,所入住的区域采用自主研发及设计的"Venus"室内负压隔离方舱(图 14),在此独立负压隔离环境可进行雾化、气管插/拔管等高危治疗,有效地防止病菌扩散。相对病房区负压大环境,称之为"小负压"设计。这样可令病患分级分流,医护人员治疗手段更加灵活,大大降低了交叉感染的风险。这是目前世界上最大规模的室内负压隔离方舱的应用,有效地提升了应对疫情的能力。

"Venus"室内负压隔离方舱产品现已申请专利,主要具有如下特点:

(1) 标准模块、快速组装;

(2) 采用抗污易清洁材料;

(3) 兼顾了病人隐私和医护使用;

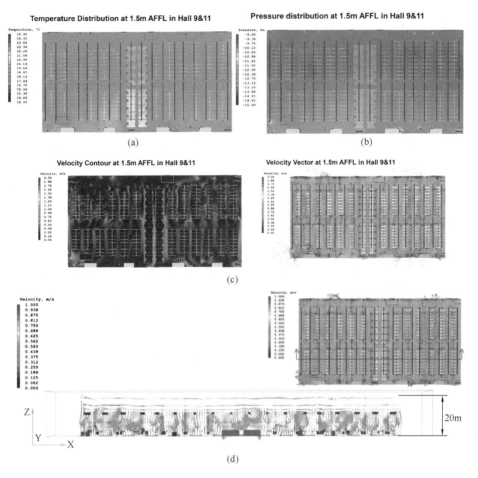

图 13　CFD 模拟分析结果示例

（a）温度分布云图；（b）气压分布图；（c）速度云图；（d）速度矢量图

图 14　"Venus" 负压隔离方舱

（4）负压设计满足世界卫生组织及美日等国要求；

（5）每小时新风换气量超过 12 次；

（6）空气经过 H14 级别流动高效空气过滤器排出，可消灭 99.97％的病菌；

（7）房间气密性测试达到美国 ASTM EM779 要求；

（8）病房的照度和噪声水平符合香港医院的使用要求；

（9）可进行气管插/拔管、雾化等高危治疗工作。

5.5 结 语

项目将先进制造业 DfMA 方法引入工程建造，在结构、机电、装饰各专业充分考虑可制造性和可装配性，达到最佳工厂预制及现场组装效率。通过采用 DfMA 方法，负压方舱病房及普通隔离病房的围护结构组装模块实现了标准化，大大缩短了生产周期，且充分考虑了人体工学，每个组装模块重不超过 80kg，不到 3 小时即可完成 1 间负压方舱安装，不到半小时即可完成 1 间普通隔离病房安装，为项目的顺利完工提供了有力保障。

项目从用户需求出发，以人为本，严格按照世界卫生组织的标准进行医疗策划及设计，同时大胆采用新理念、新方法、新技术，在极短时间内设计及建造出我国第一所高标准模块化智慧负压方舱医院，为世界范围内快速建造高标准负压方舱医院提供了良好的示范。

作者：张毅[1]　王欣[2]（1. 中建国际医疗产业发展有限公司；2. 中国建筑国际集团有限公司）（绿色医院建筑学组）

6 "钢结构超低能耗建筑十"关键技术研究与应用——雄安城乡管理服务中心设计研究

6 Research and application of key technologies for ultra-low energy building of steel structure

6.1 引　　言

随着京津冀一体化的不断发展，未来京津冀区域将呈现以首都为核心的世界级城市群。雄安城乡管理服务中心项目（以下简称"本项目"）是北京住总集团有限责任公司（以下简称"北京住总集团"）积极贯彻落实北京市支援雄安新区建设、超前采用超低能耗钢结构＋智慧生活场景的示范项目，也是由北京住总集团完全自主开发、设计、施工全产业链技术集成建设及至运营管理的工程项目。

6.2 工 程 项 目 概 况

本项目承担着雄安新区城乡管理的政务服务、展示交流、企业办公、会议培训等多项功能，其中主要功能由展览展示、城乡管理综合大厅和综合办公三大部分组成。本项目位于雄安新区内容城县城东南奥威路北侧，紧邻荣乌高速出口，位置明显。地块分为南、北区两个部分，南区为旧厂房改造区，北区为新建区。本项目位于北区，总用地面积 13000m²，建筑面积 5113m²（图1～图3）。

图1　城乡管理服务中心效果图

图2 展厅内部效果图　　　　　　图3 屋顶花园绿化

6.3 关键技术应用

本项目对装配式钢结构＋超低能耗建筑、装配式内装＋智能家居、BIM＋能源管理平台集成技术进行探索和实践，整合技术资源，总结可复制的建造经验。

本项目在能耗及舒适度方面同时满足住房和城乡建设部及德国能源署针对超低能耗的要求，具体如下：

(1) 住建部对超低能耗绿色建筑的要求：

公共建筑供暖、空调和照明能耗（计入可再生能源贡献）在《公共建筑节能设计标准》GB 50189-2015 基础上降低 60％ 以上。气密性指标应符合换气次数 $N_{50} \leqslant 0.6$ 次/h。室内环境标准达到《民用建筑供暖通风与空气调节设计规范》GB 50736-2012 中的Ⅰ级热舒适度。

(2) 德国能源署要求（北京地区标准）：

年供暖需求 $\leqslant 15 \mathrm{kWh/(m^2 \cdot a)}$；年供冷需求 $\leqslant 18 \mathrm{kWh/(m^2 \cdot a)}$；一次能源年消耗量 $\leqslant 120 \mathrm{kWh/(m^2 \cdot a)}$；气密性测试指标应符合 $N_{50} \leqslant 0.6$ 次/h。

6.3.1 超低能耗＋钢结构技术体系

本项目主要采用如下技术体系：

(1) 外墙保温及外门窗

本项目外墙保温采用 300mm 厚岩棉带，基础、地面采用 200mm 厚挤塑聚苯板，屋面保温采用 400mm 厚高强度挤塑聚苯板，综合传热系数 $K \leqslant 0.15 \mathrm{W/(m^2 \cdot K)}$；外窗和外门采用三玻高效节能铝包木木索体系门窗，传热系数 $K \leqslant 0.8 \sim 1.0 \mathrm{W/(m^2 \cdot K)}$。

(2) 外遮阳

南立面采用机翼遮阳板，可根据太阳高度角的变化自动调节进入室内的阳光，确保夏季室内凉爽舒适，降低空调能耗。东、西、南三向外窗增加可遥控的铝合金百叶活动外遮阳。冬季遮阳百叶打开,增加太阳得热;夏季遮阳百叶关闭,减少室内太阳辐射热。降低建筑能耗的同时,丰富建筑立面(图4)。

图4 南立面采用机翼遮阳板

(3)断热桥措施

本项目外墙幕墙结构中钢龙骨与主体连接部位,采取了特殊的断桥措施;钢结构钢柱出屋面保温也采取断桥技术节点;阳光棚外遮阳钢支撑的结构体系采取浮搁配重式断桥措施,减少热桥损失外遮阳固定件的结构处理。

(4)气密性处理

不同于常规超低能耗建筑气密性处理,由于本项目钢结构加外挂条板的复杂性,所以独创性地将气密性层放在填充墙外侧与外保温之间,既保证气密性,又便于施工,灵活运用了超低能耗建筑技术。

(5)热回收新风系统

本项目采用板翅式全热交换系统,全热交换效率76%,通过回收利用排风中的能量降低供暖制冷需求,实现超低能耗目标;本项目新风系统可根据室内情况自动调节适宜的温湿度,同时有效控制二氧化碳浓度,无须再设置传统的采暖、制冷、除霾设备。

(6)光伏和地源热泵

本项目采用可再生能源发电与建筑造型一体化设计。多晶硅太阳能发电板与本项目的大屋檐结合,高发电性能的"航天光伏组件"——300块光伏板,设在本项目三层屋顶挑板四周一圈,即发即用,充分利用可再生能源,全年发电占总能耗的30%左右。本项目冷热源为土壤源热泵系统。

(7)主要节点、细部设计

本项目采用装配式钢结构＋超低能耗技术，加气混凝土条板外墙采用外挂式，外墙板外侧还有300mm厚岩棉及金属幕墙，局部甚至还有电动大遮阳百叶，故只能借助主体结构钢梁钢柱上伸出牛腿，承受幕墙龙骨及百叶龙骨的荷载。这种局部牛腿穿透加气混凝土外墙板做法，虽然施工工序繁多，工艺复杂，但也是本项目的一大亮点。

6.3.2 装配式内装＋智能家居集成技术

本项目室内装修创新性地采用了装配式内装技术。其中，墙面采用装配式成品墙板干法施工技术、横龙骨加柔性旋转锁扣背挂技术；地面采用可视化调平架空地面技术，架空调平体系的干法地面，吊顶为集成吊顶，管线铺设在架空层内，实现管线分离。本项目既有装配式内装便携拆装的特点，又兼顾了智能家居搭载的灵活性，通过两个创新性技术的融合，提升了建筑品质。

（1）装配式内装设计与安装集成技术

1）背侧挂墙面系统

构件简单、连接多样。通过较少数的简单构件的搭配使用，实现产品功能最大化。例如，基于一款龙骨搭配不同配件背挂和侧挂两种方式，可以适用于不同空间、不同饰面墙板的使用需求。

管线分离、厚度可控。自主研发的调平件不仅可以实现墙面龙骨找平，还可以根据设计需求选择不同规格的调平件进行管线空腔厚度预留，实现管线与建筑主体的分离，无须再破坏建筑墙体剔槽埋线，有效地提高了建筑的使用年限。

饰面丰富、肌理可选。对基层材料而言，本系统适用于有机基材和无机基材面层，因此，可以根据设计方案选用不同基层板材。饰面层可以选择膜系列（包括PVC膜、PET膜、CPL膜等）、真实面料系列（壁布、皮革等）、瓷砖和石材等材料，可实现的饰面效果较为丰富，造型美观。

2）装配式架空地面体系

快速调平，高效装配。通过调平龙骨将支撑件形成一个整体，对其进行统一调平，在不占用多余空间的情况下能够快速地提高地面调平效率，保证安装质量，避免了像传统调平方式那样要对支脚进行逐一调平。

超薄地暖，高速传热。地暖层采用挤塑板保温板和碳晶硅反射膜，表面均具备散热功能，地面升温仅需20～30min，导热速度是普通金属板的6倍，缩短导热时间，有效减少热损，达到节能50％。

绿色环保，安全健康。所有部品均为绿色环保建材，暖管线直接铺设在地暖层的槽口内，不仅节省地面空间，还可以利用安装槽对地暖管周边进行支撑保护，避免地暖管损坏（图5、图6）。

（2）智能家居系统健康措施的设计与实践

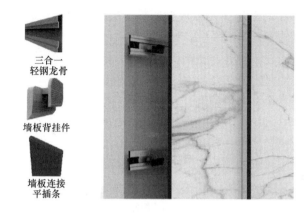

图 5 墙板背挂式连接构造做法

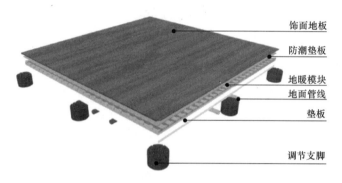

图 6 带地暖架空地暖模块三维模型

应用于本项目的智能家居系统的设计理念，不同于市场上以产品组合为主导的设计理念，而是依据"七合"（即水合、气合、神合、食合、光合、康合、质合）绿色健康科技住宅体系，结合当前百姓生活关注的热点、难点及建筑设计方案，制定技术措施，打造更有针对性的智能家居解决方案（图7）。

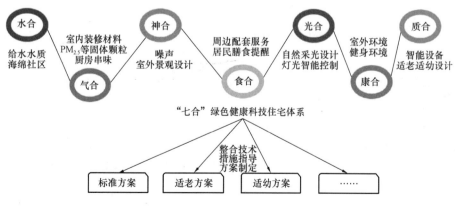

图 7 "七合"绿色健康科技住宅体系

（3）智能家居系统 APP 开发集成的研究与实践

考虑不同厂家的智能家居系统，结合自身设计的解决方案，前期就与各所需产品厂家进行深入的技术沟通与协调予以整合。打通多家智能家居产品，实现了本项目集成 APP 的开发工作，完成了 75％的智能家居设备的集成工作。

（4）智能家居系统与智慧社区系统联通的研究与实践

在制定解决方案时，就将与智慧社区联动作为重要技术点之一开展研究。最终选择了一款具有可视、语音控制等多交互功能的、可开放通信接口的智能开关设备，研究开发了本设备与智慧社区楼宇对讲系统的联动，实现了楼宇对讲、智能家居、物联网锁的无缝对接，将原本需独立铺设的楼宇对接系统、智能家居系统、物联网锁系统进行高效集成。通过智能家居系统与楼宇对讲网络的共享，实现了智慧社区建设的全新解决方案。

6.3.3　BIM 技术＋能源管理集成技术实践应用

本项目依托北京住总集团丰富的 BIM 全流程项目实践经验、先进科学的节能理念以及校企研发的科研成果，融合打造 BIM 能源管理平台，通过"BIM ＋ AIoT"等多元化技术集成，实现软硬件一体化的 BIM 运维管理应用，并初见成效。

（1）基于电力线载波通信的底层硬件系统

电力线载波通信是以输电线路为载波信号的传输媒介，主要用于电网抄表领域，具有数据稳定、对楼宇改造小、硬件即插即用、施工成本小的优点。在本项目中，采用搭载电力线载波通信技术的空气质量检测仪及集中器设备，稳定、快速地实现了环境数据的采集、存储及处理。

（2）多传感器融合技术与专家服务系统

利用多传感器融合技术，将多个不同类型且与系统相关的传感器数据有机地结合，同时，利用专家系统确定各个参数在整个系统中影响的比重值。项目中采用的空气质量检测仪就是运用了多传感器融合技术实现了温湿度传感器、$PM_{2.5}$ 传感器、CO_2 传感器的技术融合，以及不同数据的稳定、快速采集，并通过专家服务系统对于采集的环境数据以及其他能耗数据进行科学合理的分析。

（3）大数据分析理论

通过大数据分析结果，着重研发基于数据驱动方法的建筑人行为模拟与多设备智能优化与协调控制策略，以保证准确、有效地指导建筑节能运行。本项目中，由有丰富经验的专家团队针对大数据分析的能耗数据结果，结合人行为模拟分析，通过合理的算法，制定了多设备控制策略，指导能耗设备的合理运行（图 8）。

 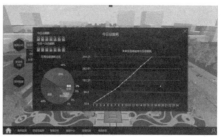

图 8　数据监控、采集、分析

6.4　结　　语

　　雄安城乡管理服务中心项目，从设计之初就明确了设计目标，在设计以及后期实施过程中充分研究关键技术的实施难点，最终形成了装配式钢结构＋超低能耗建筑、装配式内装＋智能家居、BIM＋能源管理平台等关键技术的有效集成。独创了出挑牛腿断桥技术，气密层外置技术；研发了内装背挂墙板自主调平技术；自主开发 APP 整合智能家居的新体系；独立开发了基于多传感器融合技术与专家服务系统及 BIM 系统集成的能源管理平台。

　　通过探索和实践，整合技术资源，总结可复制的建造经验，使雄安城乡管理服务中心项目具有较强的技术创新性和示范性。

作者：朱晓伟　钱嘉宏　易涛　张海波　周宁　陈杭　车兵　刘郁林　金晖　高洋　杨洪昌（北京住总集团有限责任公司，北京住宅建筑设计研究院有限公司，北京住总第三开发建设有限公司）（绿色施工组）

交流篇参考文献

[1]　魏曦，何易，魏素巍，董元奇. 全能"PPP"住宅——对后疫情时代住宅的研究与思考[J]. 城市住宅，2020，27(03)：6-10.

[2]　邱晓晖，陈洁群. WELL 建筑标准的解读与剖析[J]. 建筑与文化，2018(04)：200-202.

[3]　中国建筑学会标准化委员会. 健康建筑评价标准：T/ASC 02-2016[S]. 北京：中国建筑工业出版社，2017.

[4]　王珺瑜，赵晓丽，梁为纲，牛琳，汪霞，王晓蕾. 环境因素对病毒在水体中生存与传播的影响[J]. 环境科学研究，2020，33(07)：1596-1603.

[5]　石英. 疫病与社会发展[J]. 雨花，2003(12)：38-40.

[6]　刘念雄，张竞予，王珊珊，陈洪钟，宦云天. 目标和效果导向的绿色住宅数据设计方法[J]. 建筑学报，2019(10)：103-109.

[7]　夏建军，江亿. 民用建筑能耗标准中供暖指标值的确定方法[J]. 建筑科技，2015(14)：51-55.

[8]　谢崇实. 推进绿色建筑高质量发展若干问题的思考与建议[C]. 第十六届国际绿色建筑与建筑节能大会暨新技术与产品博览会，苏州.

[9]　冯威，Nina Z. Khanna，周楠，薛峰，那伯识，李金萍. 美国绿色建筑发展、经验及对中国的启示[J]. 工业建筑，2016，46(12)：6-12.

[10]　刘依然. 供给侧结构改革推动的建筑师负责制研究[D]. 东南大学，2019.

[11]　北京市建筑设计研究院有限公司. 居住建筑节能设计标准：DB 11/891-2020 [S]. 北京，2020.

[12]　曾旭东，赵昂. 基于 BIM 技术的建筑节能设计应用研究[J]. 重庆建筑大学学报，2006，28(2)：33-35.

[13]　中国建筑科学研究院有限公司. 湖南省 BIM 审查系统数字化交互数据标准：DBJ 43/T 012-2020[S]. 北京：中国建筑工业出版社，2020.

[14]　孙红三，吴如宏，燕达. 建筑能耗模拟软件的 BIM 接口数据开发与应用[J]. 建筑科学，2013(12)：11-15.

[15]　清华大学 DeST 开发组. 建筑环境系统模拟分析方法——DeST[M]. 北京：中国建筑工业出版社，2006：380-389.

[16]　孙红三，燕达，吴如宏. 基于 DeST 平台的联合仿真系统开发[J]. 建筑科学，2018，34(10)：3-8.

第 五 篇 | 地 方 篇

2020 年，为贯彻落实习近平总书记生态文明思想和党的十九大精神，依据《国家发展改革委关于印发〈绿色生活创建行动总体方案〉的通知》（发改环资〔2019〕1696 号）部署要求，住房和城乡建设部、国家发展改革委等多部门共同印发了《绿色建筑创建行动方案》和《绿色社区创建行动方案》；为推进建筑工业化、数字化、智能化升级，加快建造方式转变，推动建筑业高质量发展，住房和城乡建设部等部门印发了《关于推动智能建造与建筑工业化协同发展的指导意见》，这些文件明确了建设领域推动绿色高质量发展的目标任务。

各地方政府和城乡建设行政主管部门积极贯彻国家绿色发展战略，结合各地的实际情况和具体条件，研究制订切实可行的"创建行动计划"和"指导意见"，加大力度推动绿色建筑和建筑工业化的发展。各地按照《绿色建筑评价标准》GB/T 50378-2019 开展绿色建筑标识评价工作，绿色建筑标识项目和建筑面积持续增加，高星级绿色建筑占比提升，绿色建筑评价管理工作进一步完善；地方绿色建筑相关标准不断修订、提升，绿色建筑标准体系不断完善；相关研发项目和课题紧密结合工程实践，绿色建筑技术研讨交流和人才培训活动持续开展。

本篇收录了北京、上海、江苏等 13 个省市开展绿色建筑相关工作的情况介绍。主要从地区绿色建筑总体情况、绿色建筑政策法规情况、绿色建筑标准和科研情况，以及宣传推广绿色建筑等几方面进行总结。希望通过本篇内容，能够使读者对地方在 2020 年内绿色建筑新发展有一个概况性的了解，并为推动全国其他地区的绿色建筑发展起到促进作用。

Part 5 | Experiences

In 2020, in order to implement the ecological civilization thought of President Xi Jinping and the spirit of 19th National Congress of the Communist Party of China, and on the basis of the requirements in 《Overall Scheme for Creating a Green Living》 issued by the National Development and Reform Commission, the Ministry of Housing and Urban-Rural Development, the National Development and Reform Commission and other departments have jointly issued《the Action Plans for Creation of Green Buildings》 and 《The Action Plans for Creation of Green Communities》. To promote building industrialization, digital and intelligent upgrade, speed up the change of construction pattern, and promote high quality development of the construction industry, the Ministry of Housing and Urban-Rural Development and other departments issued the《Guidance on Promotion of the Coordinated Development of Intelligent Construction and Building Industrialization》. These documents have been clear about the targets and tasks to promote the development of green high quality in construction sector.

Local governments and urban-rural construction administrative departments have actively implemented the national green development strategy and worked out a feasible Action Plan and Guidance in the light of local situation and specific conditions to intensify efforts on the development of green buildings and construction industrialization. Green building labelling was carried out in accordance with the national standard 《Assessment Standard for Green Building》GB/T 50378 – 2019, labelled green building projects and the building areas continued to increase, the proportion of high-star green buildings increased, and management of green building evaluation has been further improved. Relevant local green building standards have been continuously revised and upgraded, the green building standard system has been further perfect. Scientific and technical development projects are closely combined with engineering practice, activities on green building technology communication and personnel training continue to be carried out.

This part has collected the introduction of green building related work in the year 2020 in Beijing, Shanghai, Jiangsu and other 10 provinces and cities. It contains the overall situation of green building, green building policies and regulations, green building standards, scientific research, and promotion activities of green building in these regions. It is expected that through this content, readers can have a general understanding of the new development of local green building in 2020 and play a role in promoting the development of green building in other parts of the country.

1 北京市绿色建筑发展总体情况简介

1 General situation of green building development in Beijing

1.1 绿色建筑总体情况

截至 2020 年 11 月底，北京市通过绿色建筑标识认证的项目为 76 项，建筑面积共计 941.45 万 m²。其中运行标识 8 项，建筑面积约 69.76 万 m²；设计标识 68 项，建筑面积为 871.69 万 m²；按国家标准《绿色建筑评价标准》GB/T 50378-2019 评价 3 项，建筑面积共计 6.6 万 m²。其中一星级项目 7 项，二星级项目 45 项，三星级项目 24 项。三星级项目数量占比约 31.6%；建筑面积约 235.53 万 m²，占比约 25%。二星级及以上项目数量占比约 91%；建筑面积 892.48 万 m²，占比达到 95%。

2020 年，北京市获得绿色建筑市级奖励项目 8 个，奖励总建筑面积约 97 万 m²，奖励资金约 4158.4 万元。2020 年，授予北京城市副中心运河商务区启动区（产业园类）、北京大兴国际机场安置房项目（榆垡组团）（居住区类）、清河街道"共建共享—美好社区"（美和园）项目（街乡更新类）"北京市绿色生态示范区"称号。

1.2 绿色建筑的政策法规情况

1.2.1 北京市住房和城乡建设委员会、北京市规划和自然资源委员会、北京市财政局《关于印发〈北京市装配式建筑、绿色建筑、绿色生态示范区项目市级奖励资金管理暂行办法〉的通知》（京财经二〔2014〕665 号）

为促进装配式建筑高质量发展，推动绿色建筑和绿色生态示范区建设，规范装配式建筑、绿色建筑、绿色生态示范区项目市级奖励资金管理，根据有关规定，结合北京市实际情况，制定了《北京市装配式建筑、绿色建筑、绿色生态示范区项目市级奖励资金管理暂行办法》。本办法新增装配式建筑奖励政策，提高绿色建筑奖励标准，完善绿色生态示范区奖励管理，持续推动北京市建筑领域节能减排和绿色创新发展。奖励资金每年从市财政预算中安排，用于支持本市行政区域内装配式建筑、绿色建筑的非政府投资民用建筑项目和绿色生态示范区。本次装配式建筑和绿色建筑的奖励申报采用市区联合审核和属地监督管理方式，奖励资金的使用和管理遵循"依法依规、公开透明、注重实效、强化监督"的原则，实行"专家评审、社会公示、绩效评价"的管理模式，确保奖励资金安全、规范、合理、有效使用。本办法共三十一条，自 2020 年 4 月 17 日起施行，有效期三年。

1.2.2　北京市市场监督管理局发布《关于征求〈绿色建筑评价标准〉〈超低能耗建筑节能工程施工技术规程〉等项地方标准意见的通知》

由北京市住房和城乡建设委员会组织制修订的京津冀协同标准《绿色建筑评价标准》《超低能耗建筑节能工程施工技术规程》等标准公开征求意见。京津冀协同标准《绿色建筑评价标准》在国家标准体系下体现区域地方特色和可操作性，适当提高绿色建筑星级的要求，同时强化运行阶段的管理要求，带动京津冀绿色建筑产业共同发展。京津冀协同标准《超低能耗建筑节能工程施工技术规程》将为推动京津冀工程建设高质量发展发挥重要的技术支撑和引领作用。

1.3　绿色建筑标准情况

1.3.1　北京市地方标准《既有工业建筑物绿色改造评价标准》编制工作正式启动

2020 年 3 月 16 日，由中国建筑科学研究院有限公司与北京首钢建设投资有限公司共同主编，北京市住宅建筑设计研究院有限公司等单位参编的北京市地方标准《既有工业建筑物绿色改造评价标准》启动会召开，会议成立了编制组，从研究背景、研究内容、编制思路、现阶段完成工作、人员分工、进度计划 6 个方面介绍了《标准》前期筹备工作。《标准》主要技术内容包括：总则、术语、基本规定、安全耐久、健康舒适、资源节约、人文与生态、功能配套、提高与创新。《标准》编制意义重大，兼具科学性、先进性和可操作性，能够切实指导北京市既有工业建筑的绿色改造工作。该标准现已通过审查。

1.3.2　北京市地方标准《居住建筑节能设计标准》修订发布

为实现国家节约能源和保护环境的战略，落实北京市"十三五"时期建筑节能发展规划的目标，根据北京市规划和自然资源委员会《北京市"十三五"时期城乡规划标准化工作规划》和原北京市质量技术监督局《关于印发 2017 年北京市地方标准制修订项目计划的通知》（京质监发〔2017〕2 号）的要求，北京市建筑设计研究院有限公司广泛调查研究和征求意见，总结工程经验，并经专家深入论证，对《居住建筑节能设计标准》DB11/ 891 - 2012 进行了修订。《居住建筑节能设计标准》DB11/891 - 2020 以世界同类气候地区居住建筑节能设计先进水平为目标，率先将居住建筑节能率由 75％提升至 80％以上，进一步提高北京市居住建筑节能设计水平。该标准于 2021 年 1 月 1 日正式实施。

1.4 绿色建筑科研及项目情况

1.4.1 国家重点研发计划相关课题

2020 年是"十三五"收官之年，各有关单位努力完成承担的国家"十三五"课题、各部委课题工作。包括《基于实际运行效果的绿色建筑性能后评估方法研究及应用——绿色建筑性能参数实时监测与反馈方法及数据系统研究》（2016YFC0700101）、《基于全过程的大数据绿色建筑管理技术研究与示范——绿色建筑运行管理策略和优化调控技术——公共建筑机电设备系统运行管理现状调研与分析》（2017YFC0704207-04）、《可持续发展的新型城镇化关键评价技术研究——可持续运行及典型功能系统评价关键技术研究——健康建筑可持续评价指标体系研究》（2018YFF021580401）、《近零能耗建筑技术体系及关键技术开发——居住建筑技术集成和示范工程研究》、《经济发达地区传统建筑文化中的绿色设计理念、方法及其传承研究——传统绿色营建人为控制的验证性实践》等。

1.4.2 科委重点课题《建筑设计技术资源与服务平台研发及应用》结题

本课题以"设计之都"新平台的产业发展现状和资源为基础，立足于创新型产业集群和"中国制造 2025"创新引领示范区的总体规划，借鉴国际"设计之都"建设经验，研究"设计之都"新平台产业战略布局，搭建建筑设计技术资源与服务平台，实现信息沟通、资源共享、技术咨询、线上线下服务等，为建筑设计行业及上下游企业提供服务。建筑设计技术资源与服务平台的资源库不仅为企业提供了先进技术和项目案例，也将大数据、云服务、深度学习等信息检索技术融入建筑设计研究中，为高校及科研单位用户提供了"产学研"落地实施的条件。通过北京市建筑节能与环境工程协会、中国建筑节能协会、中国工程建设标准化协会会员单位的推广，受众企业达 200 余家。

1.5 绿色建筑技术推广、专业培训及
科普教育活动

(1) 2020年5月9日,雄安新区召开智能城市建设标准体系框架(1.0版本)暨第一批标准成果发布会

北京住宅建筑设计研究院有限公司作为参建企业受邀参与本次标准成果发布会,总经理助理高洋在大会上进行了雄安新区容东片区G组团智能化设计的分享。发布会以现场会议、视频会议以及网络直播的线上线下互动方式进行。

容东片区G组团是雄安新区第一个居住功能落地的智能社区,项目规模120万m^2,项目智能化设计包含12个业态,相关系统多达150个。项目依据新区上位规划以及《雄安新区建构筑物通信建设导则》《雄安新区物联网终端建设导则》等标准,设计亮点包含全域5G、全域物联、数字孪生和卫生安全四个方面。全域5G通过优化建筑功能、结合综合信息杆柱、建筑材料等手段,实现5G信号的全覆盖;全域物联结合市政、公共服务局、物联网平台及各业态运营等各方要求,建设全域覆盖的感知体系;数字孪生结合BIM+CIM的平台,实现实体建筑与虚拟建筑的同步建设及运营管理;卫生安全方面,针对疫情等重大灾害,实现对公共卫生的预警和主动防御。

(2) 2020年9月20日~10月7日,第24届国际被动房大会首度采用在线会议形式盛大召开

本次大会以"建造可持续性的未来"为主题,旨在展现建筑业对可持续发展的贡献。北京住宅建筑设计研究院有限公司作为超低能耗建筑领域领军企业,受邀参加大会并发表主题演讲,院超低能耗建筑研究中心咨询师李瑞雪、果海凤、白羽分别以"高层被动式经济适用房在中国的实践与思考""X88幼儿园的性能化设计与运维""Premium被动房高层建筑项目的关键技术施工控制——以大自然广场2号楼酒店为例"为主题,围绕亦庄X88幼儿园、天津武清大自然广场2号楼、首开新奥通州0204地块几个经典项目,进行了精彩的案例分享。

(3) 2020年11月5日,第十九届中国国际住宅产业暨建筑工业化产品与设备博览会在北京新国展盛大开幕

此次展会以"城乡建设高质量发展"为主题,设置了装配式建筑及工业化装饰装修、中国明日之家2020、被动式低能耗建筑、绿色城市和绿色园区等主题展区,并同步举办10余场专业技术交流会议。北京住宅建筑设计研究院作为行业领军企业,应邀亮相EL03"北京住总集团"展位,展示了集团全产业链强大

优势及在装配式建筑、内装工业化、智慧家居等领域的前瞻性探索与创新（图3）。展台涵盖了装配式建筑全产业链、钢结构建筑、超低能耗建筑、绿色建筑、BIM 技术与智慧运维等多个板块。同时，通过长租公寓、中高端商品房 2 个内装工业化样板间进行场景模拟，直观展示内装工业化对人居环境带来的改变，以及"安其居"科技创新内装部品集成平台的优势与亮点。

(4) 2020 年 11 月 6 日，北京市住房和城乡建设委员会主持召开了"超低能耗钢结构建筑的全生命期关键技术研究及应用"科技成果鉴定会，鉴定会采用现场会议形式进行

该科技成果由北京市住宅建筑设计研究院有限公司、北京经济技术开发区基建办公室、北京博大经开建设有限公司、河北奥润顺达窗业有限公司共同研究完成。科技成果现已成功应用于北京经济技术开发区河西区 X88 地块幼儿园新建工程（东方蒙特梭利幼儿园），经专家鉴定，该项科技成果达到国际先进水平；经质询和讨论，认为该科技成果以北京地区已投入运营的超低能耗钢结构绿色幼儿园为载体，针对钢结构超低能耗建筑存在的技术难点开展全生命期关键技术研究与应用，在超低能耗、钢结构、绿建、BIM 及智能化运营全过程方面取得了一定的创新成果，为同类工程提供了宝贵经验，具有广阔的推广价值和应用前景（图 1）。

图 1　鉴定会议现场

(5) 编著出版《北京市绿色建筑和装配式建筑适宜技术指南》等书籍

《北京市绿色建筑和装配式建筑适宜技术指南》封面及目录如图 2 所示。

187

图 2 《北京市绿色建筑和装配式建筑适宜技术指南》封面与目录

执笔：李庆平　白羽　王少锋　胡丹阳（北京生态城市与绿色建筑专业委员会）

2 上海市绿色建筑发展总体情况简介

2 General situation of green building development in Shanghai

2.1 绿色建筑总体情况

2020 年（1 月～11 月）上海市获得绿色建筑评价标识项目共 112 项，总建筑面积 1171.48 万 m^2。其中，公共建筑 80 项，总建筑面积 796.37 万 m^2；住宅建筑 29 项，总建筑面积 312.81 万 m^2；工业建筑 3 项，总建筑面积 62.30 万 m^2。二星级以上的绿色建筑项目共 96 个，建筑面积 1073.2 万 m^2，数量和面积占比均超过 85%。

截至 2020 年 11 月底，上海市累计获得绿色建筑评价标识项目共 838 项，总建筑面积达 7709.97 万 m^2。其中，公建项目 558 项，总建筑面积达 4833.09 万 m^2；住宅项目 262 项，总建筑面积达 2695.36 万 m^2；工业建筑项目 15 项，总建筑面积 132.11 万 m^2；混合建筑 3 项，总建筑面积 49.4 万 m^2。

2.2 绿色建筑政策法规情况

2.2.1 加快推进绿色建筑规章制度建设

加快推进《上海市绿色建筑管理办法（草案）》出台进程。为了强化绿色建筑制度保障，近几年上海市持续开展了绿色建筑专项规章制度建设工作，基于前期大量调研工作基础上，历经立法调研、编制研究、研讨优化等阶段，2020 年完成了公开征求意见及修改完善，该管理办法的出台将进一步完善上海市绿色建筑发展的政策环境。该管理办法是在《上海市建筑节能条例》原则下，针对当前行业发展现状与需求编制而成的规章制度，编写总体以解决问题和响应需求为主线，共分为 6 章 50 条，分别为总则、一般要求、建设管理、运行管理、法律责任和附则。该管理办法内容具有以下特色：一是绿色建筑内涵范畴全方位拓展。除了绿色节能外，绿色建筑还涵盖了装配式建筑、全装修住宅、可再生能源利用、绿色建材、绿色生态城区等内容；从实施范围上不仅包括民用建筑建设、运

189

行、改造全过程，还包含工业建筑和城市基础设施建设过程的装配式建造，与绿色建筑的总体范畴相匹配，便于专项工作的推进。二是形成绿色建筑全过程闭环监管。该草案与当前绿色建筑相关重点工作进行衔接，将绿色建筑、装配式建筑、住宅全装修等具体发展要求嵌入建设管理全过程，实现从土地供应、立项审查、设计文件审查、竣工验收备案到交付使用各环节的闭环监管。

因时因地制宜，规范绿色建筑评价管理工作。为适应新时代国家绿色建筑发展要求，同时根据上海市绿色建筑发展的实况，进一步规范绿色建筑评价管理工作，依据国家绿色建筑评价标识管理相关要求，于 2020 年 4 月发布了《关于进一步规范本市绿色建筑评价管理工作的通知》（沪建建材〔2020〕181 号）。该管理制度明确了对绿色建筑评价工作的要求，包括评价类别包括竣工评价与运行评价，以及各自的实施节点，明确实施第三方评价以及相关的评价机构，并对标识项目的监督管理提出系列要求。

健全绿色建筑发展激励机制。2020 年 3 月，上海市建管委、市发改委、市财政局联合印发了《上海市建筑节能和绿色建筑示范项目专项扶持办法》（沪住建规范联〔2020〕2 号）的通知，对原有的绿色建筑与建筑节能示范项目扶持办法进行了修订，扩展了扶持范围，新增超低能耗建筑示范项目，优化了原有的扶持办法。同时，在 7 月配套出台了《上海市建筑节能和绿色建筑示范项目专项扶持资金申报指南》（沪建建材〔2020〕386 号），指导申报实施工作，并在本年度组织开展了示范工程申报工作。

2.2.2 积极推进绿色建筑创新发展

深入贯彻实施绿色建筑创新行动发展。为了进一步贯彻落实习近平生态文明思想和党的十九大精神，按照国家发改委印发的《绿色生活创建行动总体方案》（发改环资〔2019〕1696 号）的要求，2020 年 7 月，住房和城乡建设部联合 7 部委印发了《绿色建筑创建行动方案》（建标〔2020〕65 号），以贯彻全国绿色生活创建活动。上海紧跟国家形势，于 2020 年 9 月编制印发了《上海市绿色建筑创建行动实施方案》，以此推动本市绿色建筑高质量发展。该实施方案明确了建筑领域的绿色发展目标，即到 2022 年，当年城镇新建建筑中绿色建筑面积占比达到 100%，星级绿色建筑持续增加，既有建筑能效水平不断提高，住宅健康性能不断完善，全面采用装配化建造方式，绿色建材应用进一步扩大，绿色住宅使用者监督全面推广，人民群众积极参与绿色建筑创建活动，形成崇尚绿色生活的社会氛围。同时，提出了七大重点任务以及相关的保障措施。

2.2.3 深化推进公共建筑能效提升工作

冲刺公共建筑能效提升重点城市创建工作。2017 年，上海市获批成为全国公共建筑能效提升重点城市之一，明确了在"十三五"期间完成公共建筑节能改造面积不少于 500 万 m²。2020 年是重点城市创建工作的收官之年，为更好地完成各项目标任务，上海市建委于 2020 年 4 月发布《上海市住房和城乡建设管理委员会关于进一步推进上海市公共建筑能效提升重点城市建设工作的通知》（沪建建材〔2020〕167 号），明确本市公共建筑能效提升重点城市示范项目的申报、评审、发布、总结与授牌等有关工作事项。该通知对项目要求、申报途径、申报要求，以及后续的评审发布流程一一进行了规定，同时出具了实操性的技术文件。该通知为本市冲刺"十三五"公共建筑能效提升示范项目目标提供了政策推动与操作指导。

强化建筑能源审计支撑建筑能效提升力度。2020 年 7 月，上海市建委发布《关于进一步推进本市建筑能源审计工作的通知》（沪建建材联〔2020〕352 号），构建建筑能源审计工作专项管理制度。该通知明确了审计重点实施范围，即建筑领域的能源审计对象，主要覆盖了重点用能建筑、未安装建筑能耗监测装置或数据上传不稳定的国家机关办公建筑或大型公共建筑、建筑能效低或能耗超标的公共建筑；该制度针对建筑能源规范了审计内容与指导价格，建筑能源审计工作依据《公共建筑能源审计标准》DG/TJ 08 - 2114 等标准，分为一级、二级和三级能源审计，明确各区和相关委托管理单位应实施二级及以上能源审计，以便支撑各区公共建筑节能改造工作；该制度对审计机构的能力提出明确的系列要求，以此规范技术服务工作；最后，对审计结果的应用进行了明确，即通过建筑能源审计，对标相应的标准，对各类建筑进行能耗标记，并向社会公示，实施不同等级的监管。

2.2.4 大力推动绿色建材应用发展

推动绿色建材发展支撑绿色建筑产业。为了进一步推动绿色建筑产业化发展，贯彻国家对绿色建材的发展要求，上海市结合本市建筑业发展实况，大力推进绿色建材的发展。首先，持续更新建筑材料的禁止/限制目录建设。2020 年 6 月，发布了征求《上海市禁止或者限制生产和使用的用于建设工程的材料目录（2020 版）》意见的通知，之后发布了 2020 年版的禁止或者限制材料目录，同时开展新材料的应用制度建设；2020 年 10 月，印发了《上海市建设工程采用尚无国家技术标准的新技术、新材料技术论证管理办法》的通知，以此指导新材料新技术的工程应用，促进建材科技推广。

此外，为了贯彻落实国家和上海关于推进绿色建筑、绿色建材的相关要求，顺应新时代绿色建筑发展的新态势，上海市绿色建筑协会新材料推广中心在行业开展《新材料推广目录》征集工作，经专家评审后，发布了第一批《新材料推广目录》。

2.3 绿色建筑标准情况

2.3.1 上海市《绿色建筑评价标准》

上海市《绿色建筑评价标准》DG/TJ 08 - 2090 - 2020，根据上海市住房和城乡建设管理委员会《关于印发〈2017 年上海市工程建设规范编制计划〉》（沪建标定〔2016〕1076 号）的要求，由上海市建筑科学研究院（集团）有限公司、上海市建筑建材业市场管理总站会同相关单位组建团队开展编制工作，标准于2020 年 3 月 30 日正式发布，并于 2020 年 7 月 1 日开始实施。

本次标准的修订落实"以人民为中心"的新时期绿色建筑核心理念，充分调研了国内外绿色建筑标准体系发展和实践经验，总结了本市气候资源条件和城市建设发展特征，按照国家绿色建筑评价标准基本框架，修订工作重点围绕绿色建筑指标的适用性、地方特色的体现性、评价方法的操作性开展，并兼顾性能提升和用户感知。标准提出竣工评价和运行评价合理兼容但适度差异化的操作要求，对接了上海市绿色建筑财政扶持政策，从而更有效地保障绿色建筑性能的实现。

2.3.2 上海市《绿色通用厂房（库）评价标准》

上海市《绿色通用厂房（库）评价标准》DG/TJ 08 - 2337 - 2020，根据上海市住房和城乡建设管理委员会发布的《2017 年上海市工程建设规范编制计划》（沪建标定〔2016〕1076 号）的要求，由上海市建筑科学研究院（集团）有限公司、建学建筑与工程设计所有限公司、上海市绿色建筑协会等多家行业内领军单位组建团队开展编制工作，标准于 2020 年 11 月 4 日正式发布，并于 2021 年 4 月 1 日开始实施。

标准适用对象聚焦特殊建筑类型（物流建筑和标准厂房），在编制工作中重点开展了建设现状调研和国内外文献调研，遵循"体现特色内容、兼顾发展方向"两大原则，评价指标的选取体现物流建筑和标准厂房区别于普通民用建筑和工业建筑的特色，同时兼顾冷库、智能化等物流建筑和标准厂房发展的新方向和新要求，注重评价指标的科学性和适用性。在评价方法的制定方面，重点梳理不同阶段的通用厂房（库）的绿色建设要求，注重可操作性。

2.3.3 上海市《既有建筑绿色改造技术标准》DG/TJ 08 - 2338 - 2020

上海市《既有建筑绿色改造技术标准》DG/TJ 08 - 2338 - 2020，根据上海市住房和城乡建设管理委员会发布的《2018 年上海市工程建设规范编制计划》（沪建标定〔2017〕898 号）的要求，由上海市建筑科学研究院（集团）有限公司、上海市房地产科学研究院组建团队开展编制工作，标准于 2020 年 11 月 4 日正式发布，并于 2021 年 4 月 1 日开始实施。

标准适用范围覆盖不同建筑类型，如民用建筑（居住、公共）、工业建筑等，以民用建筑为主。编制过程中，总结了国家及本市已颁布的相关标准的技术要求，立足上海特色，体现了建筑全生命期管理的绿色改造内涵，技术内容覆盖改造前检测评估、改造设计、施工、验收及运营维护，具有针对性和可操作性。标准对鼓励和规范本市既有建筑绿色改造技术应用具有重要意义，有利于促进本市既有建筑的存量优化与更新利用。

2.3.4　上海市绿色建筑协会团体标准

2020 年，上海市还重点开展了绿色建筑相关团体标准的推进工作。根据国家和上海市住房和城乡建设管理委员会关于发展工程建设团体标准的要求，上海市绿色建筑协会启动了 5 项团体标准的立项征集工作。分别为：《上海市建筑信息模型（BIM）技术应用费用计价标准》《民用建筑电气绿色设计应用规范》《铝隔热毯工程技术规程》《净味沥青应用技术规程》《绿色城市新区规划评价体系》。

2.4　绿色建筑科研项目

2020 年，上海市启动了"十四五"绿色建筑专项规划编制工作。围绕绿色建筑后评估、低能耗建筑、室内空气质量提升、绿色施工、装配式建筑等研发方向，依托众多科研主体，承担了多项国家层面和上海层面的科技研发项目，覆盖多个绿色建筑相关技术领域。

2.4.1　国家层面科研课题

主要有："基于全过程的大数据绿色建筑管理技术研究与示范""建筑围护材料性能提升关键技术研究与应用""建筑室内空气质量控制的基础理论和关键技术研究"等科技部"十三五"国家重点研发计划项目，以及科技部国家重点研发计划—政府间国际科技创新合作重点专项"夏热冬冷地区净零能耗建筑混合通风适宜技术研究"。

2.4.2　上海市科学技术委员会课题

由上海市机关事务管理局指导，上海市绿色建筑协会牵头，上勤（集团）有限公司、华建集团华东建筑设计研究总院、上海市建筑科学研究院有限公司、上海市房地产科学研究院等单位共同开展的"公共机构高效综合节能及健康运营管理系统关键技术与应用示范"科研项目，包括："公共机构高效综合节能及健康运营管理系统关键技术与应用示范""公共机构高效节能及健康环境指标""公共机构高效节能及健康环境管理""公共机构高效综合节能及健康运营管理系统数据平台""公共机构高效综合节能及健康运营管理系统应用示范"共5个子课题。以及由上海市相关单位立项开展的"健康街区环境性能保障关键技术研究与示范""高效建筑围护结构节能精准设计与体系研发""近零碳为导向的超低能耗建筑关键技术研究""崇明零碳小镇超低能耗建筑关键技术研究及示范""花博会园区展馆绿色低碳建设关键技术研究""高品质室内环境关键技术性能测评技术研究"等课题。

2.4.3　上海市住建委委托上海市绿色建筑协会开展的相关研究工作

编制《上海绿色建筑发展报告（2019）》《绿色建筑（含全装修）的质量保证和交付使用要求"》《BIM 应用情况调查分析》《上海市 BIM 技术年度发展报告》《上海市 BIM 技术年度优秀成果汇编》等，同时，上海市绿色建筑协会也开展了《上海市超低能耗建筑评价指南》的编制工作。

2.5　绿色建筑技术推广、专业培训及科普教育活动

2.5.1　举办上海国际城市与建筑博览会

2020 年 11 月 25 日～11 月 27 日，由上海市住房和城乡建设管理委员会、联合国人居署联合主办，上海世界城市日事务协调中心协办，上海市绿色建筑协会承办的"2020 上海国际城市与建筑博览会"在国家会展中心（上海）盛大召开。住房和城乡建设部计划财务与外事司二级巡视员李喆，联合国人居署区域项目司负责人及中国事务协调人杨榕，上海市人民政府汤志平副市长，上海市人大常委会委员、城建环保委员魏东，上海市政协人口资源环境建设委员专职副主任石珮莹，上海市建设交通工作党委书记王醇晨、副书记周志军，上海市住房和城乡建设管理委员会总工程师刘千伟以及相关委办局领导等莅临展会参观。2020 年"城博会"贯彻落实习近平总书记关于城市建设和治理重要指示精神，以及住建部与上海市人民政府合作共建超大城市精细化建设和治理中国典范，聚焦城市治理体系、住房制度、城市建设体制机制等方面 14 项具体工作，围绕后疫情时代全球城市化趋势与特点，提升社区与城市治理能力，探索城市更新和城市建设有效路径，加强城市传统与非传统安全建设，体现"城市，让生活更美好"和"人民城市人民建，人民城市为人民"的理念，建设包容、安全、韧性的人民城市。2020 年"城博会"展出面积达 5 万 m²，总体为"1＋5＋15"的格局，即 1 个主题："提升社区和城市品质"；5 个维度：宜居、绿色、智造、智慧、韧性；15 个

展区：一江一河、长三角一体化、城市更新、特色小镇与美丽乡村建设、内装工业化与建筑装饰装修建材、市容管理与生态环保建设、绿色生态城区、绿色建筑、城市规划与建筑设计、建筑工业化与智能建造、建筑信息模型（BIM）核心技术、智慧基础设施建设、城市化精细化管理、交通工程与设施设备和城市基础设施建设与运行安全。参展单位共 347 家，展会参观总人次数为 24492 人次。

2.5.2　举办第十届夏热冬冷地区绿色建筑联盟大会

2020 年 11 月 25 日，由中国城市科学研究会绿色建筑与节能专业委员会与上海市绿色建筑协会主办，上海建科集团股份有限公司承办，夏热冬冷地区绿色建筑相关机构协办的"第十届夏热冬冷地区绿色建筑联盟大会"暨"2020 上海国际城市与建筑博览会主论坛"顺利召开。中国城市科学研究会绿色建筑与节能专业委员会常务副秘书长李萍，副秘书长李丛笑出席论坛，上海市住房和城乡建设管理委员会副主任裴晓出席论坛并致辞，来自四川省、江苏省、重庆市、大连市、苏州市、宁波市等地的嘉宾参加了此次行业盛会。论坛聚焦"提升建筑绿色品质，强化城市智慧管理"的主题。

供稿单位：上海市绿色建筑协会

3 江苏省绿色建筑发展总体情况简介

3 General situation of green building development in Jiangsu

3.1 绿色建筑总体情况

截至 2020 年 11 月 17 日，江苏省绿色建筑评价标识项目累计 5133 项，共计建筑面积 5.20 亿 m²。其中，2020 年度新增绿色建筑评价标识项目 1187 项，新增绿色建筑面积 1.12 亿 m²。与 2019 年相比，2020 年江苏省各城市绿色建筑评价标识项目数量、绿色建筑面积均有较高增幅（图 1），其中 2020 年增长幅度排名前三的分别是南通、淮安、宿迁（图 2），2020 年标识项目数量、绿色建筑面积最多的是苏州市。

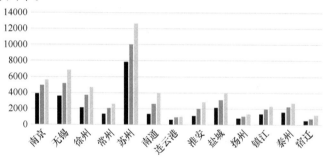

图 1 2018～2020 年江苏各市绿色建筑体量

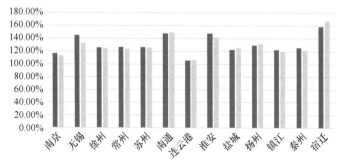

图 2 2020 年江苏各市绿色建筑增幅

196

截至 2020 年 11 月，江苏省历年累计绿色建筑中，住宅建筑 2716 项（占比 52.36%），建筑面积 3.94 亿 m²（占比 74.94%）；公共建筑 2436 项（占比 46.96%），建筑面积 1.28 亿 m²（占比 24.41%）；工业建筑 35 项（占比 0.67%），建筑面积 341 万 m²（占比 0.65%），如图 3 所示。2019 年、2020 年，绿色建筑评价标识项目中，设计标识占比 90% 以上，其中 2020 年运营标识数量略上升，达 5.66%，如图 4 所示。

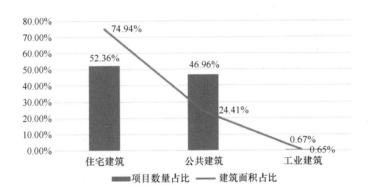

图 3　截至 2020 年，江苏不同类别绿色建筑累计建筑面积占比

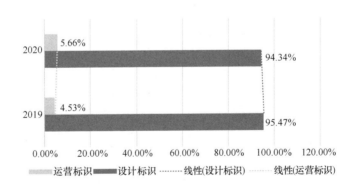

图 4　2019 年、2020 年，江苏设计标识、运营标识绿色建筑面积占比

3.2　绿色建筑政策法规情况

2020 年江苏省发布绿色建筑相关文件详见表 1。

2020 年江苏省发布绿色建筑相关文件

表 1

序号	名称	发文号	内容简介	备注
1	省住房城乡建设厅关于印发《公共卫生事件下体育馆应急改造为临时医疗中心设计指南》的通知	苏建设计〔2020〕23 号	着眼城市未来应急抗灾能力提升，努力加强应急技术储备，发布《指南》，并要求各地结合当地实际组织实施	
2	省住房城乡建设厅 省财政厅关于公布通过评估的建筑产业现代化示范城市、示范基地、示范项目名单（第二批）的通知	苏建科〔2020〕11 号	经过查阅资料、现场踏勘、座谈交流、专家评估、综合审定等程序，确定了第二批通过评估的建筑产业现代化示范城市、示范基地、示范项目	以财政补贴方式，引导和推动建筑产业现代
3	省住房城乡建设厅关于公布 2019 年度江苏省优质工程奖"扬子杯"获奖项目名单的通知	苏建质安〔2020〕60 号	经评选委员会审定、公示无异议后，456 个项目获得 2019 年度江苏省优质工程奖"扬子杯"	
4	省住房城乡建设厅关于推进智慧工地建设的指导意见	苏建质安〔2020〕78 号	推进智慧工地建设	
5	省住房城乡建设厅关于印发《2020 年全省建筑业工作要点》的通知	苏建建管〔2020〕92 号	发布《2020 年全省建筑业工作要点》	
6	省住房城乡建设厅关于举办第七届"紫金奖·建筑及环境设计大赛"（2020）的通知	苏建设计〔2020〕110 号	发布《第七届"紫金奖·建筑及环境设计大赛"（2020）竞赛公告》	
7	省住房城乡建设厅关于组织申报 2020 年度省级建筑产业现代化示范（第一批）的通知	苏建科〔2020〕116 号	组织开展 2020 年度省级建筑产业现代化示范申报	推进装配式建筑发展
8	省住房和城乡建设厅等部门转发住房和城乡建设部等部门关于印发绿色社区创建行动方案的通知	苏建房管〔2020〕152 号	转发住建部《绿色社区创建行动方案》	
9	省住房城乡建设厅关于公布 2020 年省城乡建设系统优秀勘察设计奖评选结果的通知	苏建设计〔2020〕214 号	公布优秀项目 663 项	

序号	名称	发文号	内容简介	备注
10	省住房城乡建设厅关于组织申报 2021 年度江苏省绿色建筑发展专项资金奖补项目的通知	苏建科〔2020〕216 号	组织开展 2021 年度省级绿色建筑发展专项资金项目申报	
11	省住房城乡建设厅关于征集"十四五"推广应用新技术和限制使用技术建议的通知	苏建函科〔2020〕592 号	组织建设领域"十四五"推广应用新技术和限制使用技术的征集	
12	省建筑产业现代化推进工作联席会议办公室关于开展装配式建筑综合评定的通知	苏建筑产业办〔2020〕2 号	提出装配式建筑综合评定的意见	
13	省住房城乡建设厅关于印发《江苏省超低能耗居住建筑技术导则（试行）》的通知	苏建函科〔2020〕618 号	发布《江苏省超低能耗居住建筑技术导则（试行）》	

3.3 绿色建筑标准情况

2020 年 8 月，江苏省住房和城乡建设厅发布《2020 年江苏省工程建设标准和标准设计复审结果》及《2020 年江苏省工程建设标准编制计划评审结果》，绿色建筑与建筑节能相关标准见表 2、见表 3。

继续有效的标准列表　　　　　　　　　　　　　　　　表 2

序号	编号	标准名称
1	DGJ32/J 08 - 2015	建筑太阳能热水系统应用技术规范
2	DGJ32/J 19 - 2015	绿色建筑工程施工质量验收规范
3	DGJ32/TJ 188 - 2015	立体绿化技术规程
4	DGJ32/TJ 190 - 2015	公共建筑节能运行管理规程
5	DGJ32/TJ 191 - 2015	供暖通风与空气调节系统检测技术规程
6	DGJ32/TJ 194 - 2015	绿色建筑室内环境检测技术标准
7	DGJ32/TJ 197 - 2015	建筑外窗工程检测与评定规程
8	苏 G26 - 2015	预制装配式住宅楼梯设计图集
9	苏 S10 - 2015	墙排式同层排水设计及安装图集

修订的标准列表　　　　　　　　　　　　　　　　　　　表3

序号	编号	名称	原主编单位
1	DGJ32/J 26－2017	住宅设计标准	南京长江都市建筑设计股份有限公司
2	DGJ32/J 157－2017	居住建筑标准化外窗系统应用技术规程	江苏省建筑科学研究院有限公司 南京市建筑设计研究院有限公司

3.4　绿色建筑科研情况

2020年2月，江苏省住房和城乡建设厅对2020年度江苏省节能减排（建筑节能）专项资金奖补项目进行公示，其中科技支撑项目12项（表4）。

科研项目清单（一）　　　　　　　　　　　　　　　　　　表4

序号	项目名称	研究内容	验收指标
1	江苏省"十四五"绿色建筑发展规划研究	在系统总结我省"十三五"绿色建筑发展的基础上，按照新时代高质量发展要求，有效衔接上位规划，系统谋划"十四五"期间绿色建筑发展的总体思路、目标任务和保障措施，引领江苏绿色建筑高质量发展	提交《江苏省"十四五"绿色建筑发展规划》（送审稿）
2	江苏省绿色建筑评价研究与标准编制	借鉴国际绿色建筑评价先进经验，吸收国家标准《绿色建筑评价标准》的丰富内涵，总结江苏绿色建筑发展实践，建立体现江苏特色的绿色建筑评价体系，为绿色建筑高质量发展提供有力支撑	提交地方标准《江苏省绿色建筑评价标准》（送审稿），试评价的居住建筑和公共建筑分别不少于5项
3	绿色建筑设计质量控制要点研究	以绿色建筑设计相关标准为依据，针对绿色设计文件编制深度和技术审查两个关键点开展系统研究，规范建筑设计方案和建筑施工图阶段的绿色设计质量控制要求	提交《江苏省民用建筑设计方案绿色设计文件编制深度规定和技术审查要点》《江苏省民用建筑施工图绿色设计文件编制深度规定和技术审查要点》（送审稿）
4	绿色城区综合效益评估与发展研究	总结全省绿色生态城区建设成效，综合分析其经济效益、社会效益和绿色效益。通过建立绿色城区综合效益评价方法和技术体系，对已建成绿色城区实施综合效益评估，指导更高质量绿色城区创建	编制出版《江苏省绿色城区综合发展报告》
5	智慧建筑关键技术研究与示范	以绿色建筑为载体，在建筑结构、系统、服务和管理中深度融合人工智能、大数据、物联网等技术，营造高效、舒适、便利的人性化建筑环境，不断增强人民群众获得感、幸福感、安全感	提交《江苏省智慧建筑技术指南》（送审稿），建成示范项目不少于2个

序号	项目名称	研究内容	验收指标
6	江苏省超低能耗建筑关键技术研究与示范	遵循"被动优先、主动优化"的原则,对适合江苏省气候特征、建筑用能特点和百姓需求的超低能耗建筑技术体系、指标和措施开展研究分析,形成适合我省实际的超低能耗建筑技术路线	提交地方标准《江苏省超低能耗建筑技术标准》(送审稿),建成示范项目不少于2个
7	绿色建筑后评估技术体系研究与评估应用	围绕绿色建筑人居环境、资源利用、运营效果等方向,制定绿色建筑后评估的程序、方法和工具,构建使用者满意度评估、绿色行为评估和效益评估的综合后评估体系	提交地方标准《江苏省绿色建筑后评估标准》(送审稿),完成20栋以上典型建筑的评估分析
8	公共机构建筑能耗定额制定与推进机制研究	通过调查分析我省机关、学校、医院等不同类型公共机构能源资源使用状况,开展机关办公类、教育类、卫生医疗类、场馆类等公共机构能耗定额研究,开展基于节能目标管理、能源费用预算管理的公共机构能耗定额推进机制研究	提交4~5部不同类型的公共机构建筑能耗定额标准(建议稿),完成公共机构能耗定额机制应用试点示范不少于2个
9	装配式建筑正向设计研究与示范	针对目前装配式建筑设计过程中存在的问题,研究正向设计技术措施,促进设计能力和水平提升;结合江苏省推广应用"三板"规定,梳理已建、在建保障性住房标准化设计案例,针对标准化功能模块、标准化空间、标准化构件进行优化研究,提出满足多样性、灵活性和场地适用性的住宅标准化设计技术	提交《江苏省装配式建筑正向设计导则和技术应用指南》,提交以保障性住宅为主体的户型标准化图集(送审稿),建设示范项目2项以上,且总建筑面不少于10万 m^2
10	装配式建筑全生命周期质量追溯体系研究与示范	梳理策划设计、建造等各阶段影响工程质量的关键节点,研究建立以信息化手段为基础,适用于设计、建造、运维等建筑全寿命周期的质量追溯体系	提交《江苏省装配式建筑质量追溯管理标准》(送审稿),完成示范项目不少于10个
11	绿色生态组合结构体系研究与示范	针对木-混凝土或钢-混凝土组合结构体系高效连接和装配化安装技术,研究组合结构体系、关键构件及连接节点的受力机理、设计理论与方法,研发轻质环保且集装饰、节能和防护于一体的楼盖和墙体预制构件	提交地方标准(送审稿)不少于1部;完成多层、中高层示范项目不少于2个,建筑面积不少于2000m^2
12	装配式钢结构住宅技术体系优化及示范	以现有钢结构住宅体系为基础,结合江苏钢结构行业特点,以多层和高层钢结构住宅建筑为对象,研究技术先进可行、便于制造安装、体系成熟度高、综合经济指标合理的技术体系	研发1套多层和1套高层装配式钢结构住宅技术体系,提交相应的技术导则或标准(送审稿),完成示范项目不少于2个

2020年8月，江苏省住房和城乡建设厅发布2020年度省建设系统科技项目评审结果，其中，有关绿色建筑与建筑节能的项目见表5。

科研项目清单（二）   表5

项目名称	承担单位
基于提升健康安全性的住宅建筑排水系统关键技术优化研究	南京工业大学
基于合同能源管理的既有建筑节能改造经济投入与绩效分析研究	江苏省建设经济会计学会
绿色校园水资源循环利用系统的研究与实践——以江苏城乡建设职业学院为例	江苏城乡建设职业学院
基于工业化建造的乡村住宅一体化设计研究	江苏省工程建设标准站
江南水乡地区特色田园乡村连片示范建设研究——以昆山市为例	江苏省城镇与乡村规划设计院
基于太阳能和天然采光综合利用的旧工业建筑绿色改造研究	南京大学建筑规划设计研究院有限公司
南部新城近零能耗展览建筑技术体系研究与示范	南京南部新城会展中心发展有限公司
苏州宿迁工业园区绿色生态转型发展路径研究与实践	苏州宿迁工业园区规划建设局

3.5 绿色建筑技术推广、专业培训及科普教育活动

（1）第十三届江苏省绿色建筑发展大会暨长三角绿色建筑高质量发展论坛

为深入落实绿色建筑高质量发展及长三角区域一体化国家发展战略的决策部署，加快推动长三角地区绿色建筑高质量发展，2020年10月22日，第十三届江苏省绿色建筑发展大会暨长三角绿色建筑高质量发展论坛在南京举办（图5）。江苏省住房和城乡建设厅党组书记顾小平、上海市住房和城乡建设管理委员会总

图5 第十三届江苏省绿色建筑发展大会现场

工程师刘千伟到会致辞，会议由中国工程院院士、国际绿色建筑联盟主席缪昌文主持。住房和城乡建设部科技与产业化发展中心副主任文林峰、江苏省住房和城乡建设厅党组成员、省纪委监委驻厅纪检监察组组长袁丁等出席会议。

本届大会以"协同创新　共筑长三角绿色建筑发展新高地"为主题，通过学术报告、现场直播等互动形式，聚焦绿色建筑高质量发展、新型建筑工业化发展、创新长三角建设科技成果共享机制等议题，开展研讨和经验交流。

会议期间，主办方共同发出长三角区域绿色建筑高质量发展"南京倡议"，号召长三角地区全体绿色建筑从业者全面提升区域内行业一体化发展水平，合力将长三角地区打造成引领新时代绿色建筑高质量发展的样板区，让人民充分享受绿色建筑发展带来的高品质生活，更好地满足人民对美好生活的新期待，提升人民的获得感、幸福感、安全感（图6）。

图6　发布长三角区域绿色建筑高质量发展倡议

会上，相关专家和学者围绕绿色建筑发展与展望作了主题报告。大会还同期举办了新型建筑工业化发展专题论坛、第三届绿色地下空间论坛等分论坛。

作为行业内重要的公益性专业技术大会，自2008年以来，江苏省绿色建筑发展大会已成功举办十三届。大会内容日益丰富，形式不断拓展，影响不断扩大，赢得了业内和社会各界的广泛好评，成为江苏传播好声音、推进绿色建筑交流合作的重要平台。

（2）其他

2020年3月，发布年度宣贯培训计划，如图7所示。

2020年6月，《岩土工程勘察安全标准》、《江苏省装配式建筑综合评定标准》、建设工程消防设计审查验收等，分别在南京召开宣贯会。

2020年7月，《装配式混凝土建筑施工安全技术规程》DB32/T 3689-2019在南京召开标准宣贯会。

2020年8月，省财政厅下达2020年度省级绿色建筑发展专项资金1.4亿元，

序号	项目名称	培训对象	培训内容	拟举办地点/时间	备注
1	省标宣贯	建筑设计院、施工图审核机构、质量监督机构、检测机构、房地产开发公司、施工企业、建设管理部门等技术人员、管理人员	《岩土工程勘察安全标准》《成品住房装修技术标准》《住宅装饰装修质量规范》等	南京/4～6月	时间暂定，根据疫情防控工作进展适时调整
2	建筑能效测评技术培训	建筑能效测评机构测评技术人员	《民用建筑能效测评标识标准》及能效标识有关管理要求	南京/5月	
3	国标宣贯	建筑设计院、施工图审核机构、质量监督机构、检测机构、房地产开发公司、施工企业、建设管理部门等技术人员、管理人员	《建筑防火通用规范》《消防设施通用规范》等	南京/6月	
4	绿色建筑评价专家培训	绿色建筑评审专家	《绿色建筑评价标准》及评价工作	南京/7月	
5	行标宣贯	建筑设计院、施工图审核机构、质量监督机构、检测机构、房地产开发公司、施工企业、建设管理部门等技术人员、管理人员	《装配式住宅建筑检测技术标准》《装配式铝合金低层房屋及移动屋》等	南京/7～8月	
6	建筑产业现代化政策及技术研讨	各类建筑设计、施工、监理、部品部件生产、技术研发单位的管理和技术人员等	建筑产业现代化政策动向及技术发展趋势交流研讨	南京等地/8～9月	
7	省标宣贯	建筑设计院、施工图审核机构、质量监督机构、检测机构、房地产开发公司、施工企业、建设管理部门等技术人员、管理人员	《装配式混凝土建筑施工安全技术规程》《装配式混凝土结构工程施工监理规程》《江苏省装配式建筑综合评定标准》等	南京等地/9～10月	
8	省标宣贯	建筑设计院、施工图审核机构、质量监督机构、检测机构、房地产开发公司、施工企业、建设管理部门等技术人员、管理人员	《江苏省绿色建筑设计标准》《江苏省绿色建筑评价标准》等	南京等地/11～12月	
9	针对行业热点、技术难点等，择期邀请权威专家开展公益性专业知识讲座。				

注：2020年注册师继续教育培训计划将由省勘察设计行业协会会同厅科技发展中心、省工程建设标准站另行通知。

图 7 宣贯计划

用于支持绿色城区、高品质绿色建筑、建筑能效提升和科技支撑项目等。

2020 年 9 月，《装配整体式混凝土结构检测技术规程》DB32/T 3754－2020 在南京召开标准宣贯会。

2020 年，江苏省机关事务管理局、各市机关事务管理局，积极响应"全国节能宣传周"号召，6 月起开展节能宣传周系列活动。积极营造氛围，推动绿色消费和绿色创新，充分利用线上、线下宣传载体，传播生态文明理念，践行简约适度、绿色低碳的工作和生活方式。

执笔：刘永刚 季柳金 刘晓静（中国绿色建筑委员会江苏省委员会）

4 广东省绿色建筑发展总体情况简介

4 General situation of green building development in Guangdong

4.1 绿色建筑总体情况

截至 2020 年 11 月底，广东省全年新增绿色建筑评价标识项目 1581 个，建筑面积 1.44 亿 m^2。其中，设计标识 1.42 亿 m^2，运行标识 235 万 m^2；居住建筑 9264 万 m^2，公共建筑 4622 万 m^2，混合功能建筑 517 万 m^2；一星级项目面积 9369 万 m^2，二星级项目面积 4274 万 m^2，三星级项目面积 557 万 m^2。

4.2 绿色建筑政策法规情况

4.2.1 颁布实施《广东省绿色建筑条例》

根据广东省第十三届人民代表大会常务委员会公告（第 74 号），《广东省绿色建筑条例》（以下简称《条例》），已由广东省第十三届人民代表大会常务委员会第二十六次会议于 2020 年 11 月 27 日通过，自 2021 年 1 月 1 日起施行。这是广东省为推进绿色建筑高质量发展、提高人居环境质量，首次制定的地方性法规，标志着广东省绿色建筑发展工作步入法治轨道。

《条例》共 6 章 43 条，分别对总则、规划与建设、运行与改造、技术发展和激励措施，以及法律责任和附则作出了规定，主要亮点有：

(1) 全面推行绿色建筑，实行等级管理。《条例》规定"新建民用建筑应当按照绿色建筑标准进行建设"，未来全省范围内，除农民自建住宅外，新建民用建筑将全部达到绿色建筑基本级或以上标准，实现"全绿"目标，保障广东省绿色建筑发展工作继续走在全国前列。此外，《条例》对绿色建筑明确实施等级管理制度，并对不同地区、不同类型的建筑提出了等级要求。

(2) 全力打造大湾区绿色建筑发展新高地。根据省委省政府贯彻落实粤港澳大湾区发展规划纲要的实施意见，加快推进绿色建筑发展，打造高质量发展典范。《条例》对粤港澳大湾区珠三角九市提出了更高的建设要求，将有力推动广东省高星级绿色建筑建设，引领大湾区成为国家乃至国际高星级绿色建筑聚集区。

（3）全过程加强建设管控。绿色建筑尚未纳入法定的建筑工程项目流程监管，一直是制约广东省绿色建筑高质量发展的主要原因。实际工作中，绿色建筑"只设计、不落地"的现象普遍存在。为此，《条例》第二章对绿色建筑建设全过程作出规范，明确建设流程中各主体的责任，加强对设计、施工图审查、施工、监理、工程质量检测、工程验收到绿色建筑认定的全过程严格把关。

（4）全环节加强运行监管。针对绿色建筑"重设计、轻运行"的问题，《条例》强化了绿色建筑运行主要环节的监督管理。明确了绿色建筑运行的责任主体，提出了绿色建筑运行六个方面的具体要求，抓住物业管理、能耗监测、能耗限额管理等主要环节进行规范。为确保绿色建筑运行措施落实，《条例》设计了绿色建筑运行情况"后评估"制度，规定县级以上人民政府住房城乡建设主管部门应当对绿色建筑的运行实行动态监管，这在全国地方立法中属于首创。

（5）全套推出绿色建筑激励措施。《条例》明确规定了广东省绿色建筑发展应当坚持的技术路线，即：绿色建筑应当坚持因地制宜、绿色低碳、循环利用的技术路线，在传承、推广和创新具有岭南特色、适应亚热带气候的绿色建筑技术的基础上，对绿色建筑建设推出了资金支持、容积率奖励、税收优惠、绿色金融服务和公积金优惠政策等全套激励措施。

（6）全心全意提升民众对绿色建筑的认知认同和获得感。为民，是绿色建筑发展永远不变的初心。《条例》通过加强绿色建筑宣传引导和信息共享，提高民众对绿色建筑的认知；通过鼓励建设绿色农房、将政府服务下沉到广大农村，提高民众对绿色建筑的认同；通过规范既有建筑的绿色化改造，提高老旧小区人居环境质量，助力城市更新，提升民众对绿色建筑的获得感。

4.2.2 《广东省住房和城乡建设厅关于停止绿色建筑设计标识评价工作的通知》

2020年11月13日，广东省住房和城乡建设厅印发通知，决定停止开展绿色建筑设计标识评价工作，有关通知事项如下：

（1）停止设计标识评价工作。发文之日起，全省不再受理任何绿色建筑设计标识评价项目。前已经受理的设计标识评价项目（以在"广东省绿色建筑信息平台"中注册并审核通过为准），各绿色建筑评价机构应当在2021年2月28日前完成评审，并公示公告完毕。

（2）积极推动新国标项目申报。各地级以上市住房城乡建设主管部门要积极组织推动绿色建筑项目按照新的国家标准设计和建设，并申报标识。

（3）加强绿色建筑建设过程各环节监管。各级住房城乡建设主管部门要加强组织领导，做好政策宣传和引导，修改完善现行规定，平稳、顺利做好停止设计标识评价后的相关工作。一是强化施工图设计文件管理和施工过程监管。要大力宣传贯彻《广东省绿色建筑设计规范》DBJ/T 15-201-2020（以下简称《设计规范》），2021年1月1日起，绿色建筑项目要严格按照《设计规范》进行设计和施工图设计文件审查，加强施工过程落实施工图设计文件和《设计规范》的管理；二是加强竣工验收管理，建设单位组织项目验收时，要对项目是否符合《设计规范》和经审查合格的施工图设计文件进行查验；三是加强绿色建筑运行管理，各级住房城乡建设主管部门要对绿色建筑运行实行动态监管，引导项目申报运行标识。

4.3 绿色建筑标准情况

根据2020年10月23日《广东省住房和城乡建设厅关于发布广东省标准〈广东省绿色建筑设计规范〉的公告》（粤建公告〔2020〕74号），《广东省绿色建筑设计规范》DBJ/T 15-201-2020自2021年1月1日起实施，标准由广东省住房和城乡建设厅负责管理，由主编单位广东省建筑科学研究院集团股份有限公司负责具体技术内容的解释。

《广东省建筑节能与绿色建筑工程施工验收规范》等标准的主编单位正在加快标准的研究编制工作，探索建立适应广东省绿色建筑健康发展的评价体系。

4.4 绿色建筑技术推广、专业培训及科普教育活动

2020年5月27日，广东省住房和城乡建设厅印发《2020年广东省建筑节能宣传月活动方案》，明确2020年建筑领域节能宣传月主题及主要活动安排。6月23日，省住房和城乡建设厅在中新广州知识城规划展示厅举办了2020年广东省建筑领域节能宣传月启动仪式。启动仪式后，举办了建筑节能与绿色建筑优秀项目及先进技术成果展、专家论坛、优秀项目观摩、走进民众等系列活动，通过宣传手册、海报、报纸、手机、网站等多种途径，深入校园、社区、单位、公共场所，向民众宣传建筑节能、绿色建筑和健康生活知识。宣传月期间，全省共举办绿色建筑现场观摩5场（现场观摩人数约500人）、各类专业论坛5场、相关培训22场（覆盖数千人）、调研走访6次、走进民众系列活动6场、派发宣传手册12000多册、新闻报道上百次，全省建筑行业掀起绿色、节能活动热潮，有效推动建筑节能与绿色建筑工作取得明显成效。

特点活动有：

（1）开设网站专栏，集中展现各地精彩。广东省住房和城乡建设厅在其官网

设置"广东省建筑领域节能宣传月"专栏,集中发布广东省宣传月各项活动信息和动态。专栏分为"系列报道""专家讲坛""启动仪式""成果展""走进民众""活动花絮"6个专题,分类宣传广东省建筑节能领域的政策法规、标准规范、优秀项目、创新技术与产品、各地精彩活动等内容。

(2)技术标准变成智慧选房手册。将《绿色建筑评价标准》中专业的技术指标变成百姓语言,通过卡通人物从"地段靓、小区掂、建筑正、用得抵"四方面,教百姓智慧选房,帮助民众简单、直观地感受绿色建筑,得到了群众的高度赞誉。

2020年11月17日,由广东省住房和城乡建设厅主办、广东省建设科技与标准化协会承办的《广东省绿色建筑设计规范》宣贯培训在东莞顺利举办。各地级以上市住房城乡建设主管部门、市节能(墙改)负责绿色建筑管理工作的业务骨干、各市建筑工程勘察设计单位、施工图审查机构代表、有关行业协会和企业代表等约300人参加了培训。

执笔:周荃(广东省建筑节能协会绿色建筑专业委员会)

5 重庆市绿色建筑发展总体情况简介

5 General situation of green building development in Chongqing

5.1 绿色建筑总体情况

2020 年，重庆市组织完成绿色建筑评价标识认证的项目共计 33 个，总建筑面积 611.87 万 m²。其中，公建项目 13 个，总建筑面积 185.78 万 m²，包括：三星级项目 6 个，总建筑面积 30.18 万 m²；二星级项目 7 个，总建筑面积 155.6 万 m²。居住建筑项目 18 个，总建筑面积 413.12 万 m²，包括：三星级项目 1 个，总建筑面积 10.15 万 m²；二星级项目 14 个，总建筑面积 319.44 万 m²；一星级项目 3 个，总建筑面积 83.53 万 m²。混合建筑项目 2 个，为二星级项目，总建筑面积 12.97 万 m²。

5.2 绿色建筑政策法规情况

结合 2020 年疫情特殊情况，重庆市先后针对疫情期间的建设发展需求，发布了《新型冠状病毒肺炎集中隔离场所（宾馆类）应急改造暂行技术导则》《新型冠状病毒肺炎防控期公共建筑运行管理技术指南》等文件，积极推进疫情防控和建设行业复工复产。

为积极配合新的绿色建筑评价标准的推广应用，结合国家各部委要求，出台《重庆市绿色建筑创建行动实施方案》，发布《重庆市绿色建筑评价标准技术细则》《重庆市星级绿色建筑全装修实施技术导则》等文件，进一步规范行业发展，牢固树立创新、协调、绿色、开放、共享的发展理念，加快城乡建设领域生态文明建设，全面实施绿色建筑行动，促进我市建筑节能与绿色建筑工作深入开展。

5.3 绿色建筑标准情况

为进一步加强绿色建筑发展的规范性建设，推进绿色建筑评价要求、技术体系革新，重庆市组织发布了多部绿色建筑行业发展相关标准。详细清单如下：

《绿色建筑评价标准》DBJ50/T－066－2020

《居住建筑节能65％（绿色建筑）设计标准》DBJ50－071－2020

《公共建筑节能（绿色建筑）设计标准》DBJ50－052－2020

《绿色生态住宅（绿色建筑）小区建设技术标准》DBJ50/T－039－2020

《民用建筑外门窗应用技术标准》DBJ50/T－065－2020

《节能彩钢门窗应用技术标准》DBJ50/T－089－2020

《公共建筑设备系统节能运行标准》DBJ50/T－081－2020

《公共建筑用能限额标准》DBJ50/T－345－2020

《无障碍设计标准》DBJ50/T－346－2020

《建筑外墙无机饰面砖应用技术标准》DBJ50/T－357－2020

《住宅工程质量常见问题防治技术标准》DBJ50/T－360－2020

《绿色轨道交通技术标准》DBJ50/T－364－2020

《海绵城市建设项目评价标准》DBJ50/T－365－2020

《热致调光中空玻璃应用技术标准》DBJ50/T－367－2020

《大型公共建筑自然通风应用技术标准》DBJ50/T－372－2020

5.4 绿色建筑科研情况

重庆市绿色建筑行业相关单位针对西南地区特有的气候、资源、经济和社会发展的不同特点，广泛开展绿色建筑关键方法和技术研究开发。

5.4.1 国家级科研项目

（1）"十三五"国家重点研发计划课题"建筑室内空气质量运维共性关键技术研究"（课题编号：2017YFC0702704）。

（2）"十三五"国家重点研发计划子课题"建筑室内空气质量与能耗的耦合关系研究"（子课题编号：2017YFC0702703-05）。

（3）"十三五"国家重点研发计划课题"既有公共建筑室内物理环境改善关键技术研究与示范"（课题编号：2016YFC0700705），课题于2020年6月验收。

（4）"十三五"国家重点研发计划项目"绿色建筑及建筑工业化"专项《居住建筑室内通风策略与室内空气质量营造》课题4《节能、经济、适用的通风及空气质量控制方法和技术》，项目于2020年10月验收。

（5）"十三五"国家重点研发计划项目"绿色建筑及建筑工业化"专项《居住建筑室内通风策略与室内空气质量营造》课题5《住宅通风和空气净化过滤技术实施及效果评测》，项目于2020年10月验收。

5.4.2 地方级科研项目

（1）重庆市科委重大民生类项目：

重庆市公共机构能源监管与运维评估大数据智慧平台建设。

（2）重庆市住建委能力建设项目：

重庆市公共建筑节能改造节能核定；

重庆市《既有公共建筑绿色改造技术标准》编制；

重庆市《大型公共建筑自然通风应用技术标准》编制；

重大公共卫生事件下（以新冠肺炎疫情防控为例）对重庆城市规划与建设的思考和对策建议研究；

重庆市工程勘察设计行业"十四五"发展研究；

重庆市绿色建筑与建筑节能"十四五"发展规划研究；

重庆市绿色建筑评价标准及实施细则修编；

重庆市《绿色建筑检测标准》修订；

《重庆市建筑节能（绿色建筑）设计分析软件》（2020 年版）开发；

绿色住宅建筑健康声环境品质提升技术策略研究；

《建筑节能（绿色建筑）工程施工质量验收规范》修订；

重庆市星级绿色建筑全装修实施技术体系研究；

绿色金融与绿色建筑协同发展研究；

保温装饰复合板外墙外保温系统建筑构造图集；

纤维增强改性发泡水泥保温装饰板外墙外保温系统建筑构造研究。

（3）重庆市住建委可再生能源应用项目：

重庆东站能源供应及利用研究；

悦来生态城区域可再生能源集中供冷供热项目（一期）；

重庆市潼南区人民医院创建"三甲"等级医院建设项目。

5.5 绿色建筑技术交流、专业技术审查及科普教育活动

为进一步促进绿色建筑的技术推广，扩大重庆市绿色建筑的发展影响，重庆市先后组织参与了一系列宣传推广、学术论坛和研讨活动，共同探讨现状、分享实施案例、开展技术交流。

5.5.1 技术交流与推广

为促进西南地区绿色建筑科学研究与工程实践工作的稳步开展和共同进步，加强西南地区从事绿色建筑相关领域研究单位之间的交流合作，2020 年 1 月 3

日，重庆大学绿色建筑与建筑节能研究组代表前往中国建筑西南设计研究院有限公司绿色建筑设计研究中心，就绿色建筑的课题研究、工作推进、取得成效及西南地区绿色建筑发展趋势等内容进行了详细的讨论与交流，双方单位代表共计20余人参加了会议。

2020年9月11日，南京市建委代表团到访重庆大学交流绿色建筑发展。双方就重庆市和南京市两地的绿色建筑发展现状、政策标准、标识评价等方面进行了深入交流，并就"十四五"绿色建筑发展方向进行了研讨，针对绿色建筑发展中的可感知、高品质、多融合等问题进行了意见交换，就南京市绿色建筑发展中的"零污染，零烦恼，零能耗，零垃圾"四个零设想进行了探讨。

2020年4月17日，由重庆市绿色建筑与建筑产业化协会绿色建筑专业委员会、西南地区绿色建筑基地，联合重庆大学绿色建筑与建筑节能研究组共同举办的，主要面向技能型人才综合素质提升的绿色建筑与节能专题技能交流会——"面向未来，用未来照亮自己"，通过网络直播的形式举行，受众面包括全国范围内各设计院、专业技术人员、高校学生等90余人。

在重庆市住建委全面提升绿色建筑性能的发展要求下，为做好新版重庆市《绿色建筑评价标准》相关发展理念的推广普及，重庆市绿色建筑与建筑产业化协会绿色建筑专业委员会走进企业微信群，积极分享相关理念。针对行业关心的绿色建筑的新要求、新发展，结合近段时间大家关心的，与建筑空气环境健康性能要求密切的条文，从建筑规划布局、建筑设备系统设计、运行管理创新三个方面，以标准条文内容为出发，结合重庆市十年绿色建筑发展的工程实践，与相关专业人员进行了有关区域微气候特征、室内气流流场、室内环境质量要求与保障、建筑自然通风、空调系统通风换气、净化过滤、建筑性能保障、社区环境保障等绿色建筑实施过程中的实践要点分享，并回答了参与交流分享的从业者关心的问题。

2020年12月5日，第五届西南地区建筑绿色化发展暨重庆市绿建产业化协会绿色建筑专业委员会成立十周年研讨会在重庆交通大学召开。住房和城乡建设部科技与产业化发展中心副主任梁俊强、重庆市住房和城乡建设委员会副主任董勇、中国城科会绿色建筑与节能专业委员会主任王有为、中国建筑科学研究院有限公司副总经理王清勤、重庆市住房和城乡建设委员会设计与绿色建筑发展处处长龚毅、西藏自治区住建厅科技节能和设计标准定额处处长倪玉斌等领导出席会议。来自重庆市各设计单位、咨询单位、建设单位、行业企事业单位，四川、西藏、北京等地行业协会、单位代表共计230余人参加了大会。大会"建筑高品质发展论坛"于当日下午组织召开，论坛由重庆市绿色建筑与建筑产业化协会会长曹勇主持，来自重庆、四川、西藏、北京等地近200余名代表参加了论坛。

5.5.2 专业培训

为配合推动重庆市绿色建筑评价标准的实施，重庆市住房和城乡建设委员会组织开展了全市范围内的绿色建筑培训工作，涵盖建设、设计、咨询、施工、管理等各个单位部门。

2020年9月～11月，在市住建委的统一部署下，"2020年度绿色建筑与建筑节能专项培训"在两江新区、经开区、高新区、渝北区、大足区、九龙坡区、巴南区、江津区、丰都县分别顺利召开。

2020年10月，重庆市2020年度市级绿色建筑咨询专家库绿色建筑专项培训组织召开。来自市住房和城乡建设委员会绿色建筑咨询专家共160余人参加了此次培训。会上，重庆市住房和城乡建委设计与绿色建筑发展处处长龚毅高度认同专家们在行业领域中的重要性，同时结合重庆的地域特征，提出"隔热、通风、采光、遮阳、除湿"五大要素，对全市如何推进绿色建筑高品质高质量发展作出要求。

2020年10月，重庆市绿色建筑与建筑产业化协会建筑工业化专家库专家成员和技术咨询与服务分会会员单位专项培训会组织召开，共300余人参加了此次培训。会上各位专家针对围绕重庆市绿色建筑强制、评价标准执行过程中的重点内容和要求进行了详细的分享及技术应用解析。

5.5.3 科普教育活动

为配合做好重庆市新型冠状病毒肺炎防控工作，急行业所急、想民众所想，强化重庆市住房和城乡建设委员会组织发布的《新型冠状病毒肺炎防控期公共建筑运行管理技术指南》切实发挥作用，应重庆市可再生能源学会、重庆能源研究会邀请，针对重庆市相关行业单位，重庆市绿色建筑与建筑产业化协会绿色建筑专业委员会联合重庆市可再生能源学会、重庆能源研究会共同举办了网上公开课"新冠肺炎防控期空调系统使用"讲解，结合重庆市气候特点、空调系统特点、使用管理要点等热点问题，为相关应用单位进行了技术讲解，共计约500人观看了公开课。

2020年3月26日，专委会与重庆大学建筑学部联合毕业设计组，开展了绿色建筑走进校园专题网络分享会。结合当前绿色建筑的发展现状、趋势以及存在的主要问题，专委会从"如何理解绿色建筑的需求与发展""《绿色建筑评价标准》GB/T 50378修订介绍"两个方面，以"从设计出发的绿色建筑"为题，与参加分享会的40余名师生进行了深入交流。

执笔：李百战　丁勇　周雪芹（重庆市绿色建筑与建筑产业化协会绿色建筑专业委员会）

6 深圳市绿色建筑发展总体情况简介

6 General situation of green building development in Shenzhen

6.1 绿色建筑总体情况

截至 2020 年 12 月底，深圳全市新增绿色建筑评价标识 160 个，建筑面积 1698.86 万 m^2，其中 32 个项目获得国家三星或深圳铂金级绿色建筑标识，建筑面积 402.47 万 m^2。详见表 1。

截至 2020 年 12 月，全市累计有 1359 个项目获得绿色建筑评价标识，总建筑面积超过 12781 万 m^2，其中 95 个项目获得国家三星级、11 个项目获得深圳市铂金级绿色建筑评价标识（最高等级）；39 个项目获得运行标识。目前深圳市共有 13 个获全国绿色建筑创新奖项目，占全国获奖项目的 7.6%，其中一等奖 6 个，占全国总数的 18%。详见表 2、表 3。

2020 年 9 月 18 日，在中国城市科学研究会的指导下，深圳市绿色建筑协会组织召开"2020 年首批健康建筑专家评价会"，开创健康建筑地方评价之先河；12 月，协会创新性开展绿色工业建筑评审和绿色建筑新国标预评价工作，为绿色建筑高质量全面发展保驾护航。

深圳市绿色建筑评价标识项目新增数量　　　　表 1

（2020 年 1 月～12 月）

获得绿色建筑评价标识的建筑项目总数（个）			160	获得绿色建筑评价标识的建筑项目总建筑面积（万 m^2）			1698.86
其中：国家绿色建筑评价标识				其中：深圳市绿色建筑评价标识			
获得绿色建筑评价标识的建筑项目数量(个)/面积(万 m^2)	一星级项目数量(个)/面积(万 m^2)	二星级项目数量(个)/面积(万 m^2)	三星级项目数量(个)/面积(万 m^2)	获得绿色建筑评价标识的建筑项目数量(个)/面积(万 m^2)	铜级项目数量(个)/面积(万 m^2)	银级项目数量(个)/面积(万 m^2)	金级项目数量(个)/面积(万 m^2)	铂金级项目数量(个)/面积(万 m^2)
150	12	106	32	18	4	5	9	0
1556.57	80.85	1073.25	402.47	248.8	105.66	81.55	61.59	0

深圳市绿色建筑评价标识项目累计数量　　　　　　　　表2

（截至 2020 年 12 月）

获得绿色建筑评价标识的建筑项目总数（个）			1359	获得绿色建筑评价标识的建筑项目总建筑面积（万 m²）			12781	
其中：国家绿色建筑评价标识				其中：深圳市绿色建筑评价标识				
获得绿色建筑评价标识的建筑项目数量（个）/面积（万 m²）	一星级项目数量（个）/面积（万 m²）	二星级项目数量（个）/面积（万 m²）	三星级项目数量（个）/面积（万 m²）	获得绿色建筑评价标识的建筑项目数量（个）/面积（万 m²）	铜级项目数量（个）/面积（万 m²）	银级项目数量（个）/面积（万 m²）	金级项目数量（个）/面积（万 m²）	铂金级项目数量（个）/面积（万 m²）
879	439	345	95	930	672	125	122	11
8446.48	3653.61	3700.36	1092.52	8540.72	6131.06	997.18	1335.50	76.98

深圳市各类绿色建筑评价标识项目累计数量　　　　　　　表3

（截至 2020 年 12 月）

项目	数量（个）	面积（万 m²）	
设计标识	1329	12344.60	＊绿色建筑评价标识项目数量总计：1359 个
运行标识	39	541.37	
公共建筑	879	7176.22	＊绿色建筑总面积：12781 万 m²
居住建筑	429	4759.51	
混合建筑	44	478.75	
工业建筑	7	55.39	

6.2　绿色建筑政策法规情况

在政策法规方面，深圳市从中国特色社会主义先行示范区的高度，不断完善绿色建筑发展的政策环境。同时，各辖区主管部门也积极制定符合本区绿色建筑发展的政策措施，推动建设工程高质量发展。

6.2.1　《2020 年建筑业稳增长奖励措施实施细则》

为抗击新冠肺炎疫情，实现 2020 年全市建筑业稳增长目标，规范奖励措施执行，深圳市住房和建设局按照市政府相关政策文件精神，制定了《2020 年建筑业稳增长奖励措施实施细则》，并于 2020 年 5 月 29 日正式印发。

6.2.2　《深圳市建筑废弃物管理办法》办事指南

为保障各类政务服务事项顺利实施，持续推动我市建筑废弃物减排与综合利用，2020 年 7 月 29 日，深圳市住房和建设局发布《深圳市建筑废弃物管理办法》办事指南。《深圳市建筑废弃物管理办法》设置了建筑废弃物排放核准、消纳场所备案等各类政务服务事项，涉及全市在建工程项目、综合利用企业、水运中转设施、回填工地和临时消纳点，已于 2020 年 7 月 1 日正式施行。

6.2.3 《深圳市建设工程竣工联合（现场）验收管理办法》

2020 年 8 月 12 日，为进一步优化营商环境，优化建设项目验收流程，提升建筑许可审批效率，推进深圳工程建设领域审批制度改革，深圳市住房和建设局会同深圳市规划和自然资源局、深圳市交通运输局、深圳市水务局联合发布《关于印发〈深圳市建设工程竣工联合（现场）验收管理办法〉的通知》。

6.3 绿色建筑标准情况

因地制宜是绿色建筑发展的核心理念。结合深圳所处"夏热冬暖"地区的地域和气候的特点，深圳市建立了完善全生命周期控制的工程建设标准体系。根据发展需要，及时出台了 20 余部地方标准，建立了涵盖居住建筑和公共建筑节能、绿色建筑的规划设计、施工验收、运营维护等全过程标准体系，对推动建筑节能和绿色建筑项目建设起到了有效的规范和指导作用。

6.3.1 已编制完成或发布的标准

（1）《绿色建筑运行检验技术规程》SJG 64 - 2019

深圳市住房和建设局于 2019 年 11 月 26 日印发《绿色建筑运行检验技术规程》SJG 64 - 2019，并于 2020 年 3 月 1 日正式实施。该规程由深圳市绿色建筑协会和深圳市建筑科学研究院股份有限公司共同主编，旨在规范深圳市绿色建筑运行效果的检验方法。

（2）《绿色建筑工程施工质量验收标准》SJG 67 - 2019

深圳市住房和建设局于 2019 年 12 月 13 日印发《绿色建筑工程施工质量验收标准》SJG 67 - 2019，并于 2020 年 3 月 1 日正式实施。该标准由深圳市绿色建筑协会和深圳市建筑科学研究院股份有限公司共同主编，旨在规范深圳市绿色建筑工程施工质量验收，提高绿色建筑建设品质。

（3）《深圳市中小学绿色校园设计标准》和《深圳市中小学绿色校园评价标准》

为规范深圳市中小学绿色校园的设计和评价工作，引导校园建筑向绿色、节能、可持续方向发展，在深圳市住房和建设局的指导下，由深圳市绿色建筑协会主编的《深圳市中小学绿色校园设计标准》和《深圳市中小学绿色校园评价标准》于 2020 年相继通过专家组审查并结题。《评价标准》于 2020 年 9 月 15 日作为团体标准印发，10 月 1 日起正式实施。

(4)《深圳市重点区域建设工程设计导则》

2020 年 10 月 15 日，深圳市住房和建设局印发《深圳市重点区域建设工程设计导则》。该导则由深圳市勘察设计行业协会主编，适用于全市重点区域新建建筑工程、市政工程、水利工程、园林景观工程和岩土工程的设计，旨在更高起点、更高层次、更高水平上推进重点区域工程建设，确立有关建设标准和设计指引，打造精品工程项目，缔造高质量发展高地和可持续发展先锋，建设宜业宜居的现代化国际化创新型城市范例。

6.3.2 正在编制的标准

(1) 修订《深圳市建筑节能工程施工验收规范》

受深圳市住房和建设局委托，深圳市绿色建筑协会联合市建筑工程质量安全监督总站牵头负责《深圳市建筑节能工程施工验收规范》修编工作。2020 年 10 月 19 日，课题组代表赴福州、厦门开展为期 3 天的调研，学习借鉴福建在同类标准修编和实施过程中的宝贵经验。

(2) 深圳市《既有建筑绿色改造评价标准》《深圳市既有公共建筑绿色改造技术规程》

《标准》及《规程》的研究内容主要是就既有建筑改造中的实际问题，融合绿色建筑发展和城市发展的方向，系统地对既有建筑绿色改造的策划、设计、施工、运营管理等阶段涉及的问题进行探讨，通过对场地规划、建筑、结构、通风空调、建筑电气、给水排水、室内外环境等方面技术、性能进行评估分析，得出合理的评价体系，建立设计及运行指标的评价标准，构建改造类项目工程设计与运行评价标准，并确定各项指标的权重，形成一套科学具体的计算评价实施方法。目前《标准》及《规程》已通过专家评审。

(3)《深圳市超低能耗建筑技术导则》

深圳市超低能耗建筑技术指引课题在国内外有关超低能耗建筑研究的基础上，针对深圳地区气候特征，结合深圳市十年来建筑节能和绿色建筑发展的情况，探索形成一套适宜深圳地区的超低能耗建筑技术体系，以指导建设单位、设计单位对超低能耗建筑的设计，并通过试点示范项目建设，落实我市超低能耗建筑技术，推动深圳地区超低能耗建筑的建设，对推进节能减排，建设生态文明具有重要意义。目前《导则》已通过专家评审。

6.4 绿色建筑科研情况

2020年，深圳市围绕绿色建筑标准更替、绿色建筑后评估、建筑性能、既有建筑绿色改造等绿色建筑发展新方向，依托深圳市建设科技促进中心、深圳市绿色建筑协会以及各大设计机构、高等院校等科研单位，组织开展一系列引领绿色建筑新发展的课题研究、覆盖多个绿色建筑关键技术领域。

（1）《深圳市大型公共建筑能耗监测情况报告（2019年度）》

2020年7月20日，深圳市住房和建设局根据《深圳经济特区建筑节能条例》《深圳市绿色建筑促进办法》等有关要求，组织深圳市建设科技促进中心、深圳市建筑科学研究院股份有限公司等有关单位，对全市接入能耗监测平台的国家机关办公建筑和大型公共建筑2019年度能耗数据进行了总结、分析，编制完成了《深圳市大型公共建筑能耗监测情况报告（2019年度）》并面向社会公开。

（2）《深圳市工程弃土综合利用环保烧结与受纳场填埋处置的环境污染特性对比研究课题》

2020年8月12日，受深圳市住房和建设局委托，深圳市绿色建筑协会和深圳大学共同主编的《深圳市工程弃土综合利用环保烧结与受纳场填埋处置的环境污染特性对比研究》召开课题启动会。协会先后组织课题组专家赴唐山、东莞、西安等地开展交流、调研工作。该课题于2020年12月3日结题。

（3）《深圳市工程勘察设计责任保险政策研究》

2020年5月26日，受深圳市住房和建设局委托，深圳市绿色建筑协会负责的《深圳市工程勘察设计责任保险政策研究》召开课题启动会。随后，协会迅速组织建设行业与保险行业专家团队，开展课题研究工作，并积极赴银保监会调研，组织与深港两地建设行业代表座谈。该课题于2020年12月9日结题。

此外，《适应新阶段发展的深圳市装配式建筑政策研究》《深圳市建筑废弃物综合利用设施建设运营标准研究》等课题研究工作将陆续完成，引领绿色建筑全面健康发展。

6.5 绿色建筑技术推广、专业培训及科普教育活动

深圳市住房和建设局作为全市绿色建筑行业的业务主管部门，在2020年牵头组织、参与、开展了一系列展览会议、合作交流及媒体宣传等工作，积极向从业人员及社会公众介绍行业最新动态，推广社会公众对绿色建筑的认知。

6.5.1　第十六届国际绿色建筑与建筑节能大会暨新技术与产品博览会

2020 年 8 月 26 日～27 日，"第十六届国际绿色建筑与建筑节能大会暨新技术与产品博览会"（简称"绿博会"）在苏州举办。在深圳市住房和建设局的指导下，深圳市绿色建筑继续负责深圳代表团的组织工作。本届绿博会，深圳组织了近 200 人的深圳展团亮相大会，并策划以"提升绿建品质，打造健康人居"为主题的深圳展区，从"序言、绿色技术、智慧管理、健康宜居、品质城市"5 个方面展示深圳在可持续建设领域的实践探索和发展成果，献礼深圳经济特区建立 40 周年。

6.5.2　第十九届中国国际住宅产业暨建筑工业化产品与设备博览会

2020 年 11 月 5 日～7 日，按照市政府批示，深圳市住房和建设局牵头，组织市建筑工务署和各区住房建设局等政府部门以及相关行业协会、企业约 110 人共赴北京参加"第十九届中国国际住宅产业暨建筑工业化产品与设备博览会"（简称"住博会"）。住博会期间，市住房和建设局参加了住房和城乡建设部组织召开的"2020 年全国装配式建筑工作座谈会"，组织参展单位到"新一代 5G＋智慧工地——小米智慧产业基地项目"参观学习。

深圳展团展厅面积 180m²，以"先行建筑工业化，示范高质量发展"为主题，主要展示特区成立 40 周年及装配式建筑发展历程、产业基地、装配式建筑项目以及装配式建筑技术应用。经过多年来的精心筹划，深圳展厅已成为住博会上的亮点展区，受到国家部委和参观单位的高度关注。

6.5.3　第二十二届中国国际高新技术成果交易会建筑科技创新展

2020 年 11 月 11 日～15 日，"第二十二届中国国际高新技术成果交易会"在深圳举行。在深圳市住房和建设局的指导下，深圳市绿色建筑协会和深圳市建设科技促进中心继续负责高交会建筑科技创新展组织工作。本届建筑科技创新展重点围绕"建设科技专题馆""绿色之家""企业展示""展区活动"四大特色内容进行策划组织，集中展示近年来工程建设行业绿色建筑、建筑工业化和智能化等领域积累的实践经验以及在产品技术研发和科技应用创新方面取得的丰硕成果。展览同期还举办了以"建筑师看立体绿化"为主题的第二届热带及亚热带地区立体绿化大会。

6.5.4　开展产品技术推介会，促进产业上下游交流合作

2020 年 6 月～7 月，深圳市绿色建筑协会主办了"促进产业融合，提升绿建品质——2020 年深圳市绿色建筑适用产品与技术'云上'推介会"和"促进深

港交流合作，助推湾区融合发展——2020年深港绿色建筑适用产品与技术'云上'交流会"两场活动，在深港两地推广主建筑节能与绿色建筑适用产品与技术。

6.5.5 成立粤港澳大湾区绿色建筑产业联盟

为抓住历史发展机遇，深入开展绿色建筑工作，2020年8月27日，"粤港澳大湾区绿色建筑产业联盟成立大会"正式成立。该联盟由深圳市绿色建筑协会联合香港、澳门及珠三角九市的绿色建筑行业组织和知名企业发起成立。深圳市绿色建筑协会王宏会长任联盟首任轮值主席，王向昱秘书长任联盟首任轮值秘书长。

6.5.6 深圳市建筑工程（绿色建筑）职称评审会及绿色建筑工程师继续教育培训

2020年6月12日～13日，在深圳市人力资源和社会保障局的指导下，由深圳市绿色建筑协会承接的2019年度深圳市建筑工程（绿色建筑）职称评审会圆满召开。绿色建筑专业职称评审工作已开展到第6年，在申报条件从严从紧的形势下，该年度职称申报人数仍在百人以上，84人通过评委会专家评审。同时，为加强对绿色建筑工程师的继续教育培训，9月22日，深圳市绿色建筑协会组织"BREEAM、DGNB、WELL、LEED国际绿建标准线上解读"培训；10月28日，协会组织开展"绿色建筑发展政策与实践及深圳市《绿色建筑工程施工质量验收标准》要点宣贯"培训。

6.5.7 《绿色建筑评价标准》系列培训

2020年4月8日～11日，协会邀请9位行业知名专家，连续4天通过线上会议形式举办"《绿色建筑评价标准》GB/T 50378－2019系列培训交流会"。来自深圳绿建行业的专家及技术人员600余人次在线参训，并与专家进行在线互动答疑。

6.5.8 工程建设标准政策和重点标准宣贯培训等四期培训

2020年，深圳市建设科技促进中心受深圳市住房和建设局委托，共举办五期标准宣贯培训会——《工程建设标准化改革与技术标准编制要点解析》《行政机关推进实施"标准＋"战略工作指南》《深圳市工程建设技术规范制定程序规定》《香港与内地的工程建设技术标准执行差异对比研究》《企业自主创新与标准化》及《构建精装住宅标准化系统逻辑》，以期对标国际一流打造"深圳标准"体系，构建深圳质量、深圳标准新优势，提高行业内相关人员的认识，使各单位管理和技术人员深入理解准确把握相关法规政策及标准规范。

6.5.9 全国立体绿化公益培训活动

2020 年 7 月 20 日～8 月 14 日，由深圳市绿色建筑协会和中国城科会绿建委立体绿化学组主办，协会立体绿色专委会和深圳市翠篆科技绿化工程有限公司承办的"全国立体绿化公益培训活动"顺利举办。该培训采用线上形式举办了 9 期，每期邀请 1 位专家主讲，参与学员超过 3000 人次。

6.5.10 深圳市各区绿色建筑培训

2020 年，深圳市光明区、龙华区等相继开展绿色建筑有关培训活动，如 9 月 25 日光明区住房和建设局主办的"提升建筑质量，共创绿色光明——绿色建筑系列培训"，10 月 12 日～19 日龙华区住房和建设局主办的"推动绿色发展，建设无废龙华——建筑废弃物综合利用管理宣传系列云培训"等，总计 3000 余人次参加培训。

6.5.11 "变废'还'宝，共创绿色福田"系列科普活动

2020 年，为贯彻落实《深圳经济特区科学技术普及条例》，宣传绿色节能理念，深圳市绿色建筑协会相继联合福田区外国语学校、福田区景田小学举办了 2 期"变废'还'宝，共创绿色福田"科普活动。该活动围绕绿色建筑与建筑节能、垃圾分类等内容进行了科普宣讲，配套组织了科普知识竞赛，吸引了 2000 余名师生参与。

6.5.12 "绿色建筑进校园——绿色岭南，绿'易'盎然"线上讲座

2020 年 5 月 11 日，由深圳市绿色建筑协会主办、深圳大学建筑与城市规划学院协办的"绿色建筑进校园——绿色岭南，绿'易'盎然"线上讲座成功举办。本次讲座由协会副会长、建学建筑与工程设计所有限公司深圳分公司总经理于天赤主讲，来自深圳大学的青年硕士研究生及有关行业技术人员共 180 余人参加。

执笔：王向昱[1]　谢容容[1]　唐振忠[2]　王蕾[2]（1. 深圳市绿色建筑协会；2. 深圳市建设科技促进中心）

7 浙江、山东等7省市绿色建筑发展总体情况汇编

7 General situation of green building development in 7 provinces and cities

7.1 绿色建筑总体情况

（1）绿色建筑标识项目情况

截至 2020 年底，浙江省累计绿色建筑项目 718 个，其中三星级 97 个、二星级 355 个、一星级 266 个；公共建筑 375 个、居住建筑 334 个、工业建筑 9 个；设计阶段项目 690 个。福建省累计绿色建筑项目 403 个，总建筑面积 5280 万 m²，其中三星级 19 个、二星级 131 个、一星级 253 个；公共建筑 167 个、居住建筑 232 个、综合建筑 2 个、工业建筑 2 个；设计阶段项目 362 个。山东省累计绿色建筑 1382 个，总建筑面积 1.76 亿 m²。湖南省累计绿色建筑 814 个，总建筑面积 9243 万 m²，其中设计阶段项目 804 个。

（2）2020 年完成的绿色建筑标识项目

2020 年全年，山东省累计绿色建筑标识项目 1050 万 m²，其中三星级 100 万 m²、二星级 940 万 m²、一星级 10 万 m²。湖南省累计绿色建筑标识项目 2345 万 m²，其中三星级 3.66 万 m²、二星级 223 万 m²、一星级 2119 万 m²；公共建筑 832 万 m²、居住建筑 1513 万 m²；设计阶段 2315 万 m²。郑州市累计绿色建筑标识项目 566 万 m²，其中公共建筑 168.6 万 m²、居住建筑 397.6 万 m²。详见表 1。

2020 年完成的绿色建筑标识项目（个数）　　　　　　　　　　　　　　表 1

省市	累计	★★★	★★	★	公共建筑	居住建筑	工业建筑	设计	标识
浙江	69	17	52		33	34	2		
山东	93	6	84	3	58	35		89	4
湖北	103	6	65	32	40	63			
湖南	197	1	33	163	109	88		194	3
郑州	47		26	21	19	28			

（3）绿色生态城区示范发展情况

① 杭州亚运村和衢州龙游县城东新区（核心区）获国家"绿色生态城区"规划设计评价标识。

② 福建省建设绿色生态城区 1 个，标识面积 48800 万 m^2。

③ 湖北省住房和城乡建设厅公布"荆州绿地海外滩派克公馆""荆州楚天都市诚园""随州碧桂园府河琴韵 B-2 片区" 3 个绿色建筑集中示范创建项目通过验收。

（4）其他相关发展情况

① 截至 2020 年 11 月，山东省累计组织创建超低能耗建筑项目 59 个，建筑面积达 112 万 m^2，实现 16 市全覆盖，并呈现出由单体向集中连片发展的态势。2020 年组织创建超低能耗建筑项目 6 个，建筑面积为 6.5 万 m^2。

② 山东省开发绿色建筑网络化评审系统，于 2020 年 8 月上线测试运行。该系统是一个面向绿色建筑标识申报单位、评价机构、评审专家、主管部门四方面的网络交互平台，旨在使山东省的绿色建筑标识申报、评审、管理工作实现"信息化流程、在线化操作、规范化管理"，为绿色建筑标识工作各方面提供便捷、快速、高效的通道。

③ 福建省实施"绿色建筑行动百项重点工程示范"，形成福州奥体中心、厦门东南国际航运中心、莆田世界妈祖文化论坛等一大批新建绿色建筑示范引领作用。推广绿色可再生能源建筑面积超过 1500 万 m^2；推进高校、医院、机关办公等既有建筑实施节能改造，完成福州、厦门 2 个住建部、财政部公共节能改造重点城市建设，全省近 5 年完成节能改造近 800 万 m^2；积极推进新型绿色建造方式，已建设装配式建筑超过 2400 万 m^2。

7.2 绿色建筑政策法规情况

7 省市绿色建筑政策法规情况 表 2

省市	相关政策法规文件名称	发文单位	主要内容、指标、要求
浙江	《关于印发〈浙江省绿色社区建设行动实施方案〉的通知》	浙江省住房和城乡建设厅联合省生态环境厅、省市场监管局等	2020 年，全面启动绿色社区建设行动；2021 年，绿色社区建设行动初见成效，全省 40% 以上的城市社区参与建设行动并达到要求；2022 年，绿色社区建设行动取得显著成效，力争全省 60% 以上的城市社区参与建设行动并达到要求
	《长三角区域建筑业一体化高质量发展战略协作框架协议》	上海、江苏、浙江、安徽一市三省的住房城乡建设主管部门共同签署	重点：一是加强建筑业领域交流与合作；二是构建建筑业一体化市场体系；三是推动建筑业高质量发展；四是建立区域信息共享和政务服务融合机制

省市	相关政策法规文件名称	发文单位	主要内容、指标、要求
浙江	《关于印发2020年全省建筑工业化工作要点的通知》	浙江省住房和城乡建设厅	持续推动装配式建筑发展，积极开展钢结构装配式住宅试点，稳步推进住宅全装修，实现全年新开工装配式建筑占新建建筑面积达到30%以上；累计建成钢结构装配式住宅500万m²以上，其中钢结构装配式农房20万m²以上
	《关于进一步做好住宅全装修工作的补充通知》（浙建〔2020〕6号）	浙江省住房和城乡建设厅	对《关于加快推进住宅全装修工作的指导意见》（浙政办发〔2016〕141号）的工作要求进行补充
	《关于做好全装修商品住宅项目交付样板房管理工作的通知》（浙建〔2020〕14号）	浙江省住房和城乡建设厅	就全装修商品住宅项目交付样板房的设置要求、保留时间、质量管理、预售管理、现场管理作出规定
福建	《福建省开展绿色建筑生活创建行动计划》	福建省发展和改革委员会	指出开展节约型机关、绿色家庭、绿色学校、绿色社区、绿色出行、绿色商场、绿色建筑七个方面的创建行动，形成多方联动、相互促进、相辅相成的推进机制，引导和推动创建对象广泛参与创建行动，推动绿色消费，促进绿色发展
	《福建省绿色建筑发展条例（草案）》立法调研	福建省人大	条例拓宽绿色建筑活动的范畴；建立闭式有效的推广机制；在国土空间总体规划上，首次提出绿色建筑专项规划，将相关绿色指标在土地出让环节中落实；建立部门联动、全过程把控机制；突出绿色适宜技术的应用，坚持因地制宜的技术路线，引导采用适宜本土特色的建筑风貌设计；呼应关注民生问题：住宅全装修、健康住宅，最大程度地增加群众获得感、幸福感
	《福建省绿色建筑创建行动实施方案》	福建省住房和城乡建设厅、福建省发展和改革委员会、福建省教育厅等7部门	绿色建筑创建行动以城镇建筑作为创建对象。到2022年，当年城镇新建民用建筑中绿色建筑面积占比达到75%以上

续表

省市	相关政策法规文件名称	发文单位	主要内容、指标、要求
山东	《山东省绿色建筑发展专项规划编制技术导则（试行）》JD14-049-2019	山东省住房和城乡建设厅	自2020年1月1日起施行，指导全省各地编制实施绿色建筑发展专项规划，科学确定绿色建筑发展目标和技术路径
	《关于加强绿色建筑发展专项规划编制实施工作的通知》	山东省住房和城乡建设厅	专项规划编制以2025年为近期，2035年为远期。应根据规划年限分时段设定高星级绿色建筑、装配式建筑等递进性指标，在近期建设规划中确定重点发展区域。各设区市、县（市）专项规划的编制、批复及公布等工作应在2020年12月底前完成
	《关于印发〈山东省绿色建筑创建行动实施方案〉的通知》	山东省住房和城乡建设厅会同有关部门	创建目标：2020~2022年，全省新增绿色建筑3亿 m² 以上。到2022年，城镇新建民用建筑中绿色建筑占比达到80%以上，城镇新建建筑装配化建造方式占比达到30%
	《关于印发〈山东省绿色社区创建行动实施方案〉的通知》	山东省住房和城乡建设厅会同有关部门	到2021年底，全省30%以上的城市社区参与创建行动并达到创建要求，到2022年底，全省60%以上的城市社区参与创建行动并达到创建要求，基本实现社区人居环境整洁、舒适、安全、美丽的目标
	《关于推进实施全省绿色建材产品认证工作的意见》	山东省住房和城乡建设厅联合有关部门	要求成立山东省绿色建材产品认证推广工作组和山东省绿色建材产品技术委员会
	《关于加强民用建筑节能管理工作的通知》	山东省住房和城乡建设厅	要求各市、各有关单位要认真贯彻执行国家和省现行建筑节能法规政策和标准规范，强化建筑节能宣传，将建筑节能法律法规、标准规范纳入注册建筑师、结构工程师、设备工程师、电气工程师、建造师、监理工程师等继续教育内容，提高从业人员建筑节能意识、专业素养和管理能力。建设、设计、施工、监理、检测等市场主体，要将现行建筑节能法规政策和标准规范吸收到质量管理体系之中
	《山东省近零能耗公共建筑技术导则（试行）》JD 14-054-2020	山东省住房和城乡建设厅	自2021年1月1日起施行

省市	相关政策法规文件名称	发文单位	主要内容、指标、要求
湖北	《2020 年全省住建重点工作责任分工分解方案》（鄂建办〔2020〕2 号）	湖北省住房和城乡建设厅	从着力抓好房地产市场稳控、提升城市功能品质、切实改善农村人居环境、推进建筑业高质量发展、争当经济战场主攻手、提升行政服务效能、推进全面从严治党七个方面做了详细安排部署
	印发《2020 年建筑节能和绿色建筑发展工作意见》的通知	湖北省住房和城乡建设厅	从推动新时代高质量绿色建筑发展、推进建筑能效提升、大力发展绿色建材、加强建筑节能监管、强化保障支撑体系建设、做好"十三五"目标考核和"十四五"发展谋划六个方面制订了目标任务
	《关于 2019 年度全省建筑节能与绿色建筑发展目标任务考核的通报》	湖北省住房和城乡建设厅	对各地 2019 年度主要目标任务完成情况及年度工作目标责任考核情况进行了通报
	《关于 2020 年度省级建筑节能以奖代补资金竞争性分配计划的公示》		对 2019 年度省级建筑节能"以奖代补"资金使用进行了绩效评价，并按"贡献大、得益多""完成好、奖补多"的原则，依据《湖北省建筑节能以奖代补资金管理办法》相关规定对各奖励对象给予奖励
	《关于加强和完善绿色建筑和节能管理工作的通知》（鄂建函〔2020〕62 号）	湖北省住房和城乡建设厅	要求各地在开展绿色建筑创建行动、加强绿色建筑与节能工作管理、切实做好服务保障工作等方面贯彻落实《湖北省"十三五"节能减排综合工作方案》，顺利完成"十三五"建筑节能和绿色建筑发展规划目标任务
	《关于印发〈2020 年城乡建设与发展以奖代补资金项目申报指南〉的通知》		对"擦亮小城镇"行动、美好环境与幸福生活共同缔造活动、农村住房试点建设及其他城乡公益性市政公用基础设施建设项目等进行奖励
	《湖北省绿色建筑创建行动实施方案》（鄂建文〔2020〕12 号）	湖北省住房和城乡建设厅	本方案依据住建部要求，结合湖北省实际编制
	《关于开展 2020 年建筑节能与勘察设计工作综合检查的通知》	湖北省住房和城乡建设厅	对 2020 年全省建筑节能、勘察设计工作综合检查的重点内容、检查时间和检查要求进行部署

省市	相关政策法规文件名称	发文单位	主要内容、指标、要求
湖南	《湖南省绿色建筑发展条例》		已列入湖南省立法重点调研计划项目，争取2021年出台
	《关于加强我省民用建筑节能与绿色建筑相关管理工作的通知》（湘建科〔2019〕244号）	湖南省住房和城乡建设厅	通知自2020年1月8日起施行，至2025年1月7日止。明确自2020年1月1日起，湖南省全面取消建筑节能专项验收备案事项
	《湖南省"绿色住建"发展规划（2020-2025年）》的通知（湘建科函〔2020〕68号）	湖南省住房和城乡建设厅	到2025年，住房和城乡建设绿色发展体制机制和政策体系基本建立，生态空间绿色环保、基础设施健全便利、建设方式集约高效、人居环境宜居舒适、生活方式绿色低碳的城乡发展新格局基本形成，城乡绿色化、人文化、精致化、智能化水平显著增强，人民群众安全感、获得感、幸福感全面提升
	《湖南省绿色建筑创建行动实施方案（草案稿）》	湖南省住房和城乡建设厅	经第一次征求意见后，进行了修改，面向全省征求意见
辽宁	辽宁省绿色建筑创建行动方案	辽宁省住房和城乡建设厅等多部门	方案以提升绿色建筑全过程管理水平、推动技术研发推广和绿色建材应用、提升建筑能效水效水平、提高住宅健康性能、推广装配化建造方式、建立绿色住宅使用者监督机制等工作为重点，大力推动绿色建筑高质量发展
	辽宁省绿色社区创建行动方案	辽宁省发展改革委等多部门	方案坚持问题和需求导向，加快补齐社区在绿色发展方面存在的短板，构建符合生态文明理念要求的价值导向，进一步激发广大人民群众践行绿色生产生活方式的积极性，有效提升城市社区生产生活的绿色化水平，努力建设"以人为本、节约适度、和谐文明、健康优美"的人居环境
	辽宁省老旧小区改造技术指引暨"1358"工作法	辽宁省住房和城乡建设厅	到2022年，建立老旧小区改造的制度框架、政策体系和工作机制，维修改造小区公共部位和配套基础设施，提升养老、托育、医疗等公共服务水平。到2025年，基本完成对2000年底前建成的需改造城镇老旧小区综合改造提升，建设安全健康、设施完善、管理有序的完整居住社区

续表

省市	相关政策法规文件名称	发文单位	主要内容、指标、要求
大连	促进大连市建筑业高质量发展的实施意见	大连市住房和城乡建设局	积极发展装配式建筑，鼓励BIM技术在装配式建筑全过程的集成应用，鼓励在新建建筑工程及市政基础设施项目中采用装配式建筑技术等绿色建造方式，促进建筑业转型升级
	大连市绿色建筑发展"十四五"专项规划		启动编制工作
河南	关于印发《河南省绿色建筑行动实施方案》的通知（豫建科〔2020〕370号）	河南省住房和城乡建设厅等九部门	到2022年底，城镇新建建筑中绿色建筑面积占比达到70%，绿色建筑和装配式建筑完成情况纳入对各级政府年度能源消耗总量和强度"双控"目标责任评价考核体系
郑州	关于印发《郑州市绿色建筑创建行动实施方案》的通知（郑建文〔2020〕241号）	郑州市住房和城乡建设局等部门	2021年，城镇新建建筑中绿色建筑面积占比达到100%

7.3　绿色建筑标准情况

2020年发布的绿色建筑相关标准　　　　　　　　　　表3

省市	标准名称
浙江	既有国家机关办公建筑节能改造技术规程
	浙江省城镇老旧小区改造技术导则（试行）
	建筑装饰装修工程施工质量验收检查用表标准
福建	海峡两岸绿色建筑评价标准（DBJ/T 13-324-2019）
	福建省民用建筑能效测评标准
	民用建筑太阳能热水和空气源热泵系统一体化技术应用规程
	福建省绿色建筑设计标准（修订）
山东	地源热泵运行管理技术规程
	公共建筑节能设计标准
	山东省近零能耗建筑公共建筑技术导则
湖南	绿色建筑评价标准（DBJ 43/T 357-2020）
	既有建筑绿色改造技术标准（DBJ 43/T 355-2020）
辽宁	绿色建筑施工质量验收技术规程
河南	绿色建筑评价标准（DBJ 41/T 109-2020）

正在审查报批中的标准 表 4

省市	标准名称
山东	绿色建筑评价标准（修订 2020 版）
	绿色建筑设计规范（修订 2020 版）
	绿色建筑工程施工质量验收规范
	既有居住建筑绿色改造技术规程
	建筑整体气密性检测标准
	建筑与市政工程绿色施工技术标准
	绿色建筑运行维护技术导则
湖北	绿色建筑设计与工程验收标准（DB 42/T 1319）（修订）
	被动式超低能耗（居住）绿色建筑节能设计标准
湖南	湖南省绿色生态城区评价标准
	湖南省城市居住区绿色建设标准
大连	健康建筑评价规程
	绿色建筑装配式集成电气管线应用技术规程（团体标准）

在编的绿色建筑相关标准和图集 表 5

省市	标准、图集名称
山东	被动式超低能耗建筑标准设计图集
	绿色建筑检测技术标准
	居住建筑新风技术规程
	可再生能源建筑应用工程检测与评价标准
	民用建筑外窗工程技术规范
	建筑与市政工程绿色施工管理标准
	建筑与市政工程绿色施工评价标准
湖北	低能耗居住建筑节能设计标准（修订）
	湖北省海绵城市规划设计规程
大连	绿色建筑评价规程
	绿色校园评价规程
河南	绿色建筑工程验收技术标准

7.4 绿色建筑科研情况

浙江省绿色建筑相关科研项目 表6

编号	项目名称	承担单位	立项来源
1	绿色建筑技术在浙江省农房建设中推广应用的研究——以杭州地区为例	浙江省建筑设计研究院	2019年浙江省建设科研项目（自筹）立项项目（浙建设函〔2020〕4号）
2	绿色建筑信息披露制度和管理平台研究——以湖州市为例	浙江省建筑科学设计研究院	
3	浙江省历史保护建筑绿色节能改造及热环境提升技术研究	浙江大学	
4	浙江省装配式建筑产业基地布局与发展研究	浙江省绿色建筑与建筑工业化行业协会	
5	浙江省绿色建筑"十四五"发展研究	浙江省建筑设计研究院、浙江省绿色建筑与建筑工业化行业协会	浙江省住房和城乡建设厅2020年度工程建设标准和科研服务采购项目
6	基于绿建技术的浙江省未来社区城市更新应用技术要点	浙江省建筑设计研究院	
7	浙江省海绵城市建设区域评估标准	浙江省城乡规划设计研究院	

福建省绿色建筑相关科研项目 表7

序号	名称	简介
1	《厦门市绿色建筑运营与检测技术研究》	研究通过从节能、节水、耗材、绿化、垃圾及排污、建筑安防、建筑日常维护等方面研究出厦门市绿色建筑高效运营技术。结合实际绿色建筑检测工程，对绿色建筑运行阶段的检测策略、运营管理技术要点进行提炼，提出绿色建筑高效运营的基本原则和措施方法，为厦门市绿色建筑由设计向运营转型提供技术支持，推动绿色建筑向实效型方向发展提供技术探索
2	《厦门市住宅与小区海绵城市技术研究与应用示范》	研究选取厦门地区公共建筑、住宅与小区、工业建筑的典型项目，在设计、施工、运营管理各阶段中进行海绵城市技术适宜性分析；分析各项技术对项目的改善以及在工程实践中的常见问题，继续优化单项技术、提高总体技术集成体系的合理性和经济性，编制厦门市海绵城市适宜性技术研究与应用示范研究报告
3	《夏热冬暖地区基于建筑室内外热环境优化的通风空调低能耗技术研究》	"净零能耗建筑适宜技术研究与集成示范"子任务。课题研究夏热冬暖地区室内外空调设备的优化运行策略应用于低能耗建筑热环境改善的可行性及节能效益；研究夏热冬暖地区建筑室内外热环境的优化方案，构建适宜夏热冬暖地区通风空调低能耗技术体系

续表

序号	名称	简介
4	《基于 BIM 技术的既有公共建筑节能改造方案优化方法研究》	分析了厦门地区不同类型既有公共建筑的能耗构成,并调研常见的节能改造做法及其改造成本;采用 BIM 模拟计算分析不同节能改造方案的改造成本、节能效益、舒适性,结合结构鉴定检测验证改造方案的安全性,综合各因素提出节能改造方案的优化方法
5	《夏热冬暖地区空调冷凝水雾化冷却应用研究》	本研究结合夏热冬暖地区典型气象年气候数据,计算分析福建省典型城市的空调系统冷凝水产水规律,研究空调系统冷凝水回收作为空调雾化冷却系统水源的可行性

湖北省绿色建筑相关科研项目　　　　　　　　　　　表 8

序号	项目名称
1	以"新基建"助力湖北长江经济带推进绿色宜居城镇建设发展策略研究
2	夏热冬冷地区居住建筑太阳能高效供暖关键技术优化设计研究
3	ASG 新型无机复合保温板外墙保温系统
4	城镇黑臭水系综合治理关键技术研究及应用
5	装配式钢结构住宅围护体系裂缝控制的试验研究
6	滑坡冲击下装配式建筑抗连续倒塌能力
7	预制混凝土构件工厂生产管理平台开发及应用
8	基于纤维混杂的废弃混凝土资源化利用关键技术研究及应用
9	装配式建筑的成本研究
10	基于 BIM 的施工过程结算管理
11	BIM 技术在装配式建筑施工中应用研究
12	基于绿色建筑高质量发展的建设科技创新政策措施研究
13	提升湖北省城市建设项目智慧管理能力课题研究

湖南省绿色建筑相关科研项目　　　　　　　　　　　表 9

序号	课题名称	主要承担单位	备注
1	湖南省绿色住区使用后评价研究	湖南大学	已结题验收
2	湖南省建筑太阳能利用适宜性研究	湖南大学	已结题验收
3	湖南省大型公建和保障性住房标准化文件	湖南省建筑设计院有限公司	已结题验收
4	湖南地区保障性住房绿色建筑应用技术评价体系	湖南省建筑科学研究院有限责任公司	已结题验收
5	湖南省建筑环境模拟技术研究	湖南绿碳建筑科技有限公司	已结题验收
6	湖南省绿色建筑中长期发展规划（2020—2030）	湖南大学	现处于编制阶段,计划年底结题

7.5 绿色建筑技术推广、专业培训及科普教育活动

7.5.1 绿色建筑技术研讨、交流和推广活动

(1) 2020 年 11 月，"山东省第五届绿色建筑与建筑节能新技术产品博览会"成功举办。本次大会由山东省住建厅王玉志厅长作"推动城乡绿色发展，创享美好宜居生活"主题报告，中国工程院王建国院士、肖绪文院士围绕城乡建设绿色高质量发展作了主题演讲。30 余万观众通过线上直播收看开幕式。本届绿博会吸引了 300 余家高等院校、科研机构及相关企业参展，展览面积 4.6 万 m^2。展会设置了山东省"十三五"城乡建设绿色发展成就、智慧生活、健康宜居、美丽村居、绿色建造、绿色建材、科技创新、未来城市八大主题展区，现场布置超低能耗建筑、装配式建筑、3D 打印建筑、第四代住宅等实体建筑 10 余座，满足了专业人士和广大市民不同的观展需求。绿博会期间，同步举办绿色城市发展高峰论坛、绿色建筑高质量发展技术论坛、绿色智能建造技术论坛、绿色建材发展交流大会、建筑节能技术论坛、清洁取暖与农村能效提升技术论坛、钢结构住宅与装配式建筑技术交流大会、山东住宅技术创新论坛等 13 场专业技术交流活动。省内各级行业主管部门，相关企事业单位专业技术人员及社会观众共 6 余万人参加了展会。

(2) 2020 年 11 月 13 日，"山东土木建筑学会绿色建筑与（近）零能耗建筑专业委员会及山东省被动式超低能耗绿色建筑创新联盟大会"在济南召开。山东省住房和城乡建设厅二级巡视员殷涛、厅节能科技处二级调研员杜洪岭与副处长高敏、山东省建筑科学研究院有限公司董事长宋义仲、山东省城乡规划设计研究院院长王昶及山东省建筑设计研究院有限公司副总经理顾国栋等领导和嘉宾出席大会。省内部分地市节能科技主管部门的领导及专委会和联盟单位的 150 余位代表参加会议。

(3) 2020 年 8 月，湖北省住房和城乡建设厅组织省内相关从业人员参加"湖北省建设科技大讲堂（第四期）"活动，主题为"发展绿色建筑，推进建筑节能"，湖北省绿色建筑与节能专业委员会刘士清同志作了"贯彻实施新版绿标，提升建筑品质"的专题讲座，分享绿色建筑的发展、新版《绿色建筑评价标准》主要修订内容、相关案例分析、如何促进绿色建筑发展以及未来城市展望几大方面的内容。

(4) 2020 年 11 月，湖北省住房和城乡建设厅党组成员、副厅长龙宁等同志参加在武汉召开的 2020 年工程建设行业绿色发展大会，会议主题是"绿色建造赋能高质量发展"，大会主题鲜明、内容丰富，包括绿色发展论坛、绿色建造水

平评价体系解读、绿色建造示范项目分享、观摩活动、绿色建造示范工程展等部分，贴近工程建设实际，来自绿色建造领域的专家、学者、企业代表等近千人参加会议。

（5）2020 年 9 月 18 日，由中国建筑科学研究院、建科环能科技有限公司、中国建筑节能协会被动式超低能耗建筑分会、湖南省建设科与建筑节能协会主办的国家标准《近零能耗建筑技术标准》GB/T 51350－2019 技术交流会在湖南株洲召开。来自主办单位及株洲市住房和城乡建设局领导、市州相关协会、研究院、企业单位 160 余人代表参加了交流会。

（6）2020 年 12 月 10 日～12 日，"科技创新·绿色发展——2020 湖南省建设科技与绿色建筑行业峰会"在长沙举办，本次峰会邀请省人大、省住建厅、市州建设主管部门相关领导、国家及地方行业协（学）会相关负责人、会员企业代表等参会，解析行业发展趋势、分享经验、探讨机遇，并表彰在建设科技创新、绿色建筑、建筑节能等领域做出突出贡献的企业、项目成果及个人，同时由多家主流媒体通过视频、报纸、同步直播等方式进行相关报道。

（7）"2020 中国（郑州）装配式建筑与绿色建筑科技产品博览会"于 2020 年 7 月 29 日～31 日在河南郑州开幕。该展会在河南省住房和城乡建设厅、郑州市住房和城乡建设局、中国建筑节能协会、郑州市城市科学研究会的指导下，由河南省建设科技协会、河南省建筑业协会、河南省房地产业协会、河南省装配式建筑产业发展协会、河南省钢结构协会共同主办，河南翔宇展览服务有限公司具体承办。本届博览会重点展示了泰宏集团承建的大型市政公用项目郑州市四环线及大河路快速化工程，大型房屋建筑项目河南省省直青年人才公寓博学苑、慧城苑项目及鹤壁淇水花园项目等装配式建筑技术的运用。本届博览会还同期举办了装配式建筑与绿色建筑及内装工业化论坛，数字建筑、BIM 技术现代钢结构应用发展论坛，建筑装配化与智慧建造技术论坛，建筑防水行业发展高峰论，邀请了 30 多位行业权威专家及学者发表主题演讲。

（8）福建省通过连续举办海峡绿色建筑与节能博览会、国际建筑节能博览会、全国优秀勘察设计创新大会，加大绿色建筑的宣传推广。

7.5.2 专业技术培训活动

（1）浙江省于 10 月 19 日、11 月 27 日，分别在台州和湖州举办"绿色建筑浙江行"暨绿色建筑和建筑工业化培训活动，共计 500 余人参加。

（2）山东省通过城建学院智慧教室在线视频直播举办了山东省绿色建筑与钢结构装配式住宅培训和《公共建筑节能设计标准》系列培训活动，省内各级管理部门、各有关单位从业人员 7000 余人次参加，全面系统地学习了有关绿色建筑、装配式建筑和建筑节能的专业技术知识，进一步提升了行业技术水平，对推动山东省绿色建筑的高质量发展起到积极作用。

（3）2020 年 7 月 29 日～30 日，湖南省建设科技与建筑节能协会绿色建筑专业委员会组织《湖南省绿色建筑工程设计要点（试行）》《湖南省绿色建筑工程技术审查要点（试行）》宣贯培训会议在长沙召开，共计 200 余人参加会议。

（4）大连市绿色建筑行业协会被授予作为辽宁省首批建筑行业新型人才培养基地，按照统一部署开展了"1＋X"建筑信息模型（BIM）职业技能等级培训工作，共组织开展初级（建模）、中级（工程管理）、中级（结构工程）3 期培训，并组织学员参加了 2 期全国考评。

（5）大连市绿色建筑行业协会与中国建筑科学研究院北京构力科技有限公司（PKPM 软件公司）联合主办了绿色建筑评价标准重点解读及基本级、一星级项目必做模拟解析培训，装配式建筑评价标准解读及装配式建筑设计软件实操培训，使培训人员深入理解绿色建筑及装配式建筑标准应用要求，熟练掌握配套软件工具的使用，掌握各专业间的协同设计工作，提高绿色建筑、装配式建筑设计应用能力。

7.5.3　科普教育活动

（1）2020 年 4 月 22 日，在中国城科会绿建委、中国建筑节能协会、大连市住房和城乡建设局、大连市民政局的指导下，大连市绿色建筑行业协会以"打造绿色健康建筑　共建美丽智慧大连"为主题在大连黑石礁公园成功举办第 51 届世界地球日活动。此次活动旨在推动绿色校园、绿色社区建设，宣传绿色低碳健康生活理念，倡议"珍爱地球，人与自然和谐共生"。大连市住房和城乡建设局、市民政局、沙河口区委区政府、沙河口区人大政协等相关部门领导及行业专家受邀参加此次公益活动，市民盟、市工商联领导也出席了活动，协会会员企业及绿色校园示范基地、绿建志愿者、社区居民、媒体代表等近 400 人共同参加。

（2）全国节能宣传周活动期间，在大连市住房和城乡建设局指导下，大连市绿色建筑行业协会围绕"绿水青山、节能增效"主题，从 2020 年 6 月 16 日起组织了节能宣传周系列活动。活动中，组织节能专家到大连铁龙新型材料有限公司进行节能诊断，组织会员企业相关人员参观易汇电管家节能示范项目。通过节能诊断引导绿色建材企业坚持符合科学、利于节约的规划和设计理念，应用节约能源资源的设计方案、施工技术和产品，宣传绿色建筑、既有居住建筑节能改造等工作的良好效益，推广绿色建筑适用技术、创新产品、运行管理技术措施。

（3）全国科普日活动期间，在大连市住房和城乡建设局指导下，大连市绿色建筑行业协会于 2020 年 8 月 22 日起组织了全国科普日系列活动，分别组织绿建企业科普联合行动和校园科普联合行动。组织绿色建材企业到大连城建设计研究院有限公司进行新型保温材料宣传讲解；组织绿色校园示范基地大连理工大学参加国际太阳能十项全能竞赛的老师和同学们参观绿色建材企业。

7.5.4 其他相关活动

（1）财政部和住房和城乡建设部联合印发《关于政府采购支持绿色建材促进建筑品质提升试点工作的通知》，浙江省杭州市、湖州市和绍兴市入选成为第一批全国试点城市。目前三个试点城市已启动实施方案编制工作。

（2）福建省发布"福建省绿色建筑技术和产品推广目录""绿色建材产品推广应用目录""绿色农房适宜技术和产品选用"，宣传推广绿色适宜技术产品。

（3）2020年8月5日，湖南省人大常委会副主任杨维刚率省人大环资委、省住建厅一行，前往湘江新区基金小镇、高新区远大住工、开福区万国城、经开区山河智能总部大楼等地，实地考察绿色建筑实施项目和装配式建筑产业发展情况，协调推进湖南省绿色建筑发展立法相关工作。

（4）2020年8月24日，河南省人大常委会财经预算工作委员会副主任张玉民带领省人大常委会绿色建筑立法调研组成员，到郑州市城市科学研究会绿色建筑与节能委员会就绿色建筑立法工作进行调研。调研座谈会上，郑州市城乡建设局建筑节能与科技处李勇军处长介绍了郑州市近年来在绿色建筑方面颁布的文件及执行情况和绿色建筑工作取得的成绩。曹力锋秘书长代表郑州市城市科学研究会以"郑州市绿色建筑探索与实践"为主题，从发展历程、取得成效、政策分析、问题与建议四个方面，汇报了郑州市城科会配合政府部门在绿色建筑政策研究方面所做的工作，以及绿色建筑工作推进过程中遇到的问题。张玉民副主任指出，绿色建筑是推动社会高质量发展，提升人民高品质生活的重要工作之一，希望通过立法能够更好的推动全省绿色建筑的普及推广。郑州市人大常委会城乡建设环境保护工作委员会原主任张子亮、郑州市城市科学研究会理事长郭在州等参加了调研座谈会。

（5）2020年10月～11月，湖南省绿色建筑专业委员会、省土木学会/建筑师学会联合举办碧桂园博意设计杯第二届"湖南绿色建筑设计竞赛"，参赛对象包括从事建筑设计咨询、科研教育、建设开发等领域的全省相关高校及企事业单位。

供稿：浙江省绿色建筑与建筑节能行业协会（洪玲笑）
　　　福建省绿色建筑与建筑节能专业委员会（黄平）
　　　福建省海峡绿色建筑发展中心（陈骅）
　　　山东土木建筑学会绿色建筑与（近）零能耗建筑专业委员会（王衍争、王昭）

湖北省土木建筑学会绿色建筑与节能专业委员会（罗剑、丁云）

湖南省建设科技与建筑节能协会绿色建筑专业委员会

大连市绿色建筑行业协会（徐红）

郑州市城市科学研究会绿色建筑与节能专业委员会（曹力峰、王海辉等）

第六篇 | 实 践 篇

    本篇遴选 2020 年完成的 10 个代表性案例，分别从项目背景、主要技术措施、实施效果、社会经济效益等方面进行介绍，其中绿色建筑标识项目 6 个，既有建筑绿色改造标识项目 1 个，国际双认证项目 1 个，绿色生态城区标识项目 1 个，城市更新项目 1 个。

    绿色建筑标识项目包括以打造"低碳"实践区，推进"生态宜居"城市建设的虹桥绿谷广场项目；绿色建筑从"四节一环保"的理念延伸到"以人为本"的趋势下，具有在设计、建设过程中综合考虑空气品质、水质安全、生活舒适、健身设施、人文关怀等健康要素的南京建邺海玥名都苑 1-14 号楼项目；应用"因地制宜、被动优先、系统考量"绿色理念的蛇口邮轮中心项目；因地制宜采用了生态优先、传承文化、科技智慧、永续利用的绿色理念的 2019 年北京世界园艺博览会中国馆项目；达到节能减排、保护环境、营造健康舒适的使用空间、实现建筑全生命周期贯穿绿色建筑理念的中天津鲁能城绿荫广场 1 号楼项目；重庆市及至全国绿色建筑竣工标识的最大单体建筑，重庆江北国际机场新建 T3A 航站楼及综合交通枢纽。

    既有建筑绿色改造标识项目为中国人民银行常州市中心支行营业用房和附属用房维修改造项目 1 号楼，项目以《既有建筑绿色改造评价标准》GB/T 51141-2015为主要理论依据，选取兼顾"绿色办公"和"既有建筑绿色改造"两大理念的典型案例。

国际双认证项目为绿色建筑设计标识三星级和英国 BREEAM "VERY GOOD"的温州鹿城金茂府项目，项目围绕绿色、科技核心理念，打造由住宅、社区服务中心、托老所、老年服务中心、居家养老用房构成的绿色建筑群。

绿色生态城区标识项目选取中新广州知识城南起步区为典型案例，详细介绍了通过完善的指标体系，健全的生态专项规划，准确的评价分析数据，全过程工作实施机制，建成国家首批智慧城市示范项目、知识城绿色生态城区重点示范项目。

城市更新项目选择来自珲春市、杭州市、北京市的典型旧区综合改造工程案例进行技术展示，为提高城市承载力，防治各类"城市病"开药方。

由于案例数量有限，本篇无法完全展示我国所有绿色建筑技术精髓，以期通过典型案例介绍，给读者带来一些启示和思考。

Part 6 | Engineering Practices

This paper selected 10 representative cases completed in 2020, introduced the project background, main technical measures, implementation effect, social and economic benefits, etc. Among them, there are 6 green building labeling projects, 1 green retrofitting of existing building labeling project, 1 international double certification project, 1 green ecological city labeling project, 2 urban renewal project.

The green building labeling project included One City • One Center Project, which aims to create a "low-carbon" practice area and promote the construction of an "ecological and livable" city; green building extends from the concept of "4 sections and 1 environmental protection" to the trend of "people-oriented", No. 1-14 building of Haiyue mansion in Jianye District, Nanjing, is a project with comprehensive consideration of air quality, water quality safety, living comfort, fitness facilities, humanistic care and other health elements in the process of design and construction; Shenzhen Shekou Cruise Center Project with the green concept of "suit measures to local conditions, passive priority and systematic consideration"; China Pavilion of the 2019 International Horticultural Exhibition, Beijing, which adopts the green concept of ecological priority, cultural heritage, scientific and technological wisdom and sustainable utilization according to local conditions; to achieve energy conservation and emission reduction, protect the environment, create a healthy and comfortable use space, realize the whole life cycle of the building through the concept of green building in Tianjin Luneng

City Center 1♯ (Centralized Commerce and Office Building) Project; New T3A terminal and integrated transportation hub of Chongqing Jiangbei International Airport, as well as the largest single building with the "completed" labeling of building in Chongqing and even in China.

The green retrofitting of existing building labeling project is office building of Changzhou central sub-branch of The People's Bank of China, based on the 《Assessment standard for green retrofitting of existing building》 GB/T 51141 - 2015, this project selects a typical case that takes into account the 2 concepts of "green office" and "green retrofitting of existing building".

The international double certification project is the 3-star green building design labeling and BREEAM (VERY GOOD) for WenZhou LuCheng JinMao Palace, focusing on the core concept of green and science and technology, the project creates a green building complex composed of residence, community service center, nursing home, elderly service center and home-based care room.

The project of green ecological urban labeling selected the China-Singapore Guangzhou Knowledge City Southern Start-Up Area as a typical case, introduced in detail the comprehensive index system, sound ecological special planning, accurate evaluation and analysis data, and the implementation mechanism of the whole process, the first batch of National Smart City demonstration projects and key demonstration projects of green ecological city of knowledge city have been built.

Urban renewal selected the comprehensive renovation project of typical old urban areas in Hunchun, Hangzhou and Beijing for technical demonstration, to improve the carrying capacity of urban, and to prescribe prescriptions for preventing and treating various "urban diseases".

Due to the limited number of cases, this part cannot fully demonstrate the essence of all green building technologies in China, so as to bring some facts and thoughts to readers through the introduction of typical cases.

1 虹桥绿谷广场
1 One City·One Center

1.1 项 目 简 介

虹桥绿谷广场项目——虹桥商务区核心区一期 08 地块 D23 街坊城市综合体位于虹桥商务区核心区域，由上海众合地产开发有限公司投资建设，华东建筑设计研究院有限公司设计，上海建工集团股份有限公司施工，上海科瑞物业管理发展有限公司运营，总用地面积 43710.30m²，总建筑面积 253456.17m²，2012 年 12 月依据《绿色建筑评价标准》GB 50378-2006 获得三星级绿色建筑设计标识，2020 年 7 月依据《绿色建筑评价标准》GB 50378-2014 获得三星级绿色建筑标识。

基地东北侧毗邻虹桥交通枢纽，西侧与国家会展中心（上海）相隔嘉闵高架路。地面上共有七栋单体建筑，主要功能为办公，包括部分商业娱乐。地下室整体联通，为商业和车库。实景图如图 1、图 2 所示。

图 1　虹桥绿谷广场实景图

图2 建筑单体分布图

1.2 主要技术措施

本项目引入绿色街区设计理念，将由建筑小围合和内庭组成的街区作为一个整体来进行绿色设计，旨在提高建筑性能品质，积极引导低碳消费行为。绿色技术的运用，有利于提高资源能源使用效率，减少污染物和废弃物排放，提高城市环境质量，成为上海市重点推广的绿色建筑技术实施案例，对推进生态宜居城市建设具有重要的意义（图3，图4）

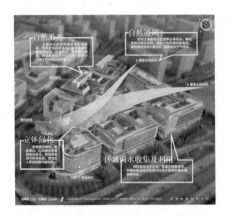

图3 虹桥绿谷广场绿色实践要点　　图4 虹桥绿谷广场绿色建筑技术

建筑设计理念：

低层低密度办公园区——绿色之谷

以中心庭院作为办公园区的环境主体，结合独立庭院绿化、平台绿化、屋顶花园，使园区栋栋有庭院，处处见绿色，打造清新宜人的办公环境，营建办公人员身边的绿色。园区车流全部进入地下开敞式车道及办公楼入口门廊，实现完全的人车分流。

大跨度大空间办公场所——智慧之谷

以大跨度大空间作为办公楼的基本构架，既可实现无柱大空间灵活高效的办公、会议模式，也可便利地作各种功能空间分隔。既可整栋、整层、整单元独门独户，亦可小户型公共空间共享。智能化的楼宇管理和网络布线系统，为客户提供高效的技术支持。宜人高效的办公环境使绿谷成为智慧创意之源。

高星级绿色环保社区——低碳之谷

以绿色建筑理念引领建筑空间创意，以绿色建筑技术打造绿色生态环境，对能源和水消耗，室内空气质量和可再生材料的使用等多方面进行控制，使建筑融于公园自然的形态之中。柔和的阳光，清新的空气，舒适的环境，低碳的运营，将园区打造成为真正意义上的绿色建筑。

大型综合服务业态——创意之谷

园区规划以提供与办公配套的综合服务系统为业态定位宗旨，会展、商业、餐饮、健身、娱乐等功能一应俱全。以下沉式庭院为中心的高品位地下商业城为园区注入勃勃生机，丰富多彩的业态组合和空间形态，成为理想的商务人员社交场所，激发人们无限的灵感和创意。

整体性：引入"Green Block"（绿色街区）的概念，将由建筑小围合和内庭组成的街区作为一个整体来进行绿色设计。

本地性：针对上海地区夏热冬冷的特点，引入低成本被动房技术和适用技术集成应用，作为上海虹桥商务区低碳实践区功能建设项目，具有较好的复制性和示范性。

全程性：引入国际通用的 ISO 14064 标准，建立建筑在全寿命周期内规划、建设、运行、更新/拆除过程的碳排放量核算模型。在项目建设、运行、更新阶段实行碳盘查管理，重点监测施工钢材、水泥、混凝土、保温材料、玻璃等建筑材料，以及建设、运行、更新的能耗和碳足迹，引领低碳商务社区的建设、运行。

1.2.1 节地与室外环境

（1）集约利用土地

本项目位于虹桥商务区核心区一期地块最南侧，地块含公交、出租、步行等多种交通出行方式，邻近地铁、虹桥火车站等。合理利用地下空间，主要功能为车库、商业、餐厅与机房，地下室商业使用空间及车道落客区、入口门厅等均通过下沉庭院、边庭等进行自然采光和通风（图5）。

（2）立体绿化

利用下沉庭院、地下室边庭、地面庭院、裙房屋面以及六栋单体建筑的多层屋顶平台空间等种植绿化，形成不同标高的立体花园，部分楼座还配以垂直绿化。绿化景观种类丰富，选用适应上海生长乡土树种，形成富有层次的绿化空间（图6）。

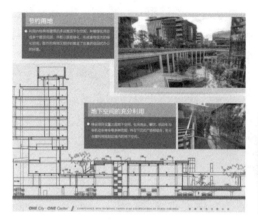

图5 虹桥绿谷广场场地空间利用　　　　图6 虹桥绿谷广场立体绿化

（3）室外风、光、绿、水环境

建筑平面布局、各朝向开口、区域内小围合及环形通道等设计，有利于夏季和过渡季的新风引入，较为均匀地流向室内各功能区域，并通过种植树木整流区域内气流组织条件。从2010年规划设计阶段起即对室外环境与建筑造型布局的关系进行分析优化，提出"风、光、绿、水"场地设计理念（图7、图8）。

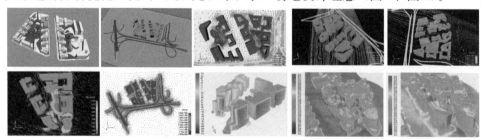

图7 虹桥绿谷广场场地分析

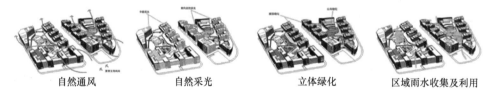

自然通风　　　　　自然采光　　　　　立体绿化　　　　区域雨水收集及利用

图8 虹桥绿谷广场规划场地设计理念"风、光、绿、水"

（4）海绵措施

为达到对场地雨水径流减量控制，室外雨水设计协同场地、景观设计，实现减少场地雨水外排的目标，场地年径流总量控制率达到 73.7％（图 9）。

图 9　雨水花园及景观水体布置

1）虹桥绿谷广场以生态园林理论为指导思想，运用生态学原理进行设计。因地制宜地将乔木、灌木、地被植物有机地组合于地面层及地下一、二层下沉广场。场地综合绿地率 28.34 ％，栽种适应上海地区生长乡土树种，屋面绿化率 63.8％。

2）场地透水铺装结合景观设计主要布置在人行道路、下沉广场及建筑周边，有水铺装主要采取构造透水方式，有植草砖、汀步、构造透水及木质铺装等多种方式。结合绿地及水景，场地雨水引流排入绿地、雨水花园中后溢流排入市政雨水管井。室外透水地面比例为 51.39％。

3）根据场地地形特点，采用下凹式绿地、浅草沟、雨水花园等雨水生态措施，提高场地对雨水径流的滞蓄能力，加强雨水入渗。室外有调蓄雨水功能的绿地和水体比例为 30.76％，主要包括雨水花园和景观水体，其中雨水花园面积为 2442.4m²。

4）场地内收集建筑屋面雨水，存储于雨水管以及蓄水池中。雨水蓄水池容积为 240m³，位于地下二层。

1.2.2　节能与能源利用

（1）围护结构

建筑围护结构热工性能指标符合现行国家和上海市公共建筑节能标准的规定。建筑幕墙平均可开启部分面积比为 12.6％，气密性不低于《建筑外门窗气密、水密、抗风压性能检测方法》GB/T 7106 规定的 4 级要求，通过幕墙外走道回廊、立面外遮阳以及垂直绿化花架等措施，降低室内得热（图 10）。

（2）南能源中心冷热源

采用虹桥商务区核心区统一建设的由燃气冷、热、电联供分布式供能系统与制冷系统、燃气（油）锅炉系统组成的区域集中冷、热水功能系统。建筑空调及生活热水全部使用"三联供"的冷热源由虹桥商务区南区能源中心提供。南区能

245

图 10 立面遮阳与垂直绿化

源中心内含 COP6.032 的离心冷水机组、95％热效率的燃气锅炉、蓄冷率 13.9％的水蓄冷以及分布式热电冷联供机组。选用余热提供部分建筑所需生活热水热量。

在 6 号楼屋顶设太阳能集热器，太阳能集热器面积 80m²。采用间接加热、强制循环双水箱系统。冷水经过太阳能系统预热后，通过容积式热交换器辅助加热后供应热水，机械循环回水，辅助热源采用区域集中供热的高温热水。健身房淋浴、餐厅、理发店由太阳能系统集中供给热水，容积式电热水器提供辅助热源。运行期间太阳能能源产生的热水量为建筑生活热水消耗量的 75.4％（图 11，图 12）。

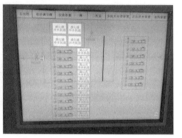

图 11 区域南能源中心示意

图 12 节能与区域能源供应示意

1.2.3 节水与水资源利用

项目制定水系统规划方案，统筹、综合利用各种水资源。同时采取有效措施避免管网漏。使用非传统水源供给绿化、景观、洗车等用水，采取用水安全保障措施，且不对人体健康与周围环境产生不良影响，非传统水源利用率为23.4%。绿化灌溉采取渗灌、微灌等节水高效灌溉方式。景观水体兼有雨水调蓄的作用。按用途设置用水计量水，能耗检测系统中含水耗量的计量与检测（图13）。

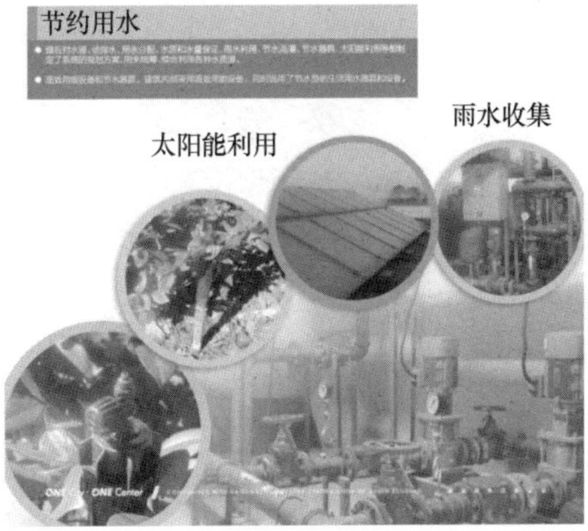

图13 水资源利用与节约用水措施

1.2.4 节材与材料资源利用

主体建筑均为框架-剪力墙结构。各单体按一类高层建筑设计，耐火等级一级，抗震设防烈度为7度。建筑造型要素简约，无大量装饰性构件。现浇混凝土采用预拌混凝土。钢混主体结构HRB400级（或以上）钢筋作为主筋的用量占总用量的71.4%。可再循环材料使用重量占所用建筑材料总重量的11.4%以上。同时兼顾使用可再生材料与废弃物原料。

土建与装修工程一体化设计施工，主体设计与装修设计为同一单位。办公、商场类建筑室内采用灵活隔断，减少重新装修时的材料浪费和垃圾产生，可变化功能的室内空间采用灵活隔断比例为32%。

1.2.5 室内环境质量

（1）声、光、风三位一体的绿色办公空间

建筑形体布局可以为建筑内的商业、大堂及办公会议空间等提供优良采光。同时根据建筑需要，在东西侧幕墙内设置导光板，86%的主要功能空间采光系数满足国家标准。1号、2号楼西立面采用竖向外遮阳，材质为白色彩釉玻璃，南立面则采用建筑自遮阳；临内庭院2号、5号楼东西立面分别设有仿木格百叶外遮阳；3号、4号楼采用建筑自遮阳的形式，上层外挑阳台、遮阳板等为下层立面遮阳（图14）。

在东面的5、6号楼沿高架一侧采用竖向石材遮阳处理，并提高窗户的隔声性能，在获得清新空气时，有效降低室外噪声污染；大量使用边庭、中庭设计，可以将室外自然光线引入室内空间；同时利用中庭、边庭空间，经阳光照射可产生烟囱效应，及时排除多余热量。

（2）室内空气品质

建筑设计和构造设计有促进自然通风的措施，在自然通风条件下，保证89.96%主要功能房间换气次数不低于2次/h。典型功能房间热湿环境参数PMV

图 14　绿谷广场 2 号、5 号楼东西立面外遮阳仿木格百叶

和 PPD 达到整体评价Ⅱ级的面积比例均大于 70%。所有经室内温湿度、风速检测的房间的 PMV 值为：$-1 \leqslant \text{PMV} \leqslant 1$，满足室内人体热舒适度要求。

建筑入口和主要活动空间设有无障碍设施。人员数量变化大的 3 号楼会议室、商业区域设置 CO_2 浓度传感器，地下车库设 CO 浓度传感器（图 15）。

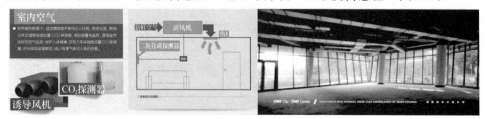

图 15　室内空气品质控制

1.2.6　施工管理

在建设中，通过组织多轮绿色、低碳施工教育培训，全面试行《虹桥商务区核心区一期 08 地块绿色、低碳施工指南》，由项目施工单位每月 10 日向建设方提供上月建设工程的相关施工、能源消耗等资料，并逐步开展对办公和生活用房、塔式起重机、人货两用电梯、预制加工场（棚）、钢筋加工场（棚）、木材加工场（棚）、金属结构加工场（棚）、预拌混凝土浇捣等的碳排放量盘查，实现真正意义上的绿色建筑低碳施工（图 16）。

图 16　现场绿色施工实景

2011~2015 年，施工单位绿色施工逐月记录，浇筑商品混凝土 216204m³，现场加工钢筋量 36785.009t，预拌混凝土损耗率 0.71%，现场加工钢筋损耗率小于 1.5%。

1.2.7 运营管理

(1) 区域管理

虹桥绿谷广场位于虹桥商务区低碳实践区内，公共交通、垃圾分类、能源计量等统一管理（图17）。

便捷公共交通：出入口步行距离 800m 范围内设有申长路-建虹路、建虹路-申贵路、虹桥火车站等 5 个公交站点，有 6 条公交线路及 3 条轨道交通线。

图17 绿谷广场所在虹桥商务区实景

垃圾分类收集和处理废弃物，且收集和处理过程中无二次污染。所有固体废弃物的管理遵照"分类回收、集中保管、统一处理"的原则进行。在每个单体建筑的每个楼层设置垃圾分类收集箱，根据其来源、可否回用性质、处理难易程度等分类以后再回收，盛装在固体废弃物的容器或场所等标明固体废弃物的类别、名称。

南区能源中心设有能耗监测平台，可连接至市网。建筑能耗监测系统的分类能耗包括：电量、水耗量、燃气量、集中供热耗热量、集中供冷耗冷量等，由各仪表分别计量。设置的自动监控系统包括：冷热源系统换热站、通风系统、集中空调送排风系统、给水排水系统、电梯系统、电力监控系统、智能照明系统、太阳能热水系统（图18）。

(2) 绿色宣传

建立绿色教育宣传机制，编制绿色设施使用手册，通过报纸、杂志、公众号等平台进行绿色宣传，形成良好的绿色氛围（图19）。

图 18　能耗分项计量与检测平台　　　　　图 19　绿色宣传

1.3　实　施　效　果

1.3.1　室内污染物控制

室内空气中氨、甲醛、苯、总挥发性有机物、氡、可吸入颗粒物等污染物浓度不高于现行国家标准《室内空气质量标准》GB/T 18883 限值的 70%（图 20）。

图 20　虹桥绿谷广场室内空气污染物检测报告

1.3.2　建筑能耗统计

通过各项建筑节能措施的应用，包括围护结构保温、高性能玻璃幕墙与外遮阳相结合、能源中心稳定供能、室内空气品质监测、高效机电设备应用、余热废热回收利用、场地节水设施等，目前年总能耗使用量较设计预估能耗计算量低

42%（图 21）。

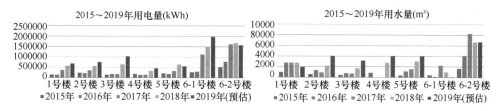

图 21　虹桥绿谷广场 2015～2019 年能耗使用量

1.4　增量成本分析

项目绿色建筑技术总增量成本 5586.23 万元（表 1）。

增量成本统计　　　　　　　　　　　　　　　　　　表 1

实现绿色建筑采取的措施	单价	标准建筑采用的常规技术和产品	应用量/面积	总价（万元）	增量成本（万元）
太阳能热水系统	—	生活热水供应系统	2 套 80m²	214.77	214.77
围护结构		满足标准	—	21011.89	3151.78
屋面绿化	540 元/m²	硬质与绿化屋面	7006m²	380.85	129.60
节能灯具及其自控装置	—	一般灯具	6704 套	500	74.71
雨水回用	—		5 个	177.16	177.16
绿化滴灌	64.926 万元/套	快速取水口	5 套	324.63	74.54
可调节外遮阳	3600 元/m²	形体遮阳	4737m²	1217.05	1217.05
室内空气质量监控系统	2500 元/点	BAS 系统	164 点	41	24.25
排风热回收	75 万元	直排	1 套	75	11.88
能耗监测	22500 元/点	能耗计量	310 点	510.49	510.49
小计					5586.23

1.5　总　　结

虹桥绿谷广场从 2011 年 3 月立项审批到 2015 年竣工验收，至今运营约 5 年，始终贯彻生态城区与绿色街区思想，将由建筑小围合和内庭组成的街区作为一个整体来进行绿色设计与运营，着重整个街区的微气候与周边地块的邻里关系，统一管理。

项目利用多种公共交通和绿色出行方式；建筑立面做到幕墙和外窗的合理配置和高性能设计，结合多种遮阳类型，有效控制室内夏季得热；适当增加室外新风的引入，在会议室、商场公共区域等设置空气质量探测器，营造室内优质空气品质；合理开发利用地下空间；采用绿化草坪、屋面种植花园和低层墙面垂直绿化等多种形式，改善建筑区域微气候；采用非传统水源进行绿化浇灌、路面浇洒、车库清洗等，做到雨水调蓄利用；利用建筑立面透明部分自然采光，采用分区自动控制照明系统；采用热回收技术；在商业餐饮等功能房间有效利用太阳能热水技术；建筑内部采用高效用能设备和节水器具；冷热源、输配系统和照明系统等采用自动监控系统，各项能耗进行分项计量计费。项目施工过程中控制由于施工引起的大气污染、土壤污染、噪声影响、水污染、光污染以及对场地周边区域的影响。运营期间建立耗材管理制度，能量计量收费制度，节水、绿化的管理制度，生活垃圾收运处理统一管理，实施资源管理激励机制。成为上海市虹桥商务区低碳实践区的绿色建筑技术实施案例，对推进生态宜居城市建设具有重要的意义。

作者：汪孝安[1]　李祥胜[1]　胥超[2]　栾颖慧[2]　马晓琼[1]（1. 华东建筑设计研究院有限公司；2. 上海众合地产开发有限公司）

2　南京建邺海玥名都苑（1~14号楼）

2　Haiyue mansion in Jianye District，Nanjing

2.1　项　目　简　介

南京建邺海玥名都苑（1~14号楼）位于南京市建邺区，靠近地铁2号线兴隆大街站，交通便利。周边医疗、教育、商业配套完善。项目由南京奥和房地产开发有限公司投资建设，上海市建工设计研究总院有限公司设计，南京海玥物业管理有限公司运营。规划总占地面积9.2万 m^2，总建筑面积27.87万 m^2，容积率2.22，绿地率42.13%，2020年1月依据《绿色建筑评价标准》GB/T 50378-2019获得绿色建筑标识二星级。

本地块以居住功能为主进行开发建设，工程总投资4.68亿元，实景图如图1所示。

图1　项目实景

253

2.2 主要技术措施

项目以高质量的设计、高品质的建造、高标准的环境营造为目标，秉承绿色集成设计理念，融合健康元素，优先采用适宜技术，进行全过程的建筑品质和性能控制，给住户创造最直接的绿色健康体验。

2.2.1 安全耐久

（1）系统化的防坠设计

项目在各楼栋出入口处均设置雨棚；各户型窗户开启扇距地高度不足1.2m的窗户外侧均设置了防护栏杆；每栋楼四周设置了降低坠物风险的景观隔离带，从建筑单体到建筑周边环境均考虑了防坠落设计。如图2所示。

图2 防坠设计

（2）完善的防滑设计

小区防滑措施完善，从建筑出入口、公共电梯厅到楼梯等部位均考虑了防滑措施，具体措施包括：建筑出入口及平台采用防滑等级为B_w级的石材；公共走廊、电梯门厅、厨房、卫生间等处采用防滑等级B_d级的地砖；建筑坡道处采用防滑等级为A_w级的石材铺地；楼梯踏步采用防滑地砖装饰层，且每个踏步均设置凹凸防滑条，防滑等级为A_d级。

（3）安全防护措施

小区运营过程中采取人车分流措施，室内外地面考虑防滑措施，处处体现出高质量绿色建筑的安全性设计；项目在存在安全隐患处采用安全玻璃；在人流量大、开合频繁的公共区域设置闭门器或采用自动门，防止夹人伤人事故的发生。如图3、图4所示。

图3　闭门器　　　　　　　　　　图4　自动门

2.2.2　健康舒适

（1）全置换式新风系统

项目设有 24 小时全屋运行的除霾置换新风系统（图5），具有恒温、恒湿、恒氧三大作用，全年相对湿度在 30%～70%，室内空气平均每 2 小时置换一次。系统采用 3 级过滤，$PM_{2.5}$净化效率（计重）95%以上。

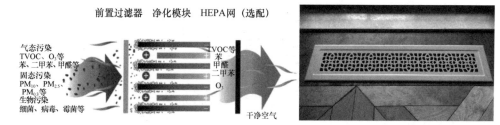

图5　全置换式新风系统

（2）顶棚辐射制冷制热系统

项目采用地源热泵＋顶棚辐射的空调系统，依靠常温水为冷热媒介，以辐射形式进行供冷/供暖，室内温度冬季保持在 18℃及以上，夏季保持在 26℃及以下。室内无机组，不占用空间，温度均衡，室内热湿环境整体指标达到Ⅱ级（图6）。

（3）阳光地下室

本项目地下车库共设置 13 个采光天井，改善地下车库的白天自然采光环境，减少部分照明能耗（图7，图8）。

地下空间平均采光系数不小于 0.5% 的面积与首层地下室面积的比例达到 17%。

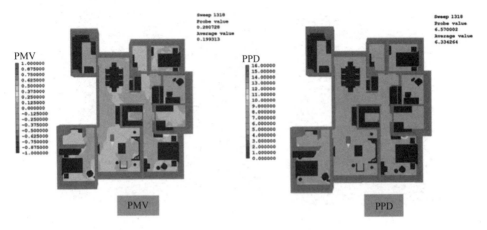

图 6　室内热湿环境模拟效果

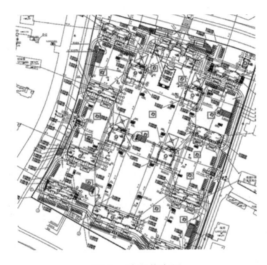

图 7　采光井布局

图 8　地下空间采光井实景

2.2.3　生活便利

（1）多方位的全龄化居住体验

项目在场地东、西、南方向均衡分布 3 处活动场地：成人健身、老人活动及儿童活动场地，方便不同楼栋的业主就近进行室外活动，创造全龄化的活动体验（图 9～图 13）。

图 9　成人活动场地

图 10　儿童活动场地

图 11　老人活动场地

图 12　室外泳池

图 13　室内健身房

（2）智能家居控制系统

本项目集成安全警报、环境监测、离家布防、紧急求助等功能接入智能可视对讲屏，同时，户内设置紧急呼叫按钮及小夜灯，创造"以人为本"的全新家居生活体验（图 14）。

离家布防：离家时启动红外探头，通过红外感应进行入侵报警，提高用户安全感；环境监测：率先在每户设置 $PM_{2.5}$、CO_2、温度/湿度传感器，采集的数据

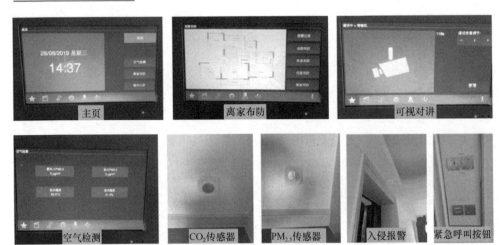

图 14　智能家居控制系统

传递至智能可视屏；紧急求助：卧室及客厅设有紧急报警按钮，距地 1.2m。

2.2.4　资源节约

（1）地源热泵技术系统

本项目采用地源热泵集中空调系统（图 15），地源热泵机房设置于地下室地源热泵机房内，4 台地源热泵机组由土壤提供冷热源，2 台螺杆冷水机组由冷却塔提供冷源，各机组的制冷性能系数（COP）均提高 12％以上。机房内另设 2 台高温热泵制取 60℃生活热水。

由可再生能源提供的空调用冷量和热量比例为 65.45％，由可再生能源提供的生活用热水比例为 100％。

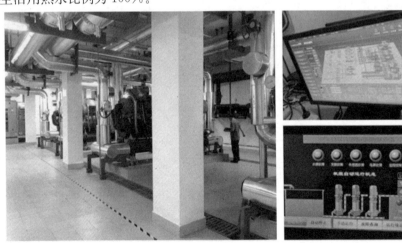

图 15　地源热泵系统

（2）高效节水器具

本项目除次卫坐便器为 2 级节水器具外，其他卫生器具的用水效率等级均达到 1 级，占比达 88%（图 16）。

图 16　节水器具

（3）非传统水源利用

本项目收集地块内部分雨水，采用"雨水→初期径流弃流（安全分流井、截污挂篮、弃流过滤）→沉淀→过滤→消毒→清水池"工艺流程处理，水质满足《城市污水再生利用　城市杂用水水质》GB/T 18920－2002 要求后回用于绿化浇洒、道路冲洗（图 17）。

阀门井　　一体机处理井　　配电箱
清水池提升井　　补水表井

图 17　雨水回用系统

（4）干式工法地面

干法架空地面做法取消装修湿作业，应用比例达 70.78%，集隔声、保温、装饰于一体，实现局部管线分离（图 18，图 19）。

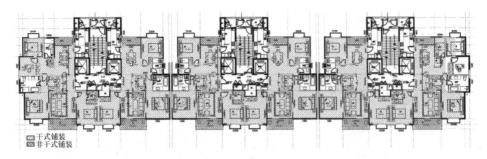

干式铺装
非干式铺装

图 18　干式工法地面分布示意

图 19　架空地板实景

2.2.5　环境宜居

（1）超大尺度的中央景观轴

在规划布局方面，项目打造了一条超大尺度的法式园林中央景观轴，以礼仪入口及会所为开端，沿中轴线布置 200 多米长的景观轴线，最后以一栋 30 层的板式住宅收头，形成工整气派、仪式感强、有条不紊的礼仪景观轴（图 20）。

图 20　室外景观实景

（2）构建高绿容率的园林住区

项目采用森林式景观环抱住宅楼栋的设计手法，通过超大楼间距（46.5～97.7m）、低覆盖率（10.83%）、高绿化率（42.13%），营造高品质的小区景观环境，使业主在生活中更亲近自然，提升小区居住体验（图21）。

图21　小区景观平面及实景图

小区内景观组团均采用乔灌木的复层景观绿化，场地内共有乔木3922株，绿容率可达3.28。

（3）基于艺术美的标识系统设计

项目契合建筑整体形象进行标识系统设计，主要包括：安全警示标识、指令标识、提示标识、引导标识等（图22）。

图22　标识系统实景

2.3　实　施　效　果

2.3.1　室外环境

(1) 室外热环境

本项目建筑基本呈南北方向布局，绿化率达 42.13%，遮阴面积比例达 41.08%，在营造良好景观效果的同时，为居民提供了健康舒适的活动及交流场所。

经模拟计算，建筑室外夏季逐时湿球黑球温度为 31.04℃，室外平均热岛强度 1.39℃，满足《城市居住区热环境设计标准》JGJ 286 - 2013 的规定。

(2) 场地年径流总量控制

42.13% 的高绿化率、500m² 的透水塑胶铺装使整个场地综合径流系数降至 0.41，并设置 500m³ 的雨水收集池，项目年径流总量控制率大于 55%。

2.3.2　室内环境

(1) 室内污染物控制

项目通过设计阶段的装修装饰材料有害物散发量限定及施工过程中的绿色环保选材，有效控制室内主要空气污染物的浓度。经检测，室内（以 1 号楼 0401 室客厅为例）污染物浓度甲醛 0.05mg/m³、氨 0.14mg/m³、苯 < 0.01mg/m³、TVOC < 0.1mg/m³、氡 18Bq/m³，较现行国家标准《室内空气质量标准》GB/T 18883 规定限值降低 20% 以上。

(2) 室内颗粒物控制

项目设有 24 小时全屋运行的除霾新风系统，采用 3 级过滤，$PM_{2.5}$ 净化效率（计重）95% 以上。以 A 户型为例，在关窗静态条件下的室内 $PM_{2.5}$、PM_{10} 年均浓度分别为 13.14$\mu g/m^3$、22.31$\mu g/m^3$，较绿色建筑评价标准要求降低约 50%。

(3) 室内隔声降噪

根据围护结构隔声性能实测，空气声隔声量：外墙 49dB、外窗 32dB、分户墙 49dB、分户楼板 49dB，建筑构件隔声性能均达到低限标准限值和高要求标准限值的平均值要求。

户内架空地板做法可以有效地减小撞击能量，降低楼板的震动。经检测，楼板的撞击声隔声量 64dB，达到高要求标准限值。

项目采用集中空调系统，空调机组位于设备机房内，不与居住层相邻，无噪声影响。室内噪声实测值夜间 28dB，昼间 37dB，达到高要求标准限值。

(4) 室内热湿环境

户内空调末端采用"天棚辐射＋置换新风"系统，具有室内风速低（无吹风感）、人员停留区空气品质好的特点。室内温度冬季保持在 18℃及以上，夏季保持在 26℃及以下，热湿环境整体指标达到 II 级。

2.4 增量成本分析

项目应用了地源热泵、智能化、雨水回收等绿色建筑技术，通过绿色建筑各项措施，全年空调可节约运行费用为 109.1 万元；每年热水节约费用为 20.6 万元；雨水收集系统年总节约水费 1.98 万元。项目总投资约 65 亿元，绿色建筑技术总投资约 3448.43 万元，单位面积增量成本 123.7 元/m²（表1）。

增量成本统计　　　　　　　　　　　　表1

实现绿色建筑采取的措施	单价	标准建筑采用的常规技术和产品	单价	应用量/面积	增量成本（万元）
地源热泵系统	4171 万元	分体空调＋燃气热水器	2727 万元	1 套	1444
智能化系统	1950 万元	—	—	1 套	1950
雨水收集回用系统 1	32.70 万元	—	—	300m²	32.7
雨水收集回用系统 2	21.73 万元	—	—	200m²	21.73
合计					3448.43

2.5 总　　结

本项目实现建筑节能率 74.53%；地源热泵系统提供的空调用冷量和热量比例为 65.45%，提供的生活用热水比例为 100%。每年空调运行费用节约 109.1 万元，每年燃气费用节约 20.6 万元。雨水回用处理系统年节约水费 1.98 万元。节能量为 188.1 万 kWh/年，减少碳排放量 1876.99t。

绿色建筑从"四节一环保"的理念延伸到"以人为本"，说明绿色建筑发展方向已经逐渐朝健康、舒适性转移，新的绿色建筑国家标准对建筑的健康性能提出了技术要求。本项目在设计、建设过程中综合考虑空气品质、水质安全、生活舒适、健身设施、人文关怀等健康要素，创造更加绿色、健康、舒适的人居环境。在后疫情时代，新绿色标准建筑将在应对重大公共卫生事件中发挥更大的作用。

作者：田炜[1]　卞维锋[1]　刘婧芬[1]　施群[2]　邰文雄[2]　刘俊浩[3]　包飘逸[3]（1. 南京长江都市建筑设计股份有限公司；2. 上海建工房产有限公司南京区域公司；3. 南京奥益房地产开发有限公司）

3 深圳蛇口邮轮中心
3 Shenzhen Shekou Cruise Center

3.1 项 目 简 介

深圳蛇口邮轮中心项目（图1），地处粤港澳大湾区与珠江三角洲中心位置、前海蛇口自贸区南端，与香港隔海相望。由招商局蛇口工业区控股股份有限公司投资建设，广东省建筑设计研究院设计，深圳招商蛇口国际邮轮母港有限公司运营，占地面积4.26万 m^2，总建筑面积13.6万 m^2，设计通关能力为650万人次/年。2020年1月依据《绿色建筑评价标准》GB/T 50378-2019获得绿色建筑标识三星级。

项目主要功能为港务交通商业办公综合体，内部功能集海陆交通换乘、通关服务、办公、商业、滨海休闲、配套服务于一体，主要由地下交通接驳中心、1层售票厅、旅客进港或入境厅、2层旅客出港或出境厅、3~4层商业区域、5~8层办公区域、9~10层观光层组成。其中，室外的船首波公园、室内的观光长廊等区域免费向旅客开放，方便旅客欣赏海上风光、拍照留念（图1）。

图1 深圳蛇口邮轮中心实景

3.2 主 要 技 术 措 施

蛇口邮轮中心项目由法国著名的设计大师丹尼斯-岚明先生设计，采用当代设计手法，整体外观设计灵感来源于船首波，寓意着乘风破浪、披荆斩棘的改革精神，并尊重地域传统文化，采用珊瑚墙呼应海洋文化特点，具有大挑檐等岭南地区建筑特色。

项目采用多种因地制宜的技术措施，主要包括：应用结构健康监测系统，优化结构性能；采用计算机辅助设计，优化围护结构、空调、照明、电梯系统的节能性能；设置室内空气质量监控系统，保证使用空间健康舒适；采用合理措施改善室内或地下空间的自然采光效果；对室内游轮候船大厅进行专项声学设计和建筑碳排放计算分析等。

3.2.1 安全耐久

建筑主体为钢筋混凝土框架-剪力墙结构，屋顶为钢桁架结构（图2）。外墙采用玻璃幕墙结构，双层表皮外墙等外部设施与建筑主体结构统一设计、施工，并具备安装、检修与维护条件。

为确保建筑物使用过程的安全，在关键受力部位安装可以检测应力变化的结构健康监测点。结构健康监测系统（图3）包含：传感子系统、数据采集子系统、数据管理子系统、结构安全评定与预警子系统等，对屋盖系统、双层表皮立面等传力关键部位进行智能监测。

图2 屋顶结构施工实景

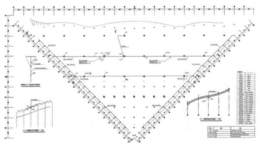

图3 结构健康监测位置示意

3.2.2 健康舒适

空间较大的候客大厅容易产生声学干扰，对此空间专门做了声学分析指导设计（图4）及工程实施。大厅顶棚采用60％穿孔率的铝合金穿孔板，桁架外包穿孔铝板，墙面采用纤维增强硅酸钙板＋氟碳喷涂饰面，确保候客大厅空间无明显的声聚焦、声染色、颤动回声等声学缺陷。

通过中庭天窗（图5）、玻璃幕墙（图6）等引入充足的自然光，使得项目主要功能空间大约94％的区域采光照度值不低于采光要求的小时数，即平均不小

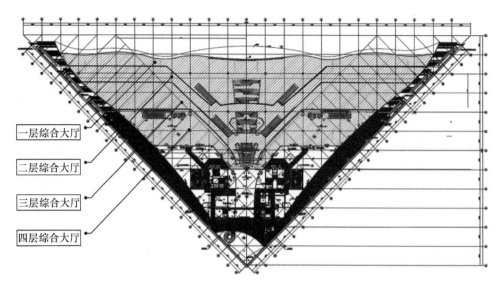

图 4 声学设计平面区位

一层综合大厅
二层综合大厅
三层综合大厅
四层综合大厅

于 4h/d。内区采光达标比例为 100％。地下室也合理设置了采光天井，地下室一层的采光达标比例约为 21％。

图 5 中庭天窗实景

图 6 玻璃幕墙实景

3.2.3 生活便利

项目内的船首波公园及周边公共绿地向社会公众免费开放。建筑内设置健身活动场地及配套的沐浴更衣区（图 7），方便工作人员绿色通行及健身锻炼。

3.2.4 资源节约

项目空调系统的冷却水采用海水进行换热冷却，海水通过热交换器将与冷凝

图 7 室内外活动场地实景

器直接相连的一次冷却水系统的热量带走，为建筑提供绿色环保的空调系统能源，具有显著的节能效益（图8）。

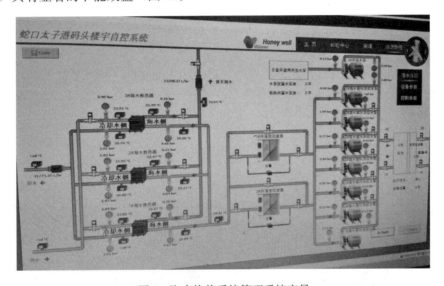

图 8 海水换热系统管理系统实景

项目设有各类智能化控制系统，如空调系统、照明系统、停车场管理系统、建筑设备监控系统、能耗管理系统等。整体措施方便物业管理人员对建筑运营期间的各种状况进行实时监测管理，提高建筑运营效率，及时解决问题及故障。

3.2.5 环境宜居

本项目景观绿地对公众开放，由于项目具有交通属性，因此建筑内外均进行了专业的标识导流系统设计（图9），使得建筑空间、功能、流线等的标示、引导、警示等非常完善。

图 9　建筑引导标识实景

3.2.6　提高与创新

(1) 历史及地域文化设计

蛇口邮轮中心建筑设计充分体现对环境、地块的尊重，项目平面形态依据地形设计为三角形，整体呈由低至高的层次变化，犹如海浪一般，与海水融为一体，因地制宜的文化设计使邮轮中心具有地域标志性（图 10）。

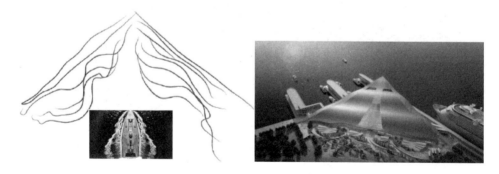

图 10　"船首波"设计理念

(2) 综合创新

为保护生态环境，项目中采用了船舶岸基变频供电系统（图 11），将工业电源转换成船用电源，并通过移动电缆绞车及标准岸电接口与邮轮岸电接口匹配供电，船舶在停靠港口期间关闭辅助发动机并接入电网的过程中，由于无需燃烧燃料，可减少高达 98% 的温室气体排放。

图 11 船舶岸基变频供电示意

3.3 实 施 效 果

深圳蛇口邮轮中心项目，通过绿色规划设计、节能技术应用、物业运营管理等一系列措施，经过 3 年多的绿色运营实践，不断优化、改进和提升，有着较为出色的表现。

项目室内空气品质良好，氨、甲醛、苯、总挥发性有机物、氡等污染物浓度均低于现行国家标准《室内空气质量标准》GB/T 18883 规定限值的 20%。办公室室内噪声级平均在 35dB（A）左右，整体达到《民用建筑隔声设计规范》GB 50118 中低限和高要求标准的平均值。主要功能房间的室内热湿环境参数符合《民用建筑室内热湿环境评价标准》GB/T 50785 中评价 2 级要求的面积比例达到 83.3%。

3.4 增 量 成 本 分 析

本项目采用结构优化及结构健康监测系统、外围护结构热工性能优化，提高了项目的整体结构性能；通过采用海水源热泵及高效机组、末端，并辅以能耗管理监测系统，有效降低了建筑空调能耗，确保了项目整体系统运行的稳定状态。本项目在实际的运行过程中，物业对各项用能进行监控记录，对节能效果进行有效评估，通过整体能耗管理及相应的技术运用，可减少电费约 126.4 万元/年；项目整体采用 1 级节水器具、节水灌溉等节水技术，可节约用水费用约 102 万元/年。项目估计节能绿色技术增量成本约 700 万元，单位面积增量成本约 50 元/m²。详见表 1。

项目绿色技术增量成本分析 表1

编号	绿色建筑关键技术	增量成本	备注
1	区域绿化	50万元	地下室顶板绿化面积达到可绿化面积的30%
2	围护结构热工性能优化	180万	优于国家或行业建筑节能设计标准规定的20%
3	节能灯具	120万元	达到目标值要求
4	海水源热泵	170万元	提高效率、无冷却补水
5	节水灌溉	2万元	采用喷灌、微灌等节水灌溉方式
6	智能化管理APP	30万元	提高项目运营管理效率,优化交通建筑流程及手续办理等
7	抗震及结构增量	50万元	结构健康监测系统
8	空调等系统性能提高	20万元	采用高效机组及末端
9	空气处理措施。	30万元	采用中效处理过滤
10	BIM技术	—	节约费用
11	海绵城市	—	已在区域考量
12	能源管理监测系统	40万元	引入专业能耗管控系统

总增量成本:692.8万元,总建筑面积:13.8万 m²

单位面积增量成本:50.2元/m²

3.5 总 结

本项目作为首批新国家标准三星级绿色建筑,应用"因地制宜、被动优先、系统考量"的绿色理念,其主要技术措施总结如下:

(1)海水源热泵和结构安全监测等是因地制宜的接地措施;

(2)外围护结构优化、自然通风采光、声学设计等是被动优先的有效措施;

(3)海水源热泵、高效照明、岸电系统等是系统考量的合理措施。

该项目通过各种前期的设计优化和后期的专业运维,实现了绿色健康发展的新实践,获得三星级绿色建筑标识、国家优质工程奖等荣誉。对开展绿色建筑创新具有一定的宣传意义,将助力我国建筑产业满足新时代高质量的要求。

作者:陈佳明 熊伟 林武生 颜永民(招商局蛇口工业区控股股份有限公司)

4 2019 年北京世界园艺博览会中国馆

4 China Pavilion of the 2019 International Horticultural Exhibition，Beijing

4.1 项 目 简 介

2019 年北京世界园艺博览会是经国际园艺生产者协会批准，国际展览局认可，由中国政府主办、北京市政府承办的 A1 类世界园艺博览会，举办地位于北京延庆区，举办时间为 2019 年 4 月 29 日～10 月 7 日，办会主题是"绿色生活 美丽家园"。

中国馆位于世园会园区的核心景观区，建设单位为北京世界园艺博览会事务协调局，设计单位为中国建筑设计研究院有限公司，咨询单位为中国建筑科学研究院有限公司，总占地面积 48000m²，总建筑面积 23000m²，2019 年 9 月本项目依据《绿色建筑评价标准》GB/T 50378－2019 获得绿色建筑三星级标识。

项目主要功能为园艺展示，主要由序厅、展厅、多功能厅、观景平台、室外梯田等构成，如图 1 所示。经济技术指标见表 1。

图 1　中国馆鸟瞰图

271

经济技术指标 表 1

	建设用地面积	48000m²
	总建筑面积	23000m²
其中	地上建筑面积	14902m²
	地下建筑面积	8098m²
功能面积	展厅面积	11142m²
	公共服务面积	5384m²
	后勤面积	2268m²
	暂存库面积	1764m²
	机房面积	2440m²
	人防面积	1400m²
	建筑高度	23.8m（构架最高处36m）
建筑层数	地上	2（局部设夹层）
	地下	1
层高	地上二层	13.8m
	局部夹层	5m
	首层	10m（局部夹层下方5m）
	地下一层	6~7m
	日参观人数	4万人
	容积率	0.31
	绿地率	25%
	建筑基地面积	7912m²
	建筑密度	16.5%
	机动车停车数量	0
	非机动车停车数量	20

4.2 主要技术措施

中国馆的设计充分挖掘场所精神和地域文脉，结合本土的园艺智慧，体现了悠久的中华农耕文明，讲述了人与自然的美丽故事，采用了符合本土理念的材料及适用于展览建筑的绿色技术，实现了建筑的生态、节能，最终成为一座有生命、会呼吸的绿色建筑，具有良好示范性、可复制性及推广应用价值。

4.2.1 安全耐久

（1）结构耐久性：本项目结构耐久性使用年限按100年进行设计。

（2）防坠落景观：室外堆土形成梯田景观，形成可降低坠物风险的缓冲区、隔离带。

（3）入口架空：本项目首层中部架空，主入口设在架空区内，既为人员通行区域提供了防护，又起到了遮阳、遮风、挡雨的作用（图2）。

图 2　入口架空

（4）防滑地面：本项目室内展厅地面采用胶粘石，展厅内坡道采用木塑地板，湿态防滑值 $BPN \geqslant 80$，干态静摩擦系数 $COF \geqslant 0.7$，达到 A_d、A_w 级；楼梯踏步设有防滑条，保障人员行走安全（图3）。

（5）灵活布局：本项目展厅为大开间布置，地下一层、首层和二层展厅内采用灵活布置的隔断，可适应不同的布展需求。建筑结构与建筑设备

图 3　室内防滑地面

管线分离，在结构顶板下明装管线，方便设备管线的铺设。

4.2.2　健康舒适

（1）声环境：本项目采用覆土建筑的手法，大部分展馆置于室外梯田景观之下，有约 $1500m^2$ 的覆土屋面，玻璃幕墙采用光伏太阳能板和中空夹层玻璃，降低了主要功能房间的室内噪声级，起到优化室内声环境的作用。

（2）光环境：本项目屋顶为仿古巨型屋架，出檐深远，南侧出檐最远处约为3.7m。屋盖为光伏太阳能板和中空夹层玻璃，室内加装 ETFE 膜，太阳能光伏板为半透明的金黄色，既充分利用天然光，又较好地控制了室内眩光（图4）。

（3）保温隔热：中国馆采用半围合环抱形的场地布局，减小了建筑的体型系

数，适应延庆寒冷冬季的保温要求。为适应地域性建造方式，向当地的古崖居学习，中国馆采用被动式技术，将建筑首层埋入土中，采用覆土形式，减小了建筑暴露在空气中的外表面积，从而减少建筑与室外空气的热交换，利用覆土厚度和深度，提高了围护结构热工性能，达到冬季保温及夏季隔热的效果（图5）。

图 4　屋面采光　　　　　　　　　　　　　图 5　覆土设计

受中国北方传统温室启发，中国馆坡屋面采用"双层幕墙"，即选用玻璃和ETFE 膜相结合的围护结构系统，通过屋架幕墙上电动可开启窗扇控制室内通风换气（图 6），在满足植物的光照和通风需求的条件下，玻璃和膜之间形成的空腔更加有利于建筑冬季的保温。选用良好的外保温隔热材料，保证室内无结露、无冷凝、无内表面温度过高；根据房间功能分区设置空调系统末端，均可独立调节，末端风口选用旋流风口及球形喷口。

图 6　可开启窗扇

4.2.3　生活便利

（1）公共交通：公交集团为本园区开通了由市区地铁站点开往延庆世园会的7 条公交接驳专线，由市郊铁路 S2 线延庆站和世园会外围停车场至世园会的 4条免费摆渡专线，以及由世园会至八达岭长城、古崖居等延庆周边旅游景点的 4条公交旅游专线，全方位便利出行。其中，公交接驳专线站点分别位于世园会P3 停车场，距离园区 1 号门小于 300m；公交旅游专线站点为 BH3 停车场，距离园区 2 号门小于 50m；免费摆渡专线站点分别位于 BH3、P3 等停车场，距离园区大门均小于 300m。

（2）全龄化设计：本项目室内外公共区域满足全龄化设计要求。主要出入口为无障碍出入口，轮椅通行出入口平台上方设置雨篷。项目设有无障碍电梯，载重量为1350kg，可容纳担架。东西展厅均每层设有1处无障碍专用卫生间，并设置无障碍标志。展厅内均为圆柱（图7）。

(3) 能耗管理系统： 本项目设置建筑能效管理系统，对楼内冷、热水及电量进行分项计量采集并上传。可提供多种数据统计方式，可按能耗类型、设备类型、区域、不同业主，提供日、周、月、年等多种统计方式，制定能效优化策略、能效分析、节能诊断等（图8）。

 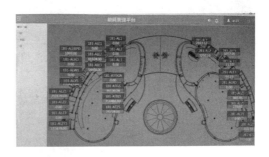

图7　室内圆柱　　　　　　　　　图8　能耗管理平台

(4) 绿色宣传： 中国馆携手主创设计崔愷院士举办"绿色与传承——世园会场馆绿色创新设计"演讲，以促进普及绿色建筑知识，并编制了生态园区规划和绿色世园相关文章和书籍，对绿色生态理念进行宣传和推广，营造游客爱护环境、绿色园区共建的氛围。

4.2.4　资源节约

(1) 高效设备： 本项目采用高效通风设备，风机效率≥74.8%，单位风量耗功率降低比例达27.6%，降低风系统的输送能耗；能源站选用地源热泵系统，真空燃气锅炉效率为92%，高出国家节能标准2个点，水泵选用变频控制，末端采用变频风机，可实现暖通空调系统的节能要求。室内照明功率密度采用节能灯具，整体的照明功率密度均低于标准要求（图9）。

(2) 可再生能源： 本项目冷热水由国际馆能源站内的冷热源设备提供，冬季采用深层地热＋浅层低温＋水蓄能＋调峰燃气锅炉的复合式系统供热，夏季采用浅层低温＋水蓄能＋调峰电制冷机的复合式系统供冷。深层地热由板换＋地热机组提供，浅层低温＋水蓄能由双工况地源热泵机组提供。屋面装设了太阳能光伏发电系统并与市电并网（图10）。

(3) 地道风技术： 引入地道风技术，利用浅层土壤的蓄热能力，在夏季进行空气冷却；冬季利用浅层土壤的蓄热能力进行空气加热的通风节能措施；过渡季则直接利用新风，大幅缩短空调的开启时间，有效降低建筑使用能耗（图11）。

项目地道风的供给区域为一、二层展览空间，其通风量为该区域冬夏季空调系统的最小新风量，总通风量约为 $50000\mathrm{m}^3/\mathrm{h}$。过渡季时地道风系统关闭，直接使用室外空气为室内降温。本项目管道采用高密度聚乙烯材料（HDPE），避免传统混凝土地道风管结露、发霉等问题对室内空气质量的影响。

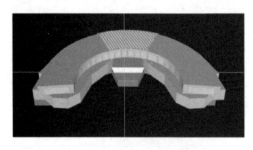

图 9 能耗模拟

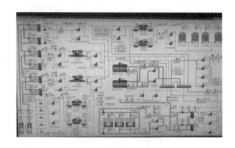

图 10 可再生能源

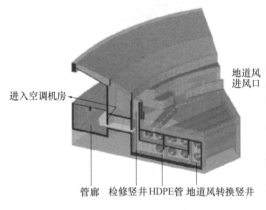

图 11 地道风

（4）节水器具：本项目采用的龙头、大便器、小便器等卫生器具，用水效率等级全部达到 1 级。

（5）节水灌溉：本项目室外绿化用水优先采用回收、处理达标的雨水，中水作为补充。中水水源为市政中水，室外绿化设水表计量。绿化 100% 采用微喷灌的节水型灌溉系统。园区内设有小型气象站，该站共布设 11 种气象观测设备，可对 20 个气象要素进行连续实时观测，提供及时、准确、有效的气象信息，为节水灌溉提供雨天自动关闭等服务保障。

（6）非传统水源利用：本项目绿化灌溉及冲厕用水中，非传统水源利用率达到 100%。

（7）高强材料：本项目为混合结构，混凝土结构部分，400MPa 级及以上受力普通钢筋用量的比例达到 98.75%；钢结构部分，Q345 及以上高强钢材用量的比例达到 100%。

(8) 可再利用材料和可再循环材料：本项目可再利用材料和可再循环材料使用重量占所有建筑材料总重量的比例为 15%，主要为钢筋、玻璃、钢材、铝合金、木材、石膏制品等。

(9) 绿色建材：本项目选用混凝土和砂浆等绿色建材，应用比例达到 30%。

4.2.5　环境宜居

(1) 绿地率 105%：本项目用地面积为 48000m²，规划绿地率为 20%，实际项目绿地面积为 20565.87m²，绿地率为 25%，达到规划指标的 105% 以上。

(2) 海绵型场地：本项目开发建设后的外排雨量径流系数为 0.235，年径流总量控制率达到 85%，设计重现期为 3 年。雨水控制与利用的具体措施有：屋面雨水沿坡屋面自然流下，进入排水沟后汇入梯田进行梯级净化和滞蓄。道路设置平道牙，使雨水经重力流有序地汇入周边的下凹式绿地内，优先进行过滤和下渗。绿地 60% 采用下凹式绿地设计，面积为 12400m²；室外采用透水砖铺装，面积为 9030m²，占全部铺装面积的 70%；室外绿地下配建有效容积为 855m³ 的雨水调蓄池，溢流雨水通过雨水管线收集至雨水调蓄池，位于场地东北角；超标雨水通过设置溢流排水，排至妫汭湖（图 12）。

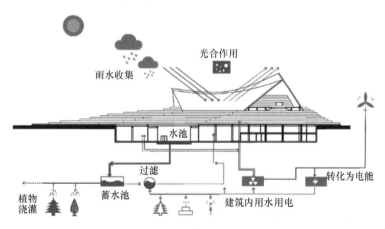

图 12　雨水收集系统

(3) 室外风环境：中国馆将弧线形的体量设计分为东西两个部分，在夏季有利于南风及偏南风的穿过，将妫汭湖凉爽的空气直接引入，为建筑及南侧广场带来宜人的凉风。在冬季，西北风又被西侧体量与"梯田"阻挡，使建筑南侧的半围合空间不受寒风侵袭。且覆土部分空间卧于"梯田"中，有利于风顺利地经过场地，减小了建筑对风的阻力，创造了良好的风环境。在过渡季、夏季，场地内活动区不会出现漩涡或无风区，50% 以上可开启外窗室内外表面的风压差大于 0.5Pa。

（4）标识系统：本项目专门进行了环境导视标识系统设计。室外场地设置了通行和服务导向标识系统，包括园区总平面图和引导标识等，引导游客到各个展馆、展示区、园区各号大门以及餐饮、公厕、电瓶车站等配套服务设施。建筑内部设置了服务和应急导向标识系统，包括形象标识、服务台标识、楼层信息索引标识、区域引导标识、警示类标识等，引导游客到不同的建筑功能空间以及卫生间、母婴室、电梯厅、安全出口、无障碍设施等。

（5）多重绿化：本项目为覆土建筑，有 1591.9m² 的建筑处于覆土之下，其他区域的屋面为光伏板、玻璃及金属铝板。场地内种植有白皮松、油松、元宝枫、栾树、西府海棠、碧桃、山桃、国槐、馒头柳、榆树、迎春花等植物，室外环境宜人，践行了"绿荫下的世园会"的规划理念。

4.3 实 施 效 果

本项目通过上述技术措施，达到了绿色建筑三星级评价要求。其中，建筑整体能耗降低达 26.87%；可再生能源比例为 47.85%；太阳能光伏发电板约 2000m²，可再生能源提供的电量比例约为 3.2%；主要功能房间平均自然通风换气次数≥2 次/h；主要功能房间的室内空气中的氨、甲醛、苯、总挥发性有机化合物、氡等污染物浓度均低于《室内空气质量标准》GB/T 18883 规定限值的 20%；室外活动场地的遮荫比例达到 24.16%，道路遮阴率达到 70%；绿化灌溉、车库及道路冲洗、洗车中非传统水源利用率达到 100%；100%采用一级节水器具；预拌混凝土的损耗率为 0.94%，钢筋损耗率为 0.08%。

4.4 增量成本分析

项目应用了 100 年耐久性结构材料、节能保温系统、高效地源热泵系统、太阳能光伏、地道风、节水器具、节水灌溉等绿色建筑技术。其中节能保温系统、高效地源热泵系统、地道风技术，年总节约燃气 126765m³，节约用电 127607kWh；节水器具、节水灌溉技术，年总节水 2614t。共节约 46.56 万元/年，单位面积增量成本 105.34 元/m²。详见表 2。

增量成本统计 表 2

实现绿色建筑采取的措施	单价	标准建筑采用的常规技术和产品	单价	应用量/面积	增量成本（万元）
一级节水器具	2000 元	普通节水器具	1200 元	66 个	5.28

实现绿色建筑采取的措施	单价	标准建筑采用的常规技术和产品	单价	应用量/面积	增量成本（万元）
节水灌溉	20 元/m²	人工浇洒	10 元/m²	20000m²	20.00
雨水回用系统	600000 元	无	0	0	60.00
覆土绿化	200 元/m²	无	0	0	20.00
能源管理系统元	400000 元	无	0	1 套	40.00
地道风技术元	250000 元	无	0	1 套	25.00
太阳能光伏系统	9000 元/kWp	无	0	80kWp	72.00
合计					242.28

4.5 总 结

项目因地制宜采用了生态优先、传承文化、科技智慧、永续利用的绿色理念，主要技术措施总结如下：

（1）结构耐久性使用年限按 100 年进行设计。

（2）室内外采用防滑型材料，保障人员行走安全。

（3）采取大开间布置，建筑结构与建筑设备管线分离，适应不同布展需求。

（4）采用覆土建筑的手法，优化室内声环境，提高围护结构热工性能。

（5）屋盖为光伏太阳能板和中空夹层玻璃，室内加装 ETFE 膜，太阳能光伏板为半透明的金黄色，既充分利用了天然光，又较好地控制了室内眩光。

（6）满足全龄化设计要求，设有无障碍坡道、无障碍电梯、无障碍专用卫生间，展厅内均为圆柱。

（7）设置建筑能效管理系统，对冷、热水及电量进行分项计量采集并上传。

（8）采用多能互补、梯级利用的能源方案，冬季采用深层地热＋浅层低温＋水蓄能＋调峰燃气锅炉的复合式系统供热，夏季采用浅层低温＋水蓄能＋调峰电制冷机的复合式系统供冷。

（9）全部卫生器具采用 1 级能效的节水器具。

（10）绿化 100％采用微喷灌的节水型灌溉系统，并通过小型气象站为节水灌溉提供雨天自动关闭等服务保障。

（11）绿化灌溉及冲厕用水中非传统水源利用率达到 100％。

（12）本项目为混合结构，混凝土结构部分，400MPa 级及以上受力普通钢筋用量的比例达到 98.75％；钢结构部分，Q345 及以上高强钢材用量的比例达到 100％。

（13）采用钢筋、玻璃、钢材、铝合金、木材、石膏制品等可再利用材料和可再循环材料，比例为 15％。

（14）选用混凝土和砂浆等绿色建材应用比例达到 30％。

2019 北京世园会是向世界展示我国生态文明建设成果、促进绿色产业国际交流与合作的一个重要舞台，是弘扬绿色发展理念、推动经济发展方式和居民生活方式转变的一个重要契机，也是建设"美丽中国"的一次生动实践，中国馆作为世园会的主要场馆之一，通过采用传承地域文化的建筑风貌设计、因地制宜的绿色创新技术、智慧高效的施工方式，展现了高质量的绿色建筑，满足了人民日益增长的美好生活需求。

作者：黄欣　蒋璋　吕亦佳　曾宇　裴智超　朱超　魏婷婷（中国建筑科学研究院有限公司）

5 天津鲁能城绿荫广场 1 号楼
（集中商业及办公楼）项目

5 Tianjin Luneng City Center 1 ♯
（centralized commerce and office building）

5.1 项 目 简 介

天津鲁能城绿荫广场 1 号楼（集中商业及办公楼）项目位于天津市南开区天塔道与水上北路之间地块北侧位置，由天津鲁能置业有限公司投资建设，华汇设计规划设计，天津鲁能置业有限公司商业管理分公司运营，中国建筑科学研究院有限公司咨询。项目总占地面积 12772.96m²，总建筑面积 126011.62 m²。2016年 1 月依据《天津市绿色建筑评价标准》DB/T 29 - 204 - 2010 获得绿色建筑设计标识二星级；2020 年 8 月依据《天津市绿色建筑评价标准》DB/T 29 - 204 - 2015 获得绿色建筑运行标识二星级。

建筑主要功能为集中商业和办公，集中商业地上 6 层，办公楼地上 34 层，地下 3 层。结构为框架-核心筒结构体系。项目实景如图 1 所示，项目标识证书如图 2 所示。

图 1 天津鲁能城绿荫广场 1 号楼

图 2 项目标识证书

5.2 主要技术措施

项目全过程采取绿色建筑理念，采用多项先进的绿色建筑技术措施，具有被动式设计、能源系统优化、室内环境质量优化、绿色施工与运维等特色。

5.2.1 节地与室外环境

建筑在室外环境、土地利用等方面均采用绿色建筑设计理念。建筑周边设施齐全，公共交通便利，地下部分与地铁连通，距离入口 500m 范围内有多个公交站点。场地设计充分考虑自然通风，通过室外风环境模拟计算，优化建筑朝向及形体。项目通过采取高反射屋面及道路铺设材料、种植乔木和建立构置物遮阴等措施充分降低场地内热岛效应。

5.2.2 节能与能源利用

建筑冬季采用高效燃气锅炉，热效率达 94%。夏季综合使用冰蓄冷及冷却塔联合的方式，采用双工况离心式机组和螺杆式机组，机组 COP 达到 6 以上。办公区域在中层和高层设备机房设置转轮式排风热回收机组，热回收效率达60% 以上，房间末端采用风机盘管。商业首层大堂、商业街及电影院空调末端采用全空气系统，商铺为风机盘管。输配系统采用变频风机及水泵的方式节约能耗。建筑采用 T5、LED 等节能灯具，提供长寿、安全、稳定的光源，避免光污染，节约电能。

5.2.3 节水与水资源利用

建筑给水水源引自地块周围的市政给水管网，室内盥洗及冲厕使用的节水器具均满足 1 级效率要求。建筑充分利用市政非传统水源进行冲厕、绿化灌溉、道路及车库地面冲洗。同时，为不同用水用途设置计量及智能远传装置，通过能耗监测平台收集并分析逐月逐年水耗数据。

5.2.4 节材与材料资源利用

建筑外形简约，无大量装饰性构件。结构体系设计合理，充分体现了节材设计理念。施工要求全部使用预拌混凝土、预拌砂浆，不使用黏土空心砖。钢筋混凝土结构中的受力钢筋使用 HRB400 级（或以上）钢筋占受力钢筋总量的 93.09%。可再循环材料利用率为 13.75%。

5.2.5 室内环境质量

建筑设计布局合理，充分利用自然通风和自然采光。通过合理设置可开启外窗，提高自然通风效率。经过 CFD 模拟计算，过渡季自然通风平均换气次数达到 2 次/h 的面积比例为 95%，室内自然通风模拟计算如图 3 所示。办公空间，通过增加开敞空间和透明隔断提高室内采光系数。商业裙房顶部设置采光顶，将自然采光引入室内空间。主要功能房间的采光系数满足现行国家标准《建筑采光设计标准》GB 50033 要求的面积比例，办公部分达到 100%，商业部分达到 63.43%。室内自然采光模拟计算如图 4 所示。

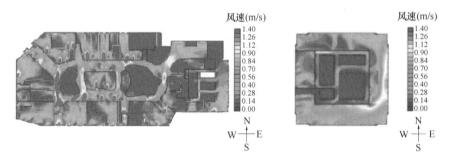

图 3 室内自然通风模拟计算

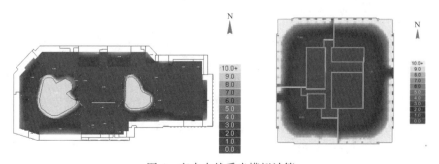

图 4 室内自然采光模拟计算

283

建筑设计充分考虑了建筑声环境、光环境、热湿环境对建筑使用者的影响。建筑室内照度、统一眩光值、一般显色指数等指标均满足国家标准《建筑照明设计标准》GB 50034 的规定。办公区域设计允许噪声值为 45dB，商场室内设计允许噪声值不超过 50dB。室内的温度、湿度、新风量等设计参数符合现行国家标准《民用建筑供暖通风与空气调节设计规范》GB 50736 的规定。空调室温可实现独立控制，在满足舒适性需求的同时体现节能设计理念。

组合式空气处理机组设置初效过滤段、中效过滤段（电子除尘）、光触媒杀菌净化段，净化段达到 F7 级。办公楼新风机组配备静电净化装置，保证空气洁净度。

5.2.6 施工管理

在施工期间，施工方从环境保护、资源节约、空气质量控制三个方面制定绿色施工策略，有效降低施工活动对环境及资源的影响。通过种植绿化、利用密目网覆盖裸露地表、利用围挡封闭施工现场的手段控制场地沉积，同时建立资源节约利用方案。除此之外，采取洒水降尘、密封空调风道、空气吹洗等技术措施减少室内空气污染物浓度。

5.2.7 运营管理

建筑建立完善的物业管理体系，分别制定节能、节水、节材、绿化、废弃物管理制度。运营期间，通过楼宇控制系统对冷冻机房、锅炉机房、空调机房中的设备进行监测及自动化控制。建筑智能化系统设置合理完善，运行效果满足建筑运行与管理的需要。建筑采用能源监测管理平台等信息化技术手段，对建筑能耗、水耗进行记录和分析，有助于进一步提升建筑能效水平。

5.3 实 施 效 果

5.3.1 节能优化实施效果

建筑各个机电系统运行及维护状态良好，其中水泵、风机、锅炉的实际运行效率经过第三方检测均满足《天津市公共建筑节能设计标准》DB 29 - 153 的要求。

建筑制冷系统充分利用冰蓄冷装置和制冷机组的供冷能力，根据空调负荷情况制定不同的运行策略，最大限度地降低系统运行费用。2019 年供冷期间，蓄冰装置提供冷量占空调总负荷的 52.38%，与常规机载供冷系统相比，可节省年电费约 51 万元，具体运行费用如表 1 所示。

冰蓄冷系统与常规空调系统运行费用对比 表 1

负荷率	运行天数 （天）	冰蓄冷系统 运行费用（元）	常规空调系统 运行费用（元）
100% 负荷	15	268344	326068
75% 负荷	30	391813	506193
50% 负荷	60	452734	693289
25% 负荷	45	169027	265868
总计		1281920	1791419

5.3.2 节水优化实施效果

建筑运行阶段为不同用水用途设置计量及智能远传装置。2018～2019 年生活用水量为 157324m³，年中水量为 70410m³。通过分析，满足《民用建筑节水设计标准》GB 50555 中用水定额的要求。非传统水源利用率达到 30.92%。

5.3.3 室内环境优化实施效果

在运行期间，为了保证建筑实际运行效果，对室内声环境、光环境、室内空气质量进行检测，详见表 2～表 4。

室内声环境检测结果 表 2

检测参数		测试范围	检测值	标准要求值
声环境	室内噪声级	0919 办公室 （昼间/夜间）	38.2dB/38.6dB	≤40dB
		5F-10 商铺 （昼间/夜间）	48.9dB/45.6dB	≤50dB
	空气隔声性能	2701 办公室 2601 办公室	50dB	≥50dB
	楼板撞击声隔声性能	2701 办公室 2601 办公室	35dB	≤65dB

室内光环境检测结果 表 3

检测参数		测试范围	检测值	标准要求值
光环境	采光系数	1810 办公室	5.7%	≥3%
		3F10A-18 商铺	3.3%	≥3%
	平均照度	0927 办公室	316lx	300lx
		1F 商铺	530lx	500lx
	照明功率密度	0927 办公室	7.81W/m²	≤8W/m²
		1F 商铺	6.00W/m²	≤14.5W/m²

室内空气质量参数检测结果 表4

检测参数		测试范围	检测值	标准要求值
室内空气质量	氡浓度	0927 办公室	17.9Bq/m³	≤400Bq/m³
	氨浓度		0.049mg/m³	≤0.2mg/m³
	甲醛		0.036mg/m³	≤0.1mg/m³
	苯		0.009 mg/m³	<0.01mg/m³
	TVOC		0.122 mg/m³	≤0.6mg/m³
	氡浓度	3F-03 商铺	19.7 Bq/m³	≤400Bq/m³
	氨浓度		0.053 mg/m³	≤0.2mg/m³
	甲醛		0.036 mg/m³	≤0.1mg/m³
	苯		0.009 mg/m³	<0.01mg/m³
	TVOC		0.212 mg/m³	≤0.6mg/m³

5.4　增量成本分析

建筑应用了冰蓄冷系统、高效节水器具、空气净化装置、BIM技术等绿色建筑技术，提高了建筑用能用水效率。每年运行费用共节约61万元，单位面积增量成本76.89元/m²，如表5所示。

增量成本统计 表5

实现绿色建筑采取的措施	单价	标准建筑采用的常规技术和产品	单价	应用量/面积	增量成本（万元）
高效节水器具	18元/m²	普通节水器具	15元/m²	126011.62 m²	37.80
冰蓄冷系统	200元/m²	常规空调系统	150元/m²	126011.62 m²	630.06
空气净化装置	10元/m²	无	0	126011.62 m²	126.01
能源监测系统	3.9元/m²	无	0	126011.62 m²	49.14
BIM技术	10元/m²	无	0	126011.62 m²	126.01
合计					969.02

5.5　总　　结

建筑因地制宜采用了节地、节能、节水、节材、室内环境优化、绿色施工、绿色运维等绿色理念，主要技术措施总结如下：

（1）结合建筑设计充分利用自然采光和自然通风技术。

（2）采用冰蓄冷系统、新风热回收系统、高效暖通空调设备机组、照明设备等，有效降低建筑能耗。

（3）室内采用 1 级节水器具，并利用市政中水进行冲厕、道路冲洗和绿化浇洒，有效降低建筑水耗。

（4）建筑造型要素简约，无大量装饰性构件，充分利用高强度建筑材料和可循环建筑材料。

（5）营造舒适健康的室内环境质量，主要功能房间的声环境、光环境、热湿环境、空气质量的参数指标均满足国家标准的规定。

（6）采用绿色施工理念，施工期间制定绿色施工策略，有效降低施工活动对环境及资源的影响。

（7）利用楼宇自控系统、能耗监测平台等信息技术手段，提高运维管理效率，保障建筑系统稳定运行。

天津鲁能城绿荫广场 1 号楼项目通过评审的方式获得了绿色建筑二星级设计标识和运行标识，达到了节能减排、保护环境、营造健康舒适的使用空间及实现建筑全生命周期贯穿绿色建筑理念的目的。

作者：王超[1]　康一亭[2]　刘瑞捷[2]　杨亚帅[2]　姚松[1]　李晓彤[1]（1. 天津鲁能置业有限公司；2. 中国建筑科学研究院有限公司）

6 中国人民银行常州市中心支行营业 用房和附属用房维修改造项目1号楼

6 Office building of Changzhou central sub-branch of The People's Bank of China

6.1 项 目 简 介

中国人民银行常州市中心支行营业用房和附属用房维修改造项目1号楼项目位于江苏省常州市钟楼区广化街18号,由中国人民银行常州市中心支行投资建设,江苏远瀚建筑设计有限公司设计,江苏筑森建筑设计有限公司提供绿色化改造技术咨询,中国人民银行常州市中心支行运营。

项目总占地面积3228.27m²,总建筑面积8099m²,地上13层,地下1层。项目主要功能为营业办公用房,项目实景如图1所示。

2020年3月,依据《既有建筑绿色改造评价标准》GB/T 51141-2015获得绿色建筑标识二星级。

6.2 主要技术措施

中国人民银行常州市中心支行营业用房和附属用房维修改造项目1号楼采用绿色节能的设计理念,综合考虑节能、舒适和经济效益,选择适宜的绿色化技术对办公楼进行改造,成为满足当地地理气候、文化环境的低能耗、可推广的绿色化改造办公建筑。

6.2.1 规划与建筑

(1) 场地设计

本项目建筑功能为金融服务与办公,建筑室内空间按照主要功能房间、辅助空间、交通空间进行分区,合理布置办公室、会议室、走廊等区域,确保功能分区明确,交通流线顺畅。机动车从次出入口进出,沿南向路进入地面车库,工作人员从次路口和主出入口进出,人行区域主要在场地北部,车行人行区域分开,场地内交通流场。

图1 项目实景

地上一层设置汽车库，可停放机动车和非机动车，设施位置布置合理，不挤占步行空间及活动场所，节约用地。

（2）建筑设计

项目原有结构满足现行使用要求，在改造过程中保持原有建筑结构体系，并未对场地内的各构件进行增加或减少。改造后的建筑风格与原建筑一致。建筑室内基本保持原布局，办公室可进行灵活隔断（图2）。

图2 项目外立面与办公走廊

（3）围护结构

本项目屋面、外墙和外窗均进行节能改造设计。大楼原屋面和外墙均未采用保温系统，难以满足现行公共建筑节能标准，因此，在大楼屋面和外墙上分别增设70mm挤塑聚苯板（XPS）和33mm厚LX匀质复合保温板，增强建筑屋面和外墙的热工性能。外窗改造后采用 6 透明＋1.14（PVB）＋6 中透光 Low-E＋12 氩气＋6 透明-钢化夹胶中空玻璃，在提升热工性能的同时，有效降低交通噪声（图 3）。

图 3 项目外窗

6.2.2 暖通空调

（1）设备和系统

本项目为营业办公用房，各楼层均有相对独立的小房间，为了方便各独立空间的空调系统的控制与节能，采用多联机加新风系统的模式。多联机室外机设置在建筑裙房与顶楼的屋面，室内末端主要是风管式室内机和双面出风天井式室内机。各多联机机组的能效等级均达到现行一级的要求（图 4）。

图 4 项目空调机组

（2）能源综合利用

本项目每层均设置新风系统，将过滤后的新风送入室内，确保室内空气品质（图 5）。同时，为了最大限度地减少空调系统能耗，在每层的新风系统中设置排风热回收装置。根据室内空调房间负荷特点与新风量大小等因素，共采用四种类型的排风回收机组，每种机组的热回收效率均大于 62％。

图 5　新风供、回风口

6.2.3　给水排水

改造前各楼层无用水计量，供水泵效率低，楼层用水压力超过 0.20MPa，无减压措施。改造后，更换本项目给水排水设备、管道等，满足现行的节水、用水要求。增设节水卫生器具，使得卫生器具的用水等级达到一级，主要包括卫生间水嘴、坐便器、小便器等。

为满足工作人员饮水需求，每层均设置直饮水系统（图 6）。

图 6　给水与直饮水设备

6.2.4　电气

（1）供配电系统

本项目对供配电系统进行全面节能改造，并更换原有变压器，采用节能等级不低于二级的节能型变压器（图 7）。设置无功补偿装置，使低压供电进线处的功率因数不小于 0.9。在重要设备及电源敏感设备干线上设置有源滤波装置，减少谐波引起的损耗、导体发热、功率因素降低及其他危害。

图 7 供配电设备

（2）照明系统

本项目采用高效 LED 灯具替代原有的白炽灯、荧光灯等高能耗光源（图 8）。本项目所有空间照度按《建筑照明设计标准》GB 50034-2013 相关要求设计，照明功率密度达到目标值要求。其中，光源选用 LED 节能灯，照明光源、镇流器的能效等级不低于国家现行有关能效标准规定的 2 级。

图 8 室内照明灯具

（3）太阳能光伏发电

本项目在 2 号楼建筑屋顶设置 380m² 的太阳能光伏发电板，并配置光伏集线箱、并网逆变器、并网柜和一套监控系统。逆变器将光伏组件所发的直流电逆变为交流电，经交流并网柜汇流计量后就近并入大楼低压侧并网点，供负载即时消耗电能。所发的电能主要用于建筑照明用电，本项目照明设备安装容量为 513kW，因此，可再生能源提供的电能占建筑照明总用电量的 7.18%。

6.3 实 施 效 果

（1）建筑节能

本项目对围护结构进行全方位节能改造，并采用高效多联空调系统和热回收机组，通过智慧监控系统进行建筑节能运行管理，可有效降低能源消耗，具有显著的节能效果。同时，运用智能照明控制措施和节能灯具、太阳能光伏发电等措施，能耗较国家现有标准有很大降低（表1）。

建筑能耗对比 表1

项目	实际建筑能耗（kWh）	参照建筑能耗（kWh）
夏季冷源能耗	6.04	9.01
冬季热源能耗	4.12	6.26
风机能耗	1.38	1.38
合计	11.55	16.66

（2）智慧监控系统

本项目设置智慧监控系统，涉及的主要设备包括 VRV 多联机空调、楼层照明、会议室环境，检测内容包括建筑物水电表能耗、室外环境检测、室内温湿度监测和电梯状态监测等（图9）。

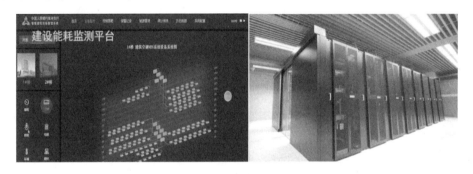

图9 智慧监控平台与设备

通过在线监测和动态分析，执行节能运行策略，通过网络对各个空调面板进行远程控制，实现风速、温度、模式、时间表启停等远程设置。上班时，管理人员可以提前半小时开启各房间内的空调，保证员工上班时房间内的环境温度适宜。同时，可远程查看每个办公室是否按照规定把空调调节在适当的温度，如果不符合有关规定，可以远程对其进行调节，达到节能的目的。

6.4 增量成本分析

本项目应用了高效空调机组、热回收和太阳能光伏发电等绿色建筑技术，提高能源利用效率的同时，具有良好的经济效益。为实现绿色建筑而增加的初投资成本为125.28万元，单位面积增量成本为154.69元。项目年可节约运行费用7.43万元。详见表2。

绿色建筑增量成本统计　　　　　　　　表 2

实现绿色建筑采取的措施	单价	标准建筑采用的常规技术和产品	单价	应用量/面积	增量成本（万元）
太阳能光伏系统	37 万元/套	无	0	1 套	37
智慧监控系统	40 万元/套	无	0	1 套	40
高效变频空调机组	20 万元/套	普通能效机组	6 万元/套	1 套	14
热回收机组	4000 元/台	无	0	13 台	5.2
二级节能变压器	10 万元/套	三级节能变压器	6.5 万	1 套	3.5
节能外窗	300 元/m²	普通外窗	300 元/m²	2557.68m²	25.58
合计					125.28

6.5　总　　结

本项目因地制宜地选择适宜的绿色化技术对办公楼进行改造，成为满足当地地理气候、文化环境的低能耗、可推广的绿色化改造办公建筑，主要技术措施总结如下：

（1）高效空调系统。本项目采用多联机加新风系统的模式，满足办公用房各独立空间的空调系统的控制与节能。高性能多联机结合建筑节能运行管理，新风系统设置热回收装置，过渡季由新风系统承担室内热湿负荷，大大降低办公建筑能耗，空调系统同时满足节能和舒适性的要求。

（2）围护结构性能优化。提升围护结构性能，在有效降低办公建筑能耗的同时，提高建筑隔声性能。靠近交通干线一侧房间设置的 6 透明＋1.14（PVB）＋6 中透光 Low-E＋12 氩气＋6 透明-钢化夹胶中空玻璃，有效降低交通噪声，提供舒适安静的办公空间。

（3）智慧监控系统。本项目设置智慧监控系统，实时采集建筑物水电表能耗、室内温湿度等数据，通过在线监测和动态分析，切实地反应各主要能源的消耗量及消耗方式，更科学地对能源进行管理，执行节能运行策略，保证办公空间内的环境温度适宜，同时达到节能的目的。

作者：何军炜[1]　童山中[1]　钱峰[1]　孙国民[2]　徐涛[2]（1．江苏筑森建筑设计有限公司；2．中国人民银行常州市中心支行）

7　温州鹿城金茂府

7　WenZhou LuCheng JinMao Palace

7.1　项　目　简　介

温州鹿城金茂府项目（以下简称"本项目"）位于横渡核心板块位置，毗邻S1轻轨、锦绣路、市府路、惠民路、瓯海大道，由金茂温州·温州浙同置业有限公司投资建设，北京金茂绿建科技有限公司咨询，浙江绿建建筑设计有限公司设计，金茂物业运营，总占地面积 40216.00m²，总建筑面积 170595.13 m²。2020 年 5 月，依据《绿色建筑评价标准》GB/T 50378 - 2014 及 BREEAM International New Construction 2016 Resident 获得绿色建筑国际双认证（绿色建筑设计标识三星级和英国 BREEAM "VERY GOOD"）。同时，本项目也荣获了"第16 届精瑞人居奖"绿色社区优秀奖和健康建筑二星级设计标识。

项目主要功能为住宅，主要由住宅、社区服务中心、托老所、老年服务中心、居家养老用房构成，如图 1 所示。

图 1　项目鸟瞰图

本项目采取"绿色、科技"设计理念，融合 12 项科技理念，在内部构建一个生态系统，各科技系统无缝运转，形成能量的生态循环，达到空气、温度、声音、光线、水洁净等全生命周期的适宜状态，打造更健康、更舒适、更品质的居住体验。

7.2 主要技术措施

7.2.1 节地与室外环境

(1) 土地利用

本项目均为高层建筑，户型包括三室一厅两卫、三室一厅一卫、四室一厅二卫，主要户型为三室一厅两卫，建筑面积150m²，占总户数的比例为45.00％，用地面积40216.00m²，居住人口（按每户3.2人计算）人均用地面积为17.40m²。

本项目秉承构建品质人文社区理念，注重人文情怀和艺术格调，给人们带来惬意生活。绿地面积为19149.68m²，绿地率为47.60％（图2）。项目合理规划地下使用空间，地下建筑面积与地上建筑面积的比率为39.55％，主要功能为车库、储藏室和设备用房等。

图2 景观效果图

(2) 室外环境

本项目在建筑规划方面，根据地块性质，合理排布楼幢，给每一户提供科学合理的舒适楼间距离。在日照上以最不利楼层满足"受遮挡居住建筑的居室在大寒日的有效日照不低于2h"为标准，其他楼层则更充分享受阳光。

本项目采用窗墙体系，无玻璃幕墙系统，室外景观照明灯具主要为路灯、园林草坪灯、小品灯、地埋灯、花坛灯、庭院灯等，设计采用LED节能灯具。

根据温州市城市噪声功能区划，申报项目所在地区执行《声环境质量标准》GB 3096-2008中2类标准要求，根据区域声环境噪声监测结果，各点位均可满足标准要求，声环境质量现状良好。同时，项目采用提高墙体及门窗的隔声性能、种植高大乔木、加强交通管制等方式改善噪声环境。

（3）交通设施及公共服务

项目位于黄金地段，周边公交及配套设施齐备，距离项目出入口500m范围内共规划2个公交站点，分别为横渎桥公交车站、府西路公交车站。项目注重步行者的便捷舒适与安全性，机动车与人行动线分立，互不干扰。共设置四处地下车库出入口，车辆可直接进入项目内部，并通过合理的道路布局及景观绿化设计，规划出相对独立的步行系统，减少人与车的相互干扰。

本项目地下机动车车库设置智能化管理系统，实行停车一卡通、外来车辆智能引导带位、感应刷卡等管理措施。在无障碍设计方面，地下车库设置无障碍停车位25辆。小区周边配套设施齐全，规划建设有小学，已配套有温州市中西医结合医院、绣山公园、温州市政府、温州行政审批中心等。

（4）场地设计与场地生态

本项目为净地交付，规划建设有下凹绿地，下凹绿地等绿色雨水基础设施面积占绿地面积的32.40%，项目场地内达到80%的年径流总量控制率时，设计降雨控制量为1363.3224m³。本项目主要控制雨水外排的措施有场地入渗、绿地的下凹设置及雨水回用蓄水池。其中，场地内入渗实现的降雨控制量为774.96m³，场地内下凹绿地实现的降雨控制量为465.39m³，雨水蓄水池实现的降雨控制量为130m³。

本项目透水铺装采用透水地砖，主要布置为部分景观步道，不影响室外铺装功能分区、荷载及平整度的基本要求。项目雨水通过透水铺装渗入与地下室顶板接壤的实土。同时，车库顶板设有坡度，排水效果较好。采用透水铺装的面积比例达到60.24%。

7.2.2 节能与能源利用

温州市属北亚热带湿润季风气候区，四季分明，热量充足，降水丰沛，雨热同季。夏季受来自海洋的季风控制，盛行东南风，天气炎热多雨；冬季受大陆盛行的季风控制，大多吹偏北风；春、秋是冬、夏季风交替时期，春季天气多变，秋季天高气爽。常年（1981～2010年共30年统计资料）平均气温16.2℃，降水量1121.7mm，雨日123天，日照时数1924.3小时，日照百分率43%。一年中最热是7月，最冷为1月。

（1）建筑与围护结构

项目执行浙江省工程建设标准《居住建筑节能设计标准》DB 33/1015-

2015)。为保证外墙隔热效果，采用岩棉板工艺，使外墙综合传热系数达到 0.6 以下，同时，外窗采用低辐射中空玻璃-隔热金属窗框。本项目全年空调负荷采用 PKPM-Energy 进行模拟计算，全年负荷降低幅度达到 12.99%。

（2）供暖、通风与空调

本项目中，如何解决四季交替下温湿度问题成了首要的痛点。12 项科技理念中的毛细管网辐射系统、循环地源热泵系统、湿度调节系统及 24 小时置换新风系统起到了举足轻重的作用。

以毛细管网辐射系统为例，介绍如下：

毛细管网辐射系统是一种将温度和湿度分开以分别控制的空调系统，由毛细管席通入冷水或热水，主要以辐射传热的方式调节室内温度，同时由新风调湿机组将新风处理为"干风"（夏季）或"湿风"（冬季），为室内提供新鲜空气并调节室内湿度。

毛细管网辐射系统的末端由处理显热的毛细管冷暖系统和处理潜热的新风调湿系统组成。毛细管冷暖系统将毛细管网席铺装于顶面、墙面或地面，然后通过抹灰或地板面层暗藏，对房间的影响仅是顶面层或地面层加厚 1～2cm（图 3）。毛细管席在夏季通入高温冷水、冬季通入低温热水，将顶面、墙面、地板等冷却或加热后，再以平面辐射传热的方式向室内供冷或供暖。因此，毛细管空调也可称之为"平面空调"。

图 3 毛细管席示意

毛细管网辐射系统的应用特点：

1）舒适：主要以辐射传热的方式制冷、供暖，由于通入的是高温冷水或低温热水，因而散热均匀、体感柔和。

2）节能：毛细管空调由于换热面积大，因而水温品质需求低，当提供的是高温冷水或低温热水时，冷热源主机因运行效率高而电耗降低。据统计，安装和运行良好的毛细管系统，较传统空调方式可节能 20％左右。

3）稳定：水容量大，具有较强的蓄冷、蓄热能力，在系统关闭或停电状态下的较长时间内，室内温度都不会有太大的波动，因而稳定。

4）安静：使用毛细管网辐射系统的房间内没有任何运动部件，没有传统风机盘管或分体空调的风机动力噪声，也没有强迫空气对流产生的气流噪声，因而安静。

5）卫生：毛细管网辐射系统在制冷时为干式运行，不存在传统表冷器因冷凝水而滋生菌藻，也没有因过滤器积尘而导致的二次污染，因而卫生。

本项目利用土壤源作为主要的空调冷热源，为整个地块提供空调冷热水。地源热泵仅消耗部分电能，不向外界排放任何废气、废水、废渣等污染物，是一种理想的"绿色空调"，被认为是目前可使用的对环境最友好和最有效的供热/供冷系统。

本项目地源热泵机房布置在 28 号地块车库的地下二层。共设置 2 台地源热泵机组，夏季利用热泵机组向末端提供冷量；冬季切换至供热模式，利用土壤源提供供热系统空调热水。地埋管换热系统的能力按照提供 85％的冬季空调供热量来确定，辅助热源采用 2 台 0.7MW 燃气锅炉提供冬季空调热水，辅助冷源采用 2 台单冷型的水冷式螺杆冷水机组，带开式冷却塔。

空调冷热水一次水为变流量一级泵系统。毛细管水系统与冷热源水系统采用板式换热器间接连接。毛细管水系统竖向立管为两管制同程式系统，新风水系统为两管制异程式系统。为保证本工程内各单体间的水力平衡，在管径优化的基础上，在各单体的入口水系统回水管上设置自力式压差平衡阀。

本项目户内为温湿度独立控制系统，采用毛细管辐射系统＋置换通风，最底层住户同时设置地板辐射供暖系统。住宅首层大堂设置风机盘管系统。设置板翅式显热热回收装置，夏季回收排风的冷量，冬季回收排风的热量，热回收装置的温度回收率超过 60％。回收了排风热量的新风若相对湿度小于 40％，则启动加湿器进行加湿。加湿器后配置 UV 杀菌段，加湿用水采用软化水。新风过滤采用三级过滤，即初效过滤器＋双极静电除尘器＋中效过滤器，过滤效率达到 F9 级（图 4）。

通过对项目模拟分析，本项目能耗降低幅度达到 11.17％。

（3）照明与电气

全部空间的照明功率密度达到现行国家标准《建筑照明设计标准》GB 50034 中规定的目标值。住宅公共部位的照明采用节能控制措施，楼梯间、走道、前室、门厅采用节能自熄灯，地下车库采用分区、分组定时控制，在白天自然光较强或深夜人员很少时，关闭一部分或大部分照明。

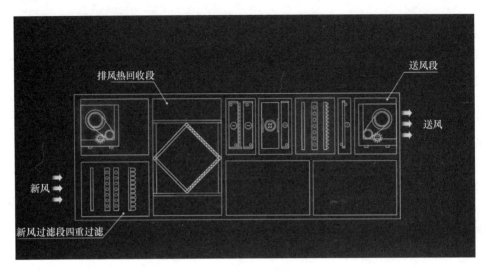

图 4 新风原理图

本项目采用日立 MCA 电梯，核心组件采用原厂设计制作的永磁同步曳引机，由于取消了齿轮减速机构，也就没有了齿轮箱的噪声和相应的机械振动，并且使整个电梯系统的能耗大大降低，减少对环境的噪声污染。电梯通过能量反馈装置，自动检测变频器和电网的电压及频率，并将电梯发电状态下的电能逆变成与电网电压同频同相的交流电，使原本消耗在制动电阻上的电能回馈到电网中，供周边设备用电，而且不会污染电网。在实现为客户节省电能的同时，减少机房发热量。

7.2.3 节水与水资源利用

（1）节水系统

本项目采用分区分压供水方式，共分为 4 个区，直供区：配套公建、住宅的 1～5 层，由市政管网直接供水；低区：住宅的 6～14 层；中区：住宅的 15～23 层，高区：住宅的 24～31 层。采用变频加压给水设备供水，每区供水压力超过 0.2MPa 的楼层在分户水表前加设支管减压阀，阀门自带过滤网，阀后压力为 0.2MPa。

建筑室内排水采用生活污、废水分流制，厨房单设排水立管，卫生间排水采用降板式同层排水。污水经室外化粪池处理后，与废水一起排入市政污水管网。

住宅的生活用水、地库冲洗用水、道路冲洗用水和绿化的浇灌用水均分别设表计量，有效管理及监察用水（水表采用脉冲水表），避免浪费。

（2）节水器具与设备

本项目为精装修项目，采用用水效率 1 级的卫生器具。采用经回收处理后，水质达标的雨水作为绿化灌溉用水,绿化灌溉方式采用自动喷灌,同时结合土壤湿度感应器的使用达到绿化用水节水目的。

7.2.4 节材与材料资源利用

(1) 节材设计

本项目建筑全部空间均采用土建装修一体化技术。

(2) 材料选用

项目100%采用预拌混凝土及预拌砂浆。在高强度钢的应用方面,400MPa级及以上受力普通钢筋的比例达到97.55%。本项目可再利用材料包括石材、砌块;可再循环材料包括钢材、木材、铝合金型材、石膏制品、门窗玻璃等,项目可循环材料的用量比例达到18.00%。

7.2.5 室内环境质量

(1) 室内声环境

项目消防水泵房、热泵机房、锅炉房和风机房等均设置在地下室内,设独立机房,并采取相应的减振降噪措施。机房换气风机必须安装消声器。在设备选型时应选用低噪声的风机、水泵。各动力设备底部布置混凝土基础,设备和混凝土基础之间安装减振器,机房内部做吸隔声处理,涉及水的进出口处采用软连接。水泵进出水管均设柔性接头和弹性吊支架,风机设减振吊架,风管设消声器。冷却塔进风口安装消声百叶,降噪量11dB以上;出风口安装消声器,消声量11dB以上,并在周边种植高大树木。所有地下车库出入口坡道均采用低噪声坡道,侧壁表面拉毛处理,采用构筑物封闭顶部及两侧,构筑物顶上覆绿;加强区内交通管理,汽车限速行驶,禁鸣喇叭。

本项目采用同层排水技术。同层排水的横管不穿楼板,直接埋在同层的填充层内,冲水时能有效起到静音降噪的作用。另外,还在吉博力HDPE管材外缠有橡塑降噪材料,配合隐蔽式水箱,不仅冲力更大,还能有效降低冲水噪声的传播,减少邻里之间的干扰,夜里不会听到水声。

(2) 室内光环境与视野

本项目以人居舒适为目标,放弃更多经济利润,整个南区地块做到户户皆边套设计,使住宅内部采光、通风达到最优效果,即便是低区家庭亦能充分采光,尽享冬日暖阳,同时隔声私密性强。

(3) 室内空气质量

本项目住宅采用温湿度独立控制空调系统。室内流场分布均匀,风口下方局部区域达到0.3m/s以上。室内温度基本处于25.00~25.25℃,室内相对湿度基本处于40%~50%。户内厨卫设置独立排风竖井,排风的竖向分区和新风竖向分区一致。

地下室排风设置 CO 浓度检测控制系统，自动控制风机启停，以节约运行能耗。汽车库内 CO 浓度高于 24ppm 时，双速风机高挡运行；浓度低于 12ppm 时风机停止运行；浓度为 12～24ppm 时低挡运行，为防止风机频繁启停，设置延时时间为 8min，有效保障室内人员安全。

7.3 增量成本分析

项目应用了地源热泵、新风热回收、雨水回收利用、高性能围护结构体系、1 级节水器具等绿色建筑技术，降低了能耗，提高了用水效率。其中高性能地源热泵＋毛细管网结合高性能围护结构体系技术节能 3.31kWh/m²，共节约运行费用 27.03 万元/年，单位面积增量成本 238.44 元/m²。详见表 1。

增量成本统计   表 1

实现绿色建筑采取的措施	单价	标准建筑采用的常规技术和产品	单价	应用量	应用面积	增量成本（万元）
节能灯具	20 元/m²	普通灯具	10 元/m²	—	170456.79	162.80
1 级节水器具	2050 元/件	普通节水器具	1740 元/件	722 件	—	22.38
节能电梯	20 万元/部	普通电梯	18 万元/部	44	—	88.00
绿化灌溉	15 元/m²	普通漫灌	5 元/m²	—	19149.68	191.50
排风热回收	5 元·m³/h	无	—	240000	—	120.00
可调外遮阳	300 元/m²	无	—	12835.86	—	385.08
室内空气检测	5000·元/套	无	—	6 套	—	3.00
室内空气处理措施	2 元·m³/h	无	—	240000m³/h	—	48.00
雨水处理系统	25.39 万元/套	无	—	1 套	—	25.39
地源热泵	250 元/m²	无	—	—	117376.96	2934.42
下凹绿地	230 元/m²	普通绿地	200 元/m²	—	6205.23	18.62
透水铺装	270 元/m²	普通铺装	200 元/m²	—	7850	54.95
合　计						3881.79

7.4 总　　结

在低碳环保型建筑发展越来越迅速的时代背景下，绿色建筑为人类营造良好居住环境的同时，能有效减少环境污染和节约土地、水、能源等各项资源。

温州鹿城金茂府项目在建筑设计过程中综合考虑了建筑节能、节水、节材、节地、室内环境以及健康舒适等相关要求，采用岩棉板工艺，保证项目外墙隔热效果，降低全年供暖空调负荷；采用高效地源热泵＋置换新风系统、毛细管网辐射系统及排风热回收系统，在降低能耗的同时，保证室内空气品质，提高建筑的室内热舒适度；采用1级节水器具、雨水回收系统并进行海绵城市专项设计，提高用水效率，节约水资源；采用同层排水技术，降低室内噪声污染；应用先进的计算机模拟技术，对室内采光、通风以及室外风环境等进行模拟，以达到提高人员居住舒适、节能降耗、环境优美的目标，真正体现绿色建筑的现实意义。

项目不仅在规划设计阶段充分考虑了双认证技术的应用，并逐一比对了国家标准和 BREEAM 认证的技术要点，切实落实了绿色可持续发展的各项关键技术，同时，依据健康建筑的要求，优化了项目的舒适性。对该项目的推广，有益于带动消费者追求"绿色、健康、舒适"的优质项目，实现建筑和人的平衡。

作者： 李丹蕊[1]　王辛新[1]　马月婧[1]　李天波[2]（1. 北京金茂绿建科技有限公司；2. 温州浙同置业有限公司）

8 中新广州知识城南起步区

8 China-Singapore Guangzhou Knowledge City southern start-up area

8.1 项 目 简 介

中新广州知识城南起步区位于知识城南部，西至花莞高速，北至知识大道，东至平岗河，南至凤湖一路，是知识城"一核七区"功能分区中的多元复合区。

南起步区依托中新广州知识城，全面贯彻"创新、协调、绿色、开放、共享"的发展理念，围绕粤港澳大湾区核心创新平台，打造广州市科技创新引领区、知识产权保护示范区。

中新广州知识城南起步区用地面积 627.4 万 m²，主要功能包括商业商贸、医疗卫生、科技研发和生活居住等，是知

图 1 中新广州知识城南起步区效果图

识城的启动区之一。南起步区开发规模约 948.07 万 m²，是中新广州知识城重点绿色生态示范工程（图 1）。2020 年 8 月，依据《绿色生态城区评价标准》GB/T 51255－2017 获得绿色生态城区规划设计阶段三星级认证。

8.2 主要技术措施

中新广州知识城南起步区因地制宜，构建以绿色建筑、海绵城市、绿色出行、综合管廊、绿色投资等为重点的绿色发展框架体系，制定配套指标体系，量化城市绿色发展目标，推动知识城"生态化、绿色化、集约化、智慧化、创新化"发展。建设智慧试点城市，发挥知识城智力产业集聚优势，提升区域管理效率，构建生态城区数据监测、评估、反馈、优化体系，为城市运营积累更为准确的数据。同时，持续按照高质量发展绿色生态建设的要求，通过高品质的城市规

划、人性化的城市设计，建设优美的生态环境、活力的城市氛围。

8.2.1 土地利用

城区结合自身功能定位和发展需求，在充分结合自然地势和生态本底的基础上，合理规划用地。在用地的混合开发、空间集约利用、通风廊道组织等方面体现绿色生态的要求。

（1）城区将居住、公共服务设施、商业服务等功能按照"邻里中心"模式建设，将商务、科研等产业集聚建设多级"产业中心"，打造"邻里中心＋产业中心"（图2）及"15分钟生活圈"用地开发模式。

（2）城区规划7个轨道交通站点，轨道交通与周边建筑空间统筹建设，建筑一层建设商业等公共配套功能，二层设置慢行交通，形成人车分流的交通组织，地下建设地下停车，打造交通导向的空间集约开发模式。

（3）考虑知识城三面环山而形成的自然通风特点，城区利用内部的水网、绿道网、公园绿地等公共空间构建形成自然通风廊道，改善城区自然通风环境。

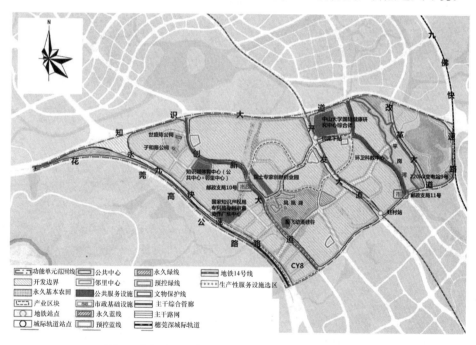

图2 南起步区"邻里中心＋产业中心"建设现状图

8.2.2 生态环境

城区内有凤凰湖，向北紧邻九龙湖，向东临近平岗河，整体生态环境优良。在保护自然生态资源的基础上，城区对人工环境也制定了严格的管理制度。

（1）城市绿化方面，城区内有条件的公共建筑均建设了屋顶绿化或立体绿化（图3），增加了城市绿化面积；绿化灌溉100%选择节水灌溉方式，灌溉用水采用市政中水。

（2）地表水环境方面，对城区实行高标准要求，地表水水质达到《地表水环境质量标准》GB 3838－2002中Ⅲ类水的标准，凤凰湖滨水岸线均采用生态岸线，并种植水杉、水生美人蕉等水生植被，丰富水生物种多样性。

（3）环境质量监管方面，城区依托知识城智慧城市示范一期工程，建设城市环境质量监测数据统筹平台，将城市噪声、大气、污水、地表水等涉及质量的监测设施纳入智慧化建设，并将监测数据通过智慧城市平台进行统筹分析，实现对区域环境质量的实时监测。

图3 城区建筑屋顶绿化和立体绿化

8.2.3 绿色建筑

城区作为知识城绿色发展重点区，提出了高标准发展、高质量建设的目标，明确城区二星级及以上绿色建筑占比达到80%以上的总体目标。

（1）制度保障方面，城区在设计、施工、竣工验收方面制定了配套的管理制度和技术标准，并通过智慧监管平台对各项目的实施进度、考评情况等进行智慧化管理。

（2）实践建设方面，城区目前已建标识项目43项，总建筑面积达到376万 m^2，高星级绿色建筑比例达70%以上。建设绿色建筑运行标识1项，三星级绿色建筑项目4项，以及国外绿色建筑相关奖项3项。

8.2.4 资源与碳排放

城区按照"绿色化、集约化"发展目标，在能源利用、水资源利用和固废资源化利用等方面落实绿色生态城区要求。

（1）城区能源利用方面，通过建设城市运行精准管理中心，搭建互联网＋智慧能源系统，采集和监控能源数据。实现电、水、气三表的三单合一，智慧监管系统还涵盖城区电动汽车充电桩、太阳能发电等方面，对城区各项能耗进行统筹监管和分析，制定合理的用能方案。建设一座燃气冷热电三联供分布式能源站，项目用地面积约 $5850m^2$，设备容量 13MW，通过有效利用余热，为周围建筑供冷、供热，实现能源梯级利用。

（2）城区建设高标准海绵城市。通过下凹式绿地、梯级绿化、雨水收集利用等措施，调蓄城区 75％以上的雨水，收集利用的雨水主要用作内部水系的补水。在此基础上，城区引用九龙水质净化二厂提供的市政再生水，用于公共厕所、道路冲洗、城市绿化、洗车等用途，再生水管网覆盖率为 100％，市政再生水使用比例达到 10.23％。

（3）城区固废资源化利用方面，遵循广州市生活垃圾处理规划，城区生活垃圾运至固体再生资源中心处理，进行焚烧发电，部分不可燃垃圾进行填埋处理；针对建筑垃圾如渣土、弃土、弃料、淤泥等，采取就地资源化利用的方式。

8.2.5　绿色交通

城区规划轨道交通、公共交通、慢行交通等多种交通方式无缝衔接，提出居民绿色出行"零距离"的目标。

（1）城区内建设一条快速交通，主要承担轨道交通未覆盖区域的快速出行，规划一条内部环线，连接快速公交、轨道交通，实现公共交通的无缝衔接。

（2）在城区轨道交通站点等容易出现交通拥挤或人车交叉的地段，建设立体交通，分流人车出行。常规公交站点建设为港湾式停车，并建设大规模的风雨连廊，方便恶劣天气慢行出行。

（3）城区建设之初在办公、商业、公交站点等功能空间预留公共自行车停车场地，为居民自行车的停车与用车提供便利。此外，城区结合产业中心设置多趟班车，服务不在城区内居住的居民上下班，并与相关企业合作试行开通特约巴士，居民和员工可以根据自己的出行时间定点预约巴士。

8.2.6　信息化管理

2013 年，知识城申报国家首批智慧城市试点，城区从交通、环保、安防、政务、能耗、管网、水务等方面建设了智慧平台，并通过智慧城市指挥中心进行统筹协调管理。在此基础上，城区结合自身特点和监管的需求，又开发了多项特色智慧工程。

（1）针对城区建设过程中产生的大量渣土、建筑垃圾监管需求，利用城市安全监测设施，开发智慧施工平台，对渣土车辆、渣土运输过程、处理过程等进行全过程的监管，很好地提升了建设开发阶段城市的环境质量。

（2）开发智慧客户应用端，利用智慧交通用户应用平台建设，开发智能手机APP"行讯通"，通过"行讯通"可实现包括实时路况、实时公交、停车服务、大巴信息、出租车查询、交通指数、出行规划、地铁信息、铁路信息、航班信息、客运信息、邮政快递、驾培信息、年票信息、中小客车指标查询、物流查询、交通资讯、天气信息等18种综合交通信息的一站式服务功能。

8.2.7 产业与经济

城区坚持低碳创城，产业引入以知识与信息服务、总部经济、新一代信息技术、国际医疗、国际教育、科技金融为主。

（1）成立的营商环境局、政务数据局、民营经济服务局等投资企业服务部门，为相关企业投资、落户和未来发展提供优质服务。

（2）针对高新技术和知识密集型产业的集群发展，知识城建立了健全的扶持政策，设立研发机构奖、知识产权奖等鼓励政策，支持企业创新、企业节能、绿色等方面的发展，稳步推进知识城总体经济发展和绿化生产的目标。

8.2.8 人文

城区规划建设坚持"以人为本"原则，建立平台和制度，引导公众参与城区的规划和建设。

（1）在城区内建设城市规划展示厅，作为对公众进行绿色生态城区相关知识宣传与教育的展示平台，免费向公众开放，向公众展示城区规划中先进的绿色技术。

（2）城区城市规划体系、工程项目体系的设计和施工均有健全的公众参与通道，各相关部门设置专业人员进行专项对接，遇到公众反馈的问题，及时答复。

此外，城区编制《绿色建筑和低碳生活手册》等系列手册，采用卡通形象，通过图文并茂的方式，向公众展示生活中节能、节水、垃圾分类、绿色出行、健康生活等方式方法，通过公众号、社区宣讲的形式，逐步提高公众绿色意识。

8.3 实 施 效 果

中新广州知识城南起步区从建城之初就坚持"创新、协调、绿色、开放、共享"五大发展理念，通过节约化利用城市用地，将城市的绿化面积提高到40%，对于城市固碳、缓解热岛效应都起到很大的作用。推广应用太阳能热水、光伏发电等可再生能源技术，建设能源站优化用能结构，城区建成后每年可降低二氧化碳排放量约3.91万吨，城市环境得到进一步改善。2019年，知识城全年大气环境优良率为84.7%，优良天数309天。

8.4 社会经济效益分析

城区以绿色促发展，应用了可再生能源、市政中水利用等绿色技术，提高了资源利用效率。其中可再生能源技术年可节约常规能源 3.39%；市政中水技术年可以节约用量 10.6%，年总节约常规电能 3496.89 万 kWh，节约用水 188.705 万吨，共节约 2985.93 万元/年，单位面积增量成本 23.49 元/m²。详见表 1。

表 1   增量成本统计

实现绿色建筑采取的措施	单价	应用量	增量成本（万元）
光伏发电	200 元/m²（光伏发电板）	8.17 万 m²	1634.00
太阳能热水	180 元/m²（太阳能集热板）	30722m²	553.00
海绵城市	20 元/m²（城区总面积）	627.4 万 m²	12548.00
市政再生水	利用九龙水质净化二厂供应其他地区外剩余再生水资源，不计入成本		
合计			14735.00

8.5 总   结

"绿色、生态、低碳"是我国新型城镇化实施的保障，是推动城市可持续发展的有效手段。中新广州知识城南起步区项目因地制宜地采用了用地混合开发、海绵城市、绿色建筑高质量发展等绿色理念，主要技术措施总结如下：

（1）按照"邻里中心＋产业中心"模式混合布局用地功能，构建"15 分钟生活圈"，实现城区的职住平衡。

（2）基于现状自然地形，合理利用下凹式绿地、梯级绿化、雨水收集技术措施，调蓄城区 75% 以上的雨水。

（3）确定高星级绿色建筑占比达到 80% 以上的总体发展目标，高质量建设绿色建筑，并制定配套政策机制和管理配套技术标准。

（4）无缝衔接轨道交通、公共交通、慢行交通等多种绿色出行方式，建设大规模的风雨连廊，保障居民"最前最后"5 分钟出行的适宜性。

（5）坚持低碳创城，引入以知识服务、总部经济、新一代信息技术、国际医疗、国际教育、科技金融为主的新兴产业，构建城市绿色产业链。

该项目通过完善的指标体系，健全的生态专项规划，准确的评价分析数据，全过程工作实施机制，建成国家首批智慧城市示范项目、知识城绿色生态城区重点示范项目，获得绿色生态城区规划设计阶段三星级标识，达到知识城通过示范项目积累绿色生态建设经验、形成城区绿色发展路径的目标要求。

作者：韩明勇[1] 魏慧娇[1] 林丽霞[1] 张伟[1] 曹鹏[2] 何兴[2] 蒋仪玲[2]（1．中国建筑科学研究院有限公司；2．中新广州知识城开发建设处）

9 重庆江北国际机场新建 T3A 航站楼 及综合交通枢纽

9 New T3A terminal and integrated transportation hub of Chongqing Jiangbei International Airport

9.1 项 目 简 介

本项目位于为渝北区，包括 T3A 航站楼和综合交通枢纽两栋单体建筑。本项目占地面积 284622.26m²，建筑面积 778571.22m²，容积率为 2.73。航站楼主体结构形式为钢筋混凝土框架结构，航站楼屋面主体结构形式为钢结构，综合交通枢纽（以下简称为 GTC）结构形式为钢筋混凝土结构。航站楼共 6 层，地上 4 层，地下 2 层，建筑高度 49m。GTC 共 5 层，地上 3 层，地下 2 层，建筑高度 18m。项目立项时间为 2012 年 4 月 28 日，完成施工图审查时间为 2015 年 6 月 10 日，开工时间为 2013 年 4 月 10 日，竣工时间为 2018 年 7 月 5 日，效果图如图 1 所示。

图 1　项目效果图

311

9.2 主要技术措施

本项目以绿色建筑金级为设计目标,结合场地特点、建筑功能类型、建筑风格、因地制宜地采取相关的绿色建筑技术,采用的技术具有实效性,具体为:(1)建筑布局设计合理,利于自然采光。(2)GTC设置绿化屋面,降低太阳对屋面的辐射作用,缓解城市热岛效应。(3)便捷交通。以地面枢纽为中心,将多种交通工具组合在一起,形成完整的换乘枢纽。(4)地下空间利用。(5)建立室外中水管网系统,中水用于冲洗车库路面及绿化灌溉。(6)采用高效空调系统。(7)设置楼宇智能监控系统。(8)设置能源管理系统。(9)设置室内空气质量监控系统。(10)采用节水器具及节水灌溉。(11)采用高效照明系统及节能设备。(12)采用高强建筑结构材料。(13)采用可再循环材料。(14)土建装修一体化设计施工。(15)绿色施工。

9.2.1 节地与室外环境

(1)选址:机场场址区位于丘陵地貌区,适宜建设。

(2)用地指标:容积率为2.73。

(3)室外风环境:室外风速适宜,利于污染物扩散。

(4)室外光环境:景观照明灯罩采用防眩光灯罩,幕墙可见光反射比小于0.16。

(5)便捷交通:交通组织以方便旅客出行为出发点,在航站楼站前设置有多种交通工具,形成完整的换乘枢纽。

(6)景观绿化:GTC屋面全面采用绿化屋面。

9.2.2 节能与能源利用

(1)高效空调系统:①水蓄冷系统供冷:设计采用2台蓄冷水罐,实际可用蓄冷量28万kWh。②10kV高压驱动冷水机组:离心式冷水机组采用10kV高压驱动机组。③三级泵变流量系统:空调水系统采用三级泵变流量系统。一二级泵环路冷热水分设,三级泵管路采用分区两管制,外区管路为冷热水共用,内区全年供冷。④冷却塔免费供冷:板换和主机并联,在温度适宜的情况下可预冷冷冻水及免费供冷。⑤一次回风的区域变风量空调系统:大空间区域采用一次回风的区域变风量空调系统,系统风量可随负荷变化调节。房中房的送风支管上设置压力无关型单风管末端装置(VAV-BOX),根据室内温度调节其送风量。⑥大温差水系统:动力中心出口的冷水供回水温度为5℃/13℃,温差8℃。热水一次侧的供回水温度为85℃/60℃,温差25℃,二次侧供回水温度为50℃/40℃。

（2）节能型电气设备：电梯、扶梯及自动步道采用变压变频电动机驱动，运行时电梯采用群控、驱动器休眠、扶梯感应启停等节能控制措施。三相配电变压器选用一级干式非晶合金铁心配电变压器。

（3）用电分项计量：照明插座系统、空调系统、动力系统的配电回路均分别设置电能计量表。

9.2.3　节水与水资源利用

（1）水系统规划：给水设计：采用江北国际机场西航站区南供水站的自来水作为本项目的水源。经与室外总体设计单位的协调，T3A 航站楼与室外自来水管的接管点位于 A、B 指廊的南端，"GTC"自来水管的接管点位于"GTC"的东南角和西南角，自来水水质符合《生活饮用水卫生标准》。给水系统：采用下行上给直接供水方式。排水设计：室内排水采用污、废水合流排水体制。污废水接入航站区污水管网，最后均排至航站区污水处理厂处理后排放和制备中水。雨水排放采用满管压力流（虹吸）雨水排水系统。雨水经室外管网最后进入航站区雨水管网。

（2）节水措施：卫生器具用水效率等级达到二级。采用二级分项计量方式。

（3）中水系统：中水水源为机场污水处理厂集中提供的中水。本项目中水用于室内车库地面冲洗、屋顶绿化。

（4）绿化节水灌溉：本项目绿化灌溉采用喷灌方式。

9.2.4　节材与材料资源利用

（1）结构形式：综合考虑结构混凝土用量、钢筋用量、钢材用量、施工便利性及综合造价，主要从基础及底板、主体结构体系等多方面进行优化设计。

（2）全部采用预拌砂浆和预拌混凝土。

（3）高强建筑结构材料：受力普通钢筋全部使用 400MPa 及以上级的钢筋。航站楼钢结构中，Q345 高强度钢使用比例为 96%。

（4）可再循环材料：经计算项目使用的玻璃、钢材、铜、木材、铝合金型材、石膏板等可循环材料的重量占比为 14%。

（5）所有部位采用土建装修一体化设计。

（6）工业化预制构件：内隔墙采用玻璃隔墙、轻钢龙骨轻质隔墙和加气混凝土板。

9.2.5　室内环境质量

（1）空调末端智能监控系统：针对旅客区域的室内温度、湿度、CO_2 浓度进行监测，并控制系统的新回风比来进行调整。过渡季节最大限度地利用室外新风进行"免费制冷",实现新风比 0%～100% 范围调整。

（2）智能照明控制系统：结合当前该区的人流量设置 5 种不同的场景模式，各区域灯光统一接受智能照明控制主机的监控。

（3）自然采光：大面积的玻璃幕墙、与建筑外观融为一体的天窗设计、以及 Low-E 玻璃的使用，使得航站楼和 GTC 的自然采光效果良好。

（4）智能天窗监控系统：对屋顶阶梯式立面开窗部位和屋顶与外立面交接处斜向开窗部位进行智能监控。

9.2.6 施工管理

（1）施工管理体系：本项目施工前制订绿色施工管理计划，主要内容包括：①制订节能、节水、节材、节地、环境保护控制目标、指标；②成立绿色施工管理小组，明确部门、岗位绿色施工管理职责；③制订绿色施工专项方案；④制订绿色施工管理费用投入计划；⑤绿色施工教育、培训和宣传；⑥制订绿色施工检查内容；⑦制订项目绿色施工管理相关记录。

（2）施工环境保护计划：项目编制施工现场扬尘控制专项方案、施工废弃物管理方案，对涉及扬尘问题的作业班组进行专项防止扬尘交底，将扬尘防止工作具体落实到操作层，并建立奖罚制度以推动施工扬尘污染控制过程。项目部与作业班组签订扬尘治理目标责任书，对扬尘治理工作进行目标化管理。

（3）职业健康安全管理计划：项目制订了专项安全措施，劳动者及现场施工人员针对违章指挥、强令冒险作业，有权拒绝执行，对违反法律、法规的行为有权检举和控告；高空作业人员应进行体检，体检合格方可进行高空作业；从事有职业危害性作业的职业要定期进行健康检查，有权获得劳工保护用品；挑选身体健康的年轻人进行夜间施工，不准安排年老体弱、带病、疲劳及一切不适合夜间作业的工人进行施工；饮酒后严禁上岗等。

（4）施工过程节约能源及材料措施：针对项目制订节能方案，进行用电计量管理，建立施工用能消耗台账。制订施工废弃物管理方案，包括：①施工废弃物减量化、开发和利用及与其他垃圾的处理方式之间的区别；②生活及办公类废弃物处理方案；③废弃物清运、废弃物收尾工作。

9.2.7 运营管理

项目竣工后，机场管理方根据项目本身的绿色特征，制订了便于管理的绿色运营制度。主要体现在如下方面：

（1）成立绿色管理小组：要求员工及时了解行业动态，制订相应制度，对照国内外先进机场更新调整自身运营标准。

（2）制订绿色建筑运营效果评估计划与方案：将对绿色技术的维护及效果反

馈纳入员工考核范围内，提升员工的绿色机场运营管理水平和技术能力。

（3）成立能源管理机构：在充分利用自动化设备的基础上，投入相应的人力资源进行把控；建立节能机制，制订用能计划，建立重点设备、设施耗能和重点建筑物耗能档案，强化节能管理。

（4）建立绿色教育宣传制度：在旅客区进行绿色生活宣传活动，引导旅客的节约环保意识，并定期开展针对建筑绿色性能的使用者满意度调查。

9.3 实施效果

9.3.1 中水利用

航站区设置中水处理厂，中水水源为机场污水处理厂集中提供的中水，定期委托第三方机构对其生产的中水水质进行检测，各项指标达标后，送入中水管网，用于绿化浇灌和车库地面冲洗。中水管道按照规范规定外壁涂成"浅绿色"，在中水取水栓处设置带锁的取水阀，并明确标注"中水，禁止饮用"字样，防止误饮误接。2018 年 8 月～2019 年 7 月间，航站区中水处理厂共生产约 29 万 m^3 的中水，本项目非传统水源年需水量约为 1.7 万 m^3。完全可以满足项目需求。

9.3.2 分项计量

本项目能源站冷热源系统计量包括 4 个部分：①总供冷量、供热量：计量参数包含供冷（热）量、供冷（热）时长、供冷（热）台数。②空调补水量：计量对象包含冷却塔、软水箱，且按对象分开进行用水计量。③冷热源设备耗电量：计量对象包含冷水机组、蓄冷水罐、冷却水泵、冷却塔、冷冻水泵、热水泵，且按对象分开进行用电计量。④ 燃气量：计量对象为燃气锅炉房的进户管。本项目冷热源管理系统可实现分类分时能耗的计量和分析，能源站管理制度要求项目管理人员每个月进行一次总能耗和分类能耗的统计分析，查找问题和漏洞，对冷热源的能源管理系统起到重要的优化作用。

9.3.3 室内空气质量监控

通过对旅客区域的室内温度、湿度、CO_2 浓度进行监测，调节新风阀门，实现新风比 0％～100％ 范围调整。本项目空调季节在满足室内卫生要求的前提下，减少了新风处理能耗。排风机变频运行，使之能在与变化的新风量相匹配的状态下运行，为人员密度较高且随时间变化较大的区域，如行李提取区、迎宾大厅、值机大厅、安检区、要客区、值机厅、到达廊、中转厅、商业区、餐饮区等提供了良好的室内空气质量。

9.3.4 智能照明控制系统

项目运行中，结合人流量设置了 5 种不同的场景模式：领导参观，人流高峰，人流一般，人流低峰和无人模式。智能照明控制系统可对每一个智能照明设备进行独立控制。各区域灯光统一接受智能照明控制主机的监控，管理人员可以通过中央智能照明控制主机对各区域的照明进行集中监控，也可通过预设的时间段对灯光进行自动控制，在满足照明要求的前提下，降低了 30% 的照明能耗。

9.4 增量成本分析

本项目增量成本分析详见表 1。

增量成本分析 表 1

项目建筑面积（m²）：778571.22
为实现绿色建筑而增加的初投资成本（万元）：2750783
单位面积增量成本（元/m²）：6678

实现绿色建筑采取的措施	单价	标准建筑采用的常规技术和产品	单价	应用量	应用面积（m²）	增量成本	备注
氡浓度检测	850			5		0.425	
屋顶绿化	440				52277	2300.188	
高反射率材料	200		260		3850	−23.1	
暖通空调系统						847.88	
水蓄冷系统						3000	
中水回用系统及管网						—	
建筑设备管理智能化集成						446.00	
绿色建筑咨询服务费						107	
						6678.39	

9.5 总 结

本项目在设计中，始终坚持"节能、绿色、环保"的理念，因地制宜地采取相关的绿色技术，在绿色建筑技术方案的构建和遴选过程中，体现了绿色建筑技术与建筑本身功能（超大型交通建筑）的匹配性和适宜性，采用的技术具有实效性和代表性，可有效实现降低建筑能耗，节省运营费用的现实目标，具体为：（1）建筑布局设计合理，利于自然采光；（2）GTC 设置绿化屋面，降低太阳对屋面的辐射作用,缓解城市热岛效应;(3)便捷交通。以地面枢纽为中心,将多种交通工具组合在一起,形成完整的换乘枢纽;(4)地下空间利用;(5)建立室外中水管网系统,中水用于冲洗车库路面及绿化灌溉;(6)采用高效空调系统;(7)设置楼宇智能监控系统;(8)设置能源管理系统;(9)设置室内空气质量监控系统;(10)采用节水器具及节水灌溉;(11)采用高效照明系统及节能设备;(12)采用高强建筑结构材料;(13)采用可再循环材料;(14)土建装修一体化设计施工;(15)绿色施工。

　　作为重庆的地标性建筑,项目于 2016 年项目取得国家二星级绿色建筑"设计"标识和重庆市金级绿色建筑"设计"标识,于 2020 年 6 月获得重庆市金级绿色建筑"竣工"标识,是重庆市近年来取得国家绿色建筑"竣工"标识和地方绿色建筑"竣工"标识的最大单体建筑。从 2006 年国家颁布《绿色建筑评价标准》至今,全国已认证万余项绿色建筑项目,但 90% 都只停留在了设计阶段,竣工及运行阶段的标识极少。该项目绿色竣工标识的取得是绿色机场设计的里程碑,为重庆江北国际机场成为世界一流的人文、智慧、绿色机场出了一份力。

作者:冯雅　高庆龙　钟辉智　于晓敏　邱雁玲(中国建筑西南设计研究院有限公司)

10 珲春、杭州、北京典型城市旧区综合改造工程

10 Comprehensive renovation project of typical old urban areas in Hunchun，Hangzhou and Beijing

"城市的核心是人。"习近平总书记历来高度重视城市工作，多次作出重要指示，为提高城市承载力、防治各类"城市病"开药方，为我国城市高质量发展指明了方向。"十三五"期间，我国城市更新领域取得了相应进展，本文选择来自珲春市、杭州市、北京市3个城市的旧区综合改造工程案例进行技术展示。

10.1 珲春市老旧小区和弃管楼绿色低碳和健康综合改造工程

10.1.1 项目描述

珲春市老旧小区和弃管楼绿色低碳和健康综合改造项目位于吉林省珲春市，本项目主要为老旧小区和弃管楼改造工程，总占地面积 2.62km²，共有 189 栋楼，总建筑面积约 88.23 万 m²。如图 1 所示，改造区域共包括 3 个街道 11 个社

图 1　珲春市老旧小区和弃管楼绿色
低碳和健康综合改造项目区位图

区，大多小区和建筑建于 2000 年前。

　　珲春老旧小区因建成时间较早，缺乏维护，给人们生活带来诸多不便，严重影响了居民的正常生活，如图 2～图 5 所示，主要存在以下问题：①建筑外饰面破损，屋面漏水严重，墙面涂料脱落严重，扶墙电缆未整理；②道路损坏严重，原有公共绿地缺失，雨污管线排水排污不畅，路面大量积水；③小区内缺少机动车停车位，私搭乱建严重，缺少合理的功能分区；④占用公共绿地堆放杂物，缺少功能性景观小品，如晾衣架、休闲座椅、自行车棚等。

图 2　建筑外立面现状　　　　　　图 3　小区路面状况

图 4　小区环境现状　　　　　　图 5　小区公共绿地现状

10.1.2　改造技术

（1）绿地开敞空间挖潜及规划

　　根据珲春老旧小区的现状和特点，在绿地开敞空间的改造方面，平整场地，规划绿地范围，增加园林小品及景观设施，根据地域特点，选择适合生长的植被，高低错落，四季有色。

（2）既有城市住区风貌提升

珲春市是中、俄、朝三国交界城市，是重要的旅游和外贸城市，每年春节至秋季，会吸引大量国内外游客和商人。针对本次风貌改造所设计街道的特点，主要对街道两侧建筑物风貌进行改造，其中，森林山大路两侧建筑改为韩式风格（图6），口岸大路改为中式风格（图7），新安路改为俄式风格。通过改造，珲春市不同区域内的建筑各具风格，将成为珲春市的又一亮点。

图6　森林山大路改造后效果图　　　　　图7　口岸大路改造后效果图

（3）停车设施升级改造

在改造的时候，采用零散空间利用整合技术，对小区内部道路进行了统一规划，充分挖掘了住区零散空间和道路空间，并采取了泊位与绿化协调布置。同时，对小区道路和内部空间进行了统一规划，合理增设了停车位。图8是改造前后的对比，改造后小区内部道路井然有序，有效解决了停车难、车位不足的问题，提升了小区的整体环境。

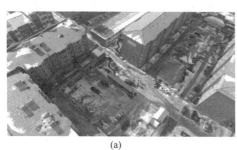 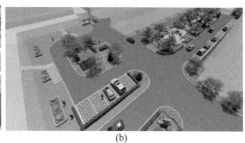

(a)　　　　　　　　　　　　　　　　(b)

图8　停车设施升级改造前后对比

（a）改造前；（b）改造后

（4）管网系统升级换代技术

1）管网系统优化技术，对居住区的供水、排水、供热系统进行整体改造升级，消除安全隐患。同时，该项目的管网改造都结合海绵城市改造进行，维修或更换小区内污水设施及管线，增设污水检查井。

2）缆线低影响集约化敷设技术，针对各类道路的缆线容量需求、缆线权属单位管理要求等边界约束条件的变量组合，给出标准化、模数化的断面及相应特殊节点的构造形式，实现改造过程的全面预制化。

(5) 海绵化升级改造技术

通过小区雨污水分流改造，园区路改造，增加透水铺装、雨水花园、溢流式雨水排放设施、下沉式绿地、雨水净化设施、雨水调蓄设施、雨水辅助入渗设施等，综合降低老旧小区雨水面源污染，对雨水年径流总量进行控制（图 9）。

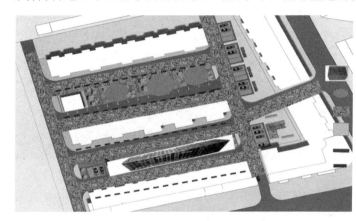

图 9 小区海绵化改造方案示意

(6) 公共服务设施健康化升级改造

修护和完善了停车位、树池座椅、活动平台、景亭、廊架、健身设施、儿童娱乐设施、集装箱用房、室外座椅、自行车锁、信报箱、景观灯、晾衣架、健身步道、图书阅览室等功能设施。

(7) 场地物理环境健康化改造技术

采用 Cadna、Ecotect、CFD、ENVI-met 等模拟计算软件，对绿化布局、道路材料、住区通风、日照控制和夜景照明等改造措施进行优化分析，优化既有城市住区物理环境改造效果。

通过 3 年多的改造实施时间，完成了珲春市老旧小区和弃管楼绿色低碳和健康综合改造工作，不仅完善了基础设施、提升了环境质量、完善了公建配套、增设了安全技防设施，并实现物业管理基本覆盖，逐步建立老旧小区的物业管理长效机制。

10.2 杭州西湖湖滨步行街改造项目

10.2.1 项目描述

项目位于杭州市中心西湖之畔，是全国乃至世界少有的毗邻世界文化遗产的商业步行街。2018 年，商务部推动全国 11 条商业步行街的建设，是唯一从机动车通行系统转变为步行系统的商业街。步行街规划拓展了东坡路全线和平海路东段，规划后步行街总长 1620m。现存问题为改造前人车混行、缺少公共休息场所、缺乏林荫空间、地域文化特征不明显、无全龄友好关怀、部分建筑商业界面破损。如图 10 所示。改造目标：把车行的马路变成全龄友好的城市客厅（图 11、图 12）。

图 10 改造前状态

图 11 步行街规划范围

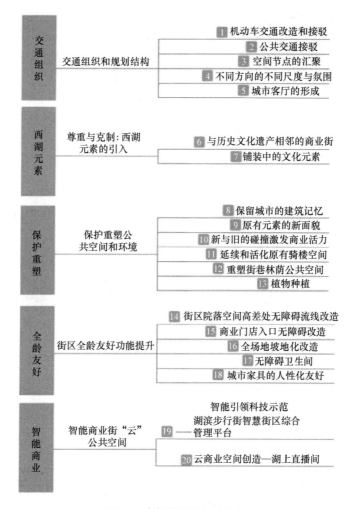

图 12　步行街改造技术框架

10.2.2　改造技术

（1）不喧宾夺主历史文化遗产

规划设计没有引入水系，不做构筑物，突出淡雅、富有诗意的江南风格和文人气质。如图13、图14所示。

（2）通过道路铺装体现文化元素

东西向道路与西湖相连，铺装通过石材灰度对比形成波纹、雨滴等图案，不喧宾夺主，将视线引向西湖。南北向道路铺装设计体现杭州的千年故事，铺装通过深灰色石材为底，浅灰色石材镌刻与西湖、杭州相关的诗句，形成以诗歌长卷为主题的铺装。如图15、图16所示。

323

图 13　步行街实景　　　　　　　图 14　保留原状街区龙翔里实景

图 15　"诗词长卷"道路　　　　图 16　道路铺装中的文化元素

（3）保护建筑原貌留住历史记忆

对于步行街范围内具有城市记忆价值的建筑，如毛源昌、方回春堂等老字号店铺，注重保留原貌，在基本形象不变的基础上，仅做清理修缮的微改造。保留部分原有的景观小品，在改造中结合业态调整和流线梳理，将其变为步行环境的有机组成部分。如图 17、图 18 所示。

图 17　老字号建筑"方回春堂"　　图 18　保留原有的景观小桥并设置盲道

（4）新旧环境的融合与新功能的融入

结合地铁出入口，将原有杂乱的内院空间进行改造利用，增设全龄友好公共厕所等公共设施和新功能，丰富了龙翔里建筑群落空间，保持了原有建筑的形象和肌理。如图 19 所示。

图 19　改造原有杂乱的内院空间，植入新功能

（5）延续和活化原有骑楼公共空间

骑楼空间是湖滨地区商业的
特色空间，改造延续保留了这一
特点，对骑楼空间进行了整治，
对地面、橱窗、店面进行了改造，
既丰富了商业活力，又留住了原
有的建筑形态氛围。如图 20
所示。

（6）重塑街巷林荫公共空间

改造设计结合休息设施，在
南北方向种植樱花，在东西方向

图 20　改造前后的骑楼空间

种植银杏，增加了步行街林荫休息空间，不同树种也提供了明确的方向感，增添
不同时代的环境记忆。如图 21、图 22 所示。

图 21　南北向道路上种植的樱花　　　　图 22　道路尽端广场上种植的银杏

（7）无障碍改造

包括无障碍流线改造、小微场地和设施的无障碍微改造、增设街区上全龄友
好无障碍座椅、增设全龄友好无障碍卫生间和标识设施。如图 23、图 24 所示。

图 23 店前轮椅坡道   图 24 全龄友好无障碍卫生间

(8) 商业步行街"云"公共空间

湖滨步行街采用了"1+4+4"的智能化系统,"1"指核心的湖滨步行街智慧街区综合管理平台;第一个"4"指平台接入的数字城管、市场监管、智慧消防、公安4个部门的综合平台;第二个"4"指分布于步行街上的智慧灯杆、智能导视牌、广告牌系统及无障碍地图服务4个智慧终端与服务系统。如图25、图26所示。

图 25 智能导视牌与广告牌系统   图 26 智慧灯杆与无障碍地图服务

10.3 北京翠微西里老旧小区改造

10.3.1 项目描述

该项目位于北京市海淀区翠微西里小区，总用地面积约为 4.4 万 m^2，建筑面积 12.5 万 m^2，该小区建于 20 世纪 90 年代的综合改造，共有 7 栋高层和 3 栋多层住宅楼。综合改造与整治技术体系如图 27 所示。

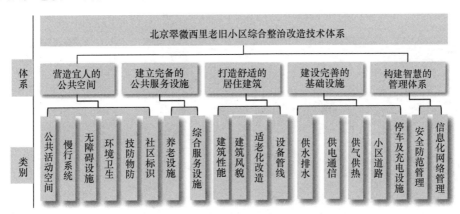

图 27 小区综合改造与整治技术体系

10.3.2 改造技术

(1) 让慢行系统成为漫步和驻足闲坐的空间

对社区入口空间和道路进行微改造，使慢行系统与车行系统分离。在保护原有乔木的基础上，重新规划了慢行道路系统，以此形成了连贯的健身步道，使居民能够在林下漫步。加宽步行道宽度，使住区人行道成为居民交往驻足的场所，在路边配置座椅，打造更多的林下交往空间。如图 28、图 29 所示。

图 28 小区入口道路车行和慢行道路

图 29 小区道路旁设置休息座椅

（2）在林荫下布置公共活动空间

该小区的绿植生长较好，通过对原有绿化场地和设施进行微改造，植入健身设施和可使居民驻足的活动设施，形成可供户外活动和交往的林下空间，对宅前阳光活动场地进行重新布局，提供更多供老年人晒太阳的场地。如图30、图31所示。

（3）补齐公共服务设施短板

利用社区空置空间，加设老年人餐桌（厅），利用闲置用房改造成老年人活动室，社区智慧机房。增设集成快递收发空间和快递接收柜、自行车停车棚和社区消防设施。重新规划布置停车位，设置电动充电桩。如图32、图33所示。

图30　小区林荫活动设施　　　　　　图31　林下长廊

图32　社区老年人活动室和假日社区活动　　图33　停车位旁充电桩

（4）留住共同记忆和可识别性

为留住社区公共记忆，没有进行立面的装饰性改造，尊重原有外界面形态，对多层、高层住宅立面进行微改造，保证立面微改造的精细化设计。通过绿植对单元入户空间进行微改造，增加居民对"家"的可识别性。如图 34、图 35 所示。

图 34 建筑外立面精细化微改造和
单元入口的可识别性

图 35 外立面留住生活记忆

（5）住宅适老化改造

多层住宅利用原天井空间增设担架电梯，高层住宅进行了电梯更换，并增设了适老功能。住宅公共楼梯间进行适老化微改造，增设扶手、防滑条、轮椅坡道。公共服务设施和地下车库存在高差处均增设了轮椅坡道。根据老年住户需求，针对卫生间、厨房和入户空间处进行居家适老化改造。如图 36～图 38 所示。

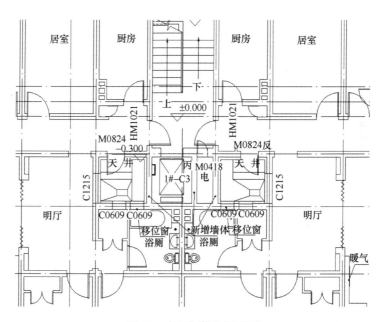

图 36 多层加装电梯平面

图 37 台阶增设防滑条　　　　　　　图 38 楼梯间增设扶手

作者：冯娟[1]　邵琦[1]　薛峰[2]　沈冠杰[2]　童馨[2]　朱荣鑫[3]（1. 吉林省科龙建筑节能科技股份有限公司；2. 中国中建设计集团有限公司；3. 中国建筑科学研究院有限公司）

附录篇

Appendix

附录1 中国城市科学研究会绿色建筑与节能专业委员会简介

Appendix 1 Brief introduction to China Green Building Council of CSUS

中国城市科学研究会绿色建筑与节能专业委员会（简称：中国城科会绿建委，英文名称 China Green Building Council of CSUS，缩写为 China GBC）于2008年3月正式成立，是经中国科协批准，民政部登记注册的中国城市科学研究会的分支机构，是研究适合我国国情的绿色建筑与建筑节能的理论与技术集成系统、协助政府推动我国绿色建筑发展的学术团体。

成员来自科研、高校、设计、房地产开发、建筑施工、制造业及行业管理部门等企事业单位中从事绿色建筑和建筑节能研究与实践的专家、学者和专业技术人员。本会的宗旨：坚持科学发展观，促进学术繁荣；面向经济建设，深入研究社会主义市场经济条件下发展绿色建筑与建筑节能的理论与政策，努力创建适应中国国情的绿色建筑与建筑节能的科学技术体系，提高我国在快速城镇化过程中资源能源利用效率，保障和改善人居环境，积极参与国际学术交流，推动绿色建筑与建筑节能的技术进步，促进绿色建筑科技人才成长，发挥桥梁与纽带作用，为促进我国绿色建筑与建筑节能事业的发展做出贡献。

本会的办会原则：产学研结合、务实创新、服务行业、民主协商。

本会的主要业务范围：从事绿色建筑与节能理论研究，开展学术交流和国际合作，组织专业技术培训，编辑出版专业书刊，开展宣传教育活动，普及绿色建筑的相关知识，为政府主管部门和企业提供咨询服务。

一、中国城科会绿建委（以姓氏笔画排序）

主　　任：王有为　中国建筑科学研究院有限公司顾问总工
副 主 任：王建国　中国工程院院士、东南大学教授
　　　　　毛志兵　中国建筑股份有限公司总工程师
　　　　　尹　波　中国建筑科学研究院有限公司副总经理
　　　　　尹　稚　北京清华同衡规划设计研究院有限公司技术顾问
　　　　　叶　青　深圳建筑科学研究院股份有限公司董事长

朱 雷 上海市建筑科学研究院（集团）总裁

江 亿 中国工程院院士、清华大学教授

李百战 重庆大学教授

吴志强 中国工程院院士、同济大学教授

张 桦 中国勘察设计协会副理事长、上海市勘察设计行业协会会长、华东建筑集团股份有限公司高级顾问

修 龙 中国建筑学会理事长

副 秘 书 长：李 萍 原建设部建筑节能中心副主任

李丛笑 中建科技集团有限公司副总经理

常卫华 中国建筑科学研究院有限公司科技标准处副处长

主任助理：戈 亮 李大鹏

通 讯 地 址：北京市海淀区三里河9号住建部大院中国城科会办公楼二层205

电 话：010-58934866 010-88385280

公 众 号：中国城科会绿建委

Email：Chinagbc2008@chinagbc.org.cn

二、地方绿色建筑相关社团组织

广西建设科技与建筑节能协会绿色建筑分会

会 长：广西建筑科学研究设计院副院长 朱惠英

秘 书 长：广西建设科技与建筑节能协会 韦爱萍

通 讯 地 址：南宁市金湖路58号广西建设大厦2407室 530028

深圳市绿色建筑协会

会 长：中建科工集团有限公司董事长 王宏

秘 书 长：深圳市建筑科学研究院股份有限公司董办助理主任 王向昱

通 讯 地 址：深圳市福田区上步中路1043号深勘大厦613室 518028

四川省土木建筑学会绿色建筑专业委员会

主 任：四川省建筑科学研究院有限公司董事长 王德华

秘 书 长：四川省建筑科学研究院有限公司建筑节能研究所所长 于忠

通 讯 地 址：成都市一环路北三段55号 610081

中国绿色建筑委员会江苏省委员会（江苏省建筑节能协会）

会 长：江苏省住房和城乡建设厅科技处原处长 陈继东

秘 书 长：江苏省建筑科学研究院有限公司总经理 刘永刚

通 讯 地 址：南京市北京西路12号 210008

厦门市土木建筑学会绿色建筑分会

会　　　长：厦门市土木建筑学会　何庆丰

秘　书　长：厦门市建筑科学研究院有限公司　彭军芝

通讯地址：厦门市美湖路 9 号一楼　361004

福建省土木建筑学会绿色建筑与建筑节能专业委员会

会　　　长：福建省建筑设计研究院总建筑师　梁章旋

秘　书　长：福建省建筑科学研究院总工　黄夏冬

通讯地址：福州市通湖路 188 号 350001

福州市杨桥中路 162 号　350025

福建省海峡绿色建筑发展中心

理　事　长：福建省建筑科学研究院总工　侯伟生

秘　书　长：福建省建筑科学研究院总工　黄夏东

通讯地址：福州市杨桥中路 162 号　350025

山东省土木建筑学会绿色建筑与（近）零能耗建筑专业委员会

主　　　任：山东省建筑科学研究院绿色建筑分院院长　王昭

秘　书　长：山东省建筑科学研究院绿色建筑研究所所长　李迪

通讯地址：济南市无影山路 29 号　250031

辽宁省土木建筑学会绿色建筑专业委员会

主　　　任：沈阳建筑大学教授　石铁矛

秘　书　长：沈阳建筑大学教授　顾南宁

通讯地址：沈阳市浑南区浑南东路 9 号　110168

天津市城市科学研究会绿色建筑专业委员会

主　　　任：天津市城市科学研究会理事长　王建廷

常务副主任：天津市建筑设计院副院长　张津奕

秘　书　长：天津城建大学经管学院院长　刘戈

通讯地址：天津市西青区津静路 26 号　300384

河北省土木建筑学会绿色建筑与超低能耗建筑学术委员会

主　　　任：河北省建筑科学研究院有限公司总工　赵士永

秘　书　长：河北省建筑科学研究院有限公司副主任　康熙

通讯地址：河北省石家庄市槐安西路 395 号　050021

中国绿色建筑与节能（香港）委员会

主　　　任：香港城市大学教授　邹经宇

副秘书长：香港中文大学中国城市住宅研究中心　苗壮

通讯地址：香港中文大学利黄瑶璧楼 507 室

重庆市绿色建筑与建筑产业化协会绿色建筑专业委员会

主　　　任：重庆大学土木工程学院教授　李百战

秘 书 长：重庆大学土木工程学院教授　丁勇

通 讯 地 址：重庆市沙坪坝区沙北街 83 号　400045

湖北省绿色建筑与节能专业委员会

主　　任：湖北省建筑科学研究设计院股份有限公司总经理　杨锋

秘 书 长：湖北省建筑科学研究设计院股份有限公司　丁云

通 讯 地 址：武汉市武昌区中南路 16 号　430071

上海市绿色建筑协会

会　　长：甘忠泽

副会长兼秘书长：许解良

通 讯 地 址：上海市宛平南路 75 号 1 号楼 9 楼　200032

安徽省建筑节能与科技协会

会　　长：项炳泉

秘 书 长：叶长青

通 讯 地 址：合肥市包河区紫云路 996 号　230091

郑州市城科会绿色建筑专业委员会

主　　任：郑州交运集团原董事长　张遂生

秘 书 长：郑州市沃德空调销售公司经理　曹力锋

通 讯 地 址：郑州市淮海西路 10 号 B 楼二楼东　450006

广东省建筑节能协会

会　　长：华南理工大学教授 赵立华

通 讯 地 址：广州市天河区五山路 381 号华南理工大学建筑节能研究中心旧
楼　510640

广东省建筑节能协会绿色建筑专业委员会

主　　任：广东省建筑科学研究院集团股份有限公司节能所所长　吴培浩

秘 书 长：广东省建筑科学研究院集团股份有限公司节能所副所长　周荃

通 讯 地 址：广州市先烈东路 121 号　510500

内蒙古绿色建筑协会

理 事 长：内蒙古城市规划市政设计研究院有限公司董事长　杨永胜

秘 书 长：内蒙古城市规划市政设计研究院有限公司院长　王海滨

通 讯 地 址：呼和浩特市如意开发区如意和大街西蒙奈伦广场 4 号楼 505
010070

陕西省建筑节能协会

会　　长：陕西省住房和城乡建设厅原副巡视员　潘正成

常务副会长：陕西省建筑节能与墙体材料改革办公室原总工　李玉玲

秘 书 长：曹 军

通 讯 地 址：西安市东新街 248 号新城国际 B 座 10 楼　700004

河南省生态城市与绿色建筑委员会

　　主　　　任：河南省城市科学研究会副理事长 高玉楼

　　通 讯 地 址：郑州市金水路 102 号　450003

浙江省绿色建筑与建筑工业化行业协会

　　会　　　长：浙江省建筑科学设计研究院有限公司 副总工程师　王建奎

　　常务副会长兼秘书长：浙江省建筑设计研究院绿色建筑工程设计院院长

　　　　　　　　朱鸿寅

　　通 讯 地 址：杭州市下城区安吉路 20 号　310006

中国建筑绿色建筑与节能委员会

　　会　　　长：中国建筑工程总公司副总经理　宋中南

　　秘　书　长：中国建筑工程总公司科技与设计管理部副总经理　蒋立红

　　通 讯 地 址：北京市海淀区三里河路 15 号中建大厦 B 座 8001 室　100037

宁波市绿色建筑与建筑节能工作组

　　组　　　长：宁波市住建委科技处处长　张顺宝

　　常务副组长：宁波市城市科学研究会副会长　陈鸣达

　　通 讯 地 址：宁波市鄞州区松下街 595 号　315040

湖南省建设科技与建筑节能协会绿色建筑专业委员会

　　主　　　任：湖南省建筑设计院有限公司副总建筑师　殷昆仑

　　秘　书　长：黄洁

　　通 讯 地 址：长沙市雨花区高升路和馨家园 2 栋 204　410114

黑龙江省土木建筑学会绿色建筑专业委员会

　　主　　　任：国家特聘专家、英国皇家工程院院士　康健

　　常务副主任：哈尔滨工业大学建筑学院教授　金虹

　　秘　书　长：哈尔滨工业大学建筑学院教授　赵运铎

　　通 讯 地 址：哈尔滨市南岗区西大直街 66 号　150006

中国绿色建筑与节能（澳门）协会

　　会　　　长：四方发展集团有限公司主席　卓重贤

　　理　事　长：汇博顾问有限公司理事总经理　李加行

　　通 讯 地 址：澳门友谊大马路 918 号澳门世界贸易中心 7 楼 B-C 座

大连市绿色建筑行业协会

　　会　　　长：大连亿达集团有限公司副总裁　秦学森

　　常务副会长兼秘书长：徐梦鸿

　　通 讯 地 址：辽宁省大连市沙河口区东北路 99 号亿达广场 4 号楼三楼

　　　　　　　116021

北京市建筑节能与环境工程协会生态城市与绿色建筑专业委员会

    会　　　长：北京市住宅建筑设计研究院有限公司科研中心主任　李庆平

    秘　书　长：北京市住宅建筑设计研究院居住事业部　白羽

    通 讯 地 址：北京市东城区东总布胡同 5 号　100005

甘肃省土木建筑学会节能与绿色建筑学术委员会

    主 任 委 员：兰州市城市建设设计院院长　李得亮

    常务副主任委员：兰州市城市建设设计院副院长　金光辉

    通 讯 地 址：兰州市七里河区西津东路 120 号　730050

东莞市绿色建筑协会

    会　　　长：广东维美工程设计有限公司董事长　邓建军

    秘　书　长：叶爱珠

    通 讯 地 址：广东省东莞市南城区新基社区城市风情街

                原东莞市地震局大楼 1 楼　523073

苏州市绿色建筑行业协会

    会　　　长：苏州北建节能技术有限公司总经理　蔡波

    秘　书　长：朱向东

    通 讯 地 址：苏州市吴中区东太湖路 66 号 1 号楼 5 层　215104

三、绿色建筑专业学术小组

绿色工业建筑组

    组　　　长：机械工业第六设计研究院有限公司副总经理　李国顺

    副　组　长：中国建筑科学研究院国家建筑工程质量监督检验中心主任

                曹国庆

                中国电子工程设计院科技工程院院长　王立

绿色智能组

    组　　　长：上海延华智能科技（集团）股份有限公司董事、联席总裁

                于兵

    副　组　长：同济大学浙江学院教授、实验中心主任　沈晔

    联　系　人：上海延华智能科技（集团）股份有限公司总裁办主任　叶晓磊

绿色建筑规划设计组

    组　　　长：华东建筑集团股份有限公司高级顾问　张桦

    副　组　长：深圳市建筑科学研究院股份有限公司董事长　叶青

                浙江省建筑设计研究院副院长　许世文

    联　系　人：华东建筑集团股份有限公司上海建筑科创中心副主任　瞿燕

绿色建材与设计组

组　　　长：中国中建设计集团有限公司总建筑师　薛峰

常务副组长：中国建筑科学研究院建筑材料研究所副所长　黄靖

副　组　长：北京国建信认证中心总经理　武庆涛

联　系　人：中国建筑科学研究院建筑材料研究所副研究员　何更新

中国中建设计集团有限公司建筑师　黄子伊

零能耗建筑与社区组

组　　　长：中国建筑科学研究院建筑环境与节能研究院院长　徐伟

副　组　长：北京市建筑设计院设备总工　徐宏庆

联　系　人：中国建筑科学研究院建筑环境与节能研究院高工　陈曦

绿色建筑理论与实践组

名　誉　组　长：清华大学建筑学院教授　袁镔

组　　　长：清华大学建筑学院所长、教授，清华大学建筑设计研究院有限公司副总建筑师　宋晔皓

副　组　长：华中科技大学建筑与城市规划学院社长、教授　李保峰

东南大学建筑学院院长、教授　张彤

绿地集团总建筑师、教授级高工　戎武杰

北方工业大学建筑与艺术学院教务长、教授　贾东

华南理工大学建筑学院教授、博导　王静

清华大学建筑设计研究院有限公司第六分院副院长、高工

袁凌

联　系　人：清华大学建筑学院院长助理、副教授　周正楠

绿色施工组

组　　　长：北京城建集团有限责任公司副总经理、总工程师　张晋勋

副　组　长：北京住总集团有限责任公司总工程师　杨健康

中国土木工程学会总工程师工作委员会秘书长　李景芳

联　系　人：北京城建五建设集团有限公司总工程师　彭其兵

绿色校园组

组　　　长：中国工程院院士、同济大学教授　吴志强

副　组　长：沈阳建筑大学教授　石铁矛

苏州大学金螳螂建筑与城市环境学院院长　吴永发

立体绿化组

组　　　长：北京市植物园原园长　张佐双

副　组　长：中国城市建设研究院有限公司城乡生态文明研究院院长

王香春

北京市园林科学研究院景观所所长　韩丽莉

339

副组长兼联系人：中建设计集团工程技术研究院副总工　王珂

绿色轨道交通建筑组

　　组　　　长：北京城建设计发展集团股份有限公司副总经理　金淮

　　副　组　长：北京城建设计发展集团副总建筑师　刘京

　　　　　　　　中国地铁工程咨询有限责任公司副总工程师　吴爽

绿色小城镇组

　　组　　　长：清华大学建筑学院教授、原副院长　朱颖心

　　副　组　长：中建科技集团有限公司副总经理　李丛笑

　　　　　　　　清华大学建筑学院教授、副院长　杨旭东

　　联　系　人：武汉科技大学　陈敏

绿色物业与运营组

　　组　　　长：天津城建大学教授　王建廷

　　副　组　长：新加坡建设局国际开发署高级署长　许麟济

　　　　　　　　中国建筑科学研究院环境与节能工程院副院长　路宾

　　　　　　　　广州粤华物业有限公司董事长、总经理　李健辉

　　　　　　　　天津市建筑设计院总工程师　刘建华

　　联　系　人：天津城建大学经济与管理学院院长　刘戈

绿色建筑软件和应用组

　　组　　　长：建研科技股份有限公司副总裁　马恩成

　　副　组　长：清华大学教授　孙红三

　　　　　　　　欧特克软件（中国）有限公司中国区总监　李绍建

　　联　系　人：北京构力科技有限公司经理　张永炜

绿色医院建筑组

　　组　　　长：中国建筑科学研究院有限公司建筑环境与能源研究院副院长
　　　　　　　　邹瑜

　　副　组　长：中国中元国际工程有限公司医疗建筑设计院院长　李辉

　　　　　　　　天津市建筑设计院正高级建筑师　孙鸿新

　　联　系　人：中国建筑科学研究院有限公司建筑环境与能源研究院副研究员
　　　　　　　　袁闪闪

建筑室内环境组

　　组　　　长：重庆大学土木工程学院教授　李百战

　　副　组　长：清华大学建筑学院教授　林波荣

　　　　　　　　西安建筑科技大学副主任　王怡

　　联　系　人：重庆大学土木工程学院教授　丁勇

绿色建筑检测学组

组　　　长：中国建筑科学研究院有限公司国家建筑工程质量监督检验中心
　　　　　　主任　王霓
联　系　人：中国建筑科学研究院有限公司西南分院书记　袁扬

四、绿色建筑基地

北方地区绿色建筑基地
　　依托单位：中新（天津）生态城管理委员会
华东地区绿色建筑基地
　　依托单位：上海市绿色建筑协会
南方地区绿色建筑基地
　　依托单位：深圳市建筑科学研究院有限公司
西南地区绿色建筑基地
　　依托单位：重庆市绿色建筑专业委员会

五、国际合作交流机构

中国城科会绿色建筑与节能委员会日本事务部
Japanese Affairs Department of China Green Building Council
　　主　　　任：北九州大学名誉教授　黑木莊一郎
　　常务副主任：日本工程院外籍院士、北九州大学教授　高伟俊
　　办 公 地 点：日本北九州大学
中国城科会绿色建筑与节能委员会英国事务部
British Affairs Department of China Green Building Council
　　主　　　任：雷丁大学建筑环境学院院长、教授　Stuart Green
　　副　主　任：剑桥大学建筑学院前院长、教授　Alan Short
　　　　　　　　卡迪夫大学建筑学院前院长、教授　Phil Jones
　　秘　书　长：重庆大学教育部绿色建筑与人居环境营造国际合作联合实验室
　　　　　　　　主任、雷丁大学建筑环境学院教授　姚润明
　　办 公 地 点：英国雷丁大学
中国城科会绿色建筑与节能委员会德国事务部
German Affairs Department of China Green Building Council
　　副主任（代理主任）：朗诗欧洲建筑技术有限公司总经理、德国注册建筑师
　　　　　　　　陈伟
　　副　主　任：德国可持续建筑委员会-DGNB首席执行官　Johannes Kreissig
　　　　　　　　德国EGS-Plan设备工程公司/设能建筑咨询（上海）有限公司
　　　　　　　　总经理　Dr. Dirk Schwede

秘　书　长：费泽尔·斯道布建筑事务所创始人/总经理　Mathias Fetzer

办 公 地 点：朗诗欧洲建筑技术有限公司（法兰克福）

中国城科会绿色建筑与节能委员会美东事务部

China Green Building Council North America Center（East）

主　　　任：美国普林斯顿大学副校长 Kyu-Jung Whuang

副　主　任：中国建筑美国公司高管 Chris Mill

秘　书　长：康纳尔大学助理教授　华颖

办 公 地 点：美国康奈尔大学

中美绿色建筑中心

U. S. -China Green Building Center

主　　　任：美国劳伦斯伯克利实验室建筑技术和城市系统事业部主任
　　　　　　Mary Ann Piette

常务副主任：美国劳伦斯伯克利实验室国际能源分析部门负责人　周南

秘　书　长：美国劳伦斯伯克利实验室中国能源项目组　冯威

办 公 地 点：美国劳伦斯·伯克利国家实验室

中国城科会绿色建筑与节能委员会法国事务部

French Affairs Department of China Green Building Council

主　　　任：法国绿色建筑认证中心总裁　Patrick Nossent

副　主　任：法国建筑科学研究院国际事务部主任　Bruno Mesureur
　　　　　　法国绿色建筑委员会主任　Anne-Sophie Perrissin-Fabert
　　　　　　中建阿尔及利亚公司总经理　周圣
　　　　　　建设 21 国际建筑联盟高级顾问　曾雅薇

附录 2　中国城市科学研究会绿色建筑研究中心简介

Appendix 2　Brief introduction to CSUS Green Building Research Center

中国城市科学研究会绿色建筑研究中心（CSUS Green Building Research Center）成立于 2009 年，是我国绿色建筑大领域重要的理论研究、标准研编、科学普及与行业推广机构，同时也是面向市场提供绿色建筑相关标识评价、技术支持等服务的综合性技术机构。主编或主要参编了《绿色建筑评价标准》《健康建筑评价标准》《健康社区评价标准》等系列标准，在全国范围内率先开展了绿色建筑新国标项目、健康建筑标识项目、既有建筑绿色改造标识项目、绿色生态城区标识、健康社区标识以及国际双认证项目评价业务，为我国绿色建筑的量质齐升贡献了巨大力量。

绿色建筑研究中心的主要业务分为三大版块：一、标识评价。包括绿色建筑标识（包括普通民用建筑、既有建筑、工业建筑等）、健康建筑标识、绿色生态城区标识评价。二、课题研究与标准研发。主要涉及绿色建筑、健康建筑、超低能耗建筑、绿色生态城区领域。三、教育培训、行业服务、高端咨询等。

标识评价方面：截至 2020 年底，中心共开展了 2784 个绿色建筑标识评价（包括 117 个绿色建筑运行标识，26671 个绿色建筑设计标识），其中包括香港地区 15 个、澳门地区 1 个；85 个绿色工业建筑标识评价；25 个既有建筑绿色改造标识评价；127 个健康建筑标识评价（包括 5 个运行健康建筑运行标识，122 个健康建筑设计标识）；17 个绿色生态城区实施运管标识评价；8 个健康社区项目；1 个健康小镇项目；8 个国际双认证评价项目及 9 个绿色铁路客站项目；3 个绿色照明项目。

信息化服务方面：截至 2020 年底，中心自主研发的绿色建筑在线申报系统已累积评价项目 1440 个，并已在北京、江苏、上海、宁波、贵州等地方评价机构投入使用；健康建筑在线申报系统已累积评价项目 155 个；建立"城科会绿建中心""健康建筑"官网以及微信公众号，持续发布绿色建筑及健康建筑标识评价情况、评价技术问题、评价的信息化手段、行业资讯、中心动态等内容；自主研发了绿色建筑标识评价 APP "中绿标"（Android 和 IOS 两个版本）以及绿色建筑评价桌面工具软件（PC 端评价软件），具有绿色建筑咨询、项目管理、数据共享等功能。

标准编制及科研方面：中心主编或参编国家、行业及团体标准《健康建筑评价标准》《绿色建筑评价标准》《绿色工业建筑评价标准》《绿色建筑评价标准（香港版）》《既有建筑绿色改造评价标准》《健康社区评价标准》《健康小镇评价标准》《健康医院评价标准》《健康养老建筑评价标准》《城市旧居住小区综合改造技术标准》等；主持或参与国家"十三五"课题、住建部课题、国际合作项目、中国科学技术协会课题《绿色建筑标准体系与标准规范研发项目》《基于实际运行效果的绿色建筑性能后评估方法研究及应用》《可持续发展的新型城镇化关键评价技术研究》《绿色建筑运行管理策略和优化调控技术》《健康建筑可持续运行及典型功能系统评价关键技术研究》《绿色建筑年度发展报告》《北京市绿色建筑第三方评价和信用管理制度研究》等。

国际交流合作方面：2020 年，中心与德国 DGNB、法国 HQE 评价标识的管理机构开展绿色建筑双认证工作。此外，中心与英国建筑研究院（BRE）开展绿色建筑标准体系双认证合作，并计划于 2021 年中英两国开展多个绿色建筑双认证评价工作。

绿色建筑研究中心有效整合资源，充分发挥有关机构、部门的专家队伍优势和技术支撑作用，按照住房和城乡建设部和地方相关文件要求开展绿色建筑评价工作，保证评价工作的科学性、公正性、公平性，创新形成了具有中国特色的"以评促管、以评促建"以及"多方共享、互利共赢"的绿色建筑管理模式，已经成为我国绿色建筑标识评价以及行业推广的重要力量，并将继续在满足市场需求、规范绿色建筑评价行为、引导绿色建筑实施、探索绿色建筑发展等方面发挥积极作用。

联系地址：北京市海淀区三里河路 9 号院（住建部大院）
　　　　　中国城市科学研究会西办公楼 4 楼（100835）
公 众 号：城科会绿建中心
电　　话：010-58933142
传　　真：010-58933144
　E- mail：gbrc@csus-gbrc.org
网　　址：http：www.csus-gbrc.org

附录3 中国绿色建筑大事记
Appendix 3 Milestones of China Green Building Development

2020年3月21日，中国城市科学研究会（CSUS）和中国工程建设标准化协会（CECS）联合发布《健康社区评价标准》T/CECS 650-2020，T/CSUS 01-2020，自2020年9月1日起施行。

2020年3月23日，世界绿色建筑委员会（World Green Building Council）发文刊登中国绿色建筑在应对新型冠状病毒肺炎（COVID-19）中的贡献。文中指出，绿色建筑是中国建筑科技发展过程中的重要里程碑，肯定了中国建筑科学研究院有限公司、上海市建筑科学研究院（集团）有限公司牵头编制的《绿色建筑评价标准》GB/T 50378-2019在疫情防控中的积极作用。

2020年3月31日，中国城市科学研究会通过"腾讯会议"视频会议，组织召开《龙游县城东新区（核心区）绿色生态城区规划设计评价标识》专家评审会。浙江省衢州市龙游县城东新区作为全国首个申报绿色生态城区示范县，具有重要意义。

2020年4月7日，中国建筑科学研究院有限公司和华为技术有限公司联合在中国工程建设标准化协会立项编撰团体标准《智慧园区设计标准》，该标准将是中国住建领域首个深度融合信息和通信新技术的智慧园区设计标准。

2020年4月24日，北京市住房和城乡建设委联合市规划和自然资源委员会、市财政局印发《北京市装配式建筑、绿色建筑、绿色生态示范区项目市级奖励资金管理暂行办法》（京建法〔2020〕4号），新增装配式建筑奖励政策，提高绿色建筑奖励标准，完善绿色生态示范区奖励管理。

2020年4月28日，中国城市科学研究会发布《中国百日抗疫信息汇集（信息征集版）》，该报告从多角度、多途径汇集我国政府组织、科研机构、科技社团和专业学者公开发表过的疫情分析、科研文章、政策建议、行动方案和预测报告等文献目录，从而便于广大城市研究者从新冠肺炎疫情这场世纪大流行病的经验教训中提炼现代城市规划、建设和管理的新规律。

2020年5月7日，住房和城乡建设部发布2020年第115号公告，正式批准发布国家标准《绿色建筑评价标准》GB/T 50378-2019的英文版，并由住房和城乡建设部组织中国建筑出版传媒有限公司出版发行。

2020 年 5 月 9 日，由中国城市科学研究会发布的《中国百日抗疫信息汇集（信息征集版）》英文版正式上线。

2020 年 6 月 16 日，中国建设教育协会、中国城市科学研究会绿色建筑与节能专业委员会联合发布"第二届全国高等院校绿色建筑设计技能大赛"杰出作品、优秀作品的公告，大赛组委会专业技术评审组对 186 项初赛晋级决赛的作品进行了评审，推选出 64 项作品由 15 位专家进行了现场评审，最终推选出杰出作品 56 项和优秀作品 95 项。

2020 年 6 月 19 日，由中国建筑科学研究院有限公司牵头，住房和城乡建设部科技与产业化发展中心、中国城市科学研究会、西安建筑科技大学、华南理工大学、西南交通大学、中国建筑材料科学研究总院有限公司、中建科工集团有限公司、北京建筑技术发展有限责任公司、世界绿色建筑委员会、英国建筑科学研究院、德国可持续建筑委员会、马来亚大学及越南建筑材料科学研究院共同参与的国家重点研发计划"'一带一路'共建国家绿色建筑技术和标准研发与应用"（项目编号 2020YFE0200300）获科技部"战略性科技创新合作"重点专项立项并成功启动。

2020 年 7 月 15 日，住房和城乡建设部等 7 部委印发《关于绿色建筑创建行动方案的通知》，提出到 2022 年，当年城镇新建建筑中绿色建筑面积占比达到 70% 的目标。

2020 年 7 月 22 日，住房和城乡建设部等部门发布《关于印发绿色社区创建行动方案的通知》。提出到 2022 年，绿色社区创建行动取得显著成效，力争全国 60% 以上的城市社区参与创建行动并达到创建要求，基本实现社区人居环境整洁、舒适、安全、美丽的目标。

2020 年 7 月 30 日，由国际知名专业权威机构英国皇家特许测量师学会（RICS）举办的"RICS Awards China 2020"颁奖典礼在上海静安香格里拉大酒店隆重举行，数百名行业领军企业和专家齐聚一堂、共襄盛举。华建集团上海建筑科创中心分别获得"年度可持续发展成就冠军奖""年度研究团队优秀奖"2 项大奖。

2020 年 8 月 7 日，国家标准化管理委员会复函批准，同意由中国建筑科学研究院有限公司协同有关单位筹建国家技术标准创新基地（建筑工程）。这是我国在城乡建设领域首次获得筹建的国家级技术标准创新基地。

2020 年 8 月 18 日，由中国建筑科学研究院有限公司、全联房地产商会联合主办的"第十二届全国既有建筑改造大会"在北京隆重召开。本届大会主题为"凝聚行业力量，助力城市更新"。

2020 年 8 月 24 日，住房和城乡建设部、中国人民银行、中国银保监会三部委联合发文，批准湖州市正式成为全国首个绿色建筑和绿色金融协同发展试点城市。

2020 年 8 月 26 日～27 日，"第十六届国际绿色建筑与建筑节能大会暨新技术与产品博览会"在苏州国际博览中心举行，大会主题为"升级住房消费，健康绿色建筑"。

2019 年 8 月 26 日，中国城市科学研究会绿色建筑与节能专业委员会第十三次全体委员会议在苏州国际博览中心召开。

2020 年 9 月 8 日，"2020（第二届）健康建筑大会"以在线会议的形式召开，会议主题为"从健康建筑到健康社区，共建健康人居"。

2020 年 9 月 9 日，"第三届绿色建筑设计技能大赛"通知发布。首届大赛吸引到参赛的高校团队达 360 支、第二届达 611 支。

2020 年 9 月 10 日，住房和城乡建设部官网发布《关于认定第二批装配式建筑示范城市和产业基地的通知》（建办标函〔2020〕470 号）。

2020 年 9 月 22 日～23 日，住房和城乡建设部在上海召开全国建筑节能、绿色建筑、装配式建筑和绿色建材发展座谈会。

2020 年 9 月 24 日，世界绿色建筑委员会发布一份新的报告，概述了亚太地区固碳所带来的气候和商业价值，并呼吁到 2050 年实现建筑业的近零排放。

2020 年 10 月 13 日，财政部、住房和城乡建设部发布《关于政府采购支持绿色建材促进建筑品质提升试点工作的通知》，要求形成绿色建筑和绿色建材政府采购需求标准。选择一批绿色发展基础较好的城市，在政府采购工程中探索支持绿色建筑和绿色建材推广应用的有效模式，形成可复制、可推广的经验。试点城市为南京市、杭州市、绍兴市、湖州市、青岛市、佛山市。

2020 年 10 月 22 日，财政部国库司、住房和城乡建设部标准定额司联合召开座谈会，对政府采购支持绿色建材促进建筑品质提升试点工作进行动员部署。

2020 年 11 月 2 日，住房和城乡建设部发布《绿色建筑标识管理办法（征求意见稿）》。

2020 年 11 月 5 日，由住房和城乡建设部科技与产业化发展中心组织的"第十九届全国装配式建筑暨智能建造发展交流大会"在北京隆重召开，来自全国各省市住房和城乡建设领域的领导、专家、相关企业代表等 300 余人现场参会，2600 余人线上观看了直播。

2020 年 11 月 10 日，世界绿色建筑委员会《健康与福祉工作框架》亚太地区发布会通过线上方式举行。

2020 年 11 月 16 日，由中国建筑科学研究院有限公司牵头编制的国家全文强制性工程建设规范《建筑环境通用规范》（送审稿）通过住房和城乡建设部标准定额司组织的专家审查会审查。

2020 年 11 月 18 日～19 日，"第七届全国近零能耗建筑大会"在北京召开。大会以"收官十三五、展望十四五、创新中国体系、推动产业升级"为主题。

2020 年 11 月 24 日，由中国建筑科学研究院有限公司牵头编制的国家全文强制性工程建设规范《建筑节能与可再生能源利用通用规范》（送审稿）通过住房和城乡建设部标准定额司组织的专家审查会审查。

2020 年 11 月 24 日，住房和城乡建设部副部长倪虹与瑞士联邦驻华大使罗志谊举行会谈，并签署住房和城乡建设部与瑞士外交部《关于在建筑节能领域发展合作的谅解备忘录》。

2020 年 11 月 25 日～27 日，由联合国人居署、上海市住房和城乡建设管理委员会主办，上海市绿色建筑协会承办的"2020 上海国际城市与建筑博览会"在国家会展中心举办，本届城博会认真践行"人民城市人民建，人民城市为人民"重要理念，紧扣"提升社区和城市品质"主题。

2020 年 11 月 25 日～26 日，"第十届夏热冬冷地区绿色建筑联盟大会"在上海举行，大会以"提升建筑绿色品质，强化城市智慧管理"为主题，设"绿色可持续升级，建筑高质量发展""发展健康建筑，提升绿色性能""景观赋能，唤醒生活""2020 第二届老旧小区既有建筑改造"四个分论坛。

2020 年 11 月 29 日，健康建筑产业技术创新战略联盟、中国建筑科学研究院有限公司主办的"2020 健康建筑产业创新发展高峰论坛"在北京召开，首次对《健康社区评价标准》进行宣贯。

2020 年 12 月 3 日，世界绿色建筑委员会（WorldGBC）的"亚太地区绿色建筑先锋奖"获奖结果正式公布，叶青荣获绿色建筑女性领袖奖，Cundall 荣获可持续发展商业领袖奖，CoEvolve Estates 设计的 CoEvolve 北极星、吕元祥建筑师事务所设计的香港高等科技教育学院柴湾校区和 Paramit Malaysia Sdn Bhd 设计的 Paramit Factory in the Forest 荣获可持续设计和性能领导力奖，Arthaland Corporation 的 Arthaland Century Pacific Tower 荣获特别表彰奖。

2020 年 12 月 4 日，住房和城乡建设部、陕西省人民政府签署在城乡人居环境建设中开展美好环境与幸福生活共同缔造活动合作框架协议，提出建立完善共同缔造活动工作机制、在实施城市更新行动和乡村建设行动等工作中全面开展美好环境与幸福生活共同缔造活动、加强机制创新和人才培养等方面的合作内容。住房和城乡建设部部长王蒙徽、陕西省省长赵一德代表双方签约。

2020 年 12 月 5 日，"第五届西南地区建筑绿色化发展年度研讨会"在重庆交通大学盛大召开。

2020 年 12 月 9 日，联合国环境规划署（UNEP）最新发布的报告指出，疫情后的绿色复苏有望推动全球在预测的 2030 年温室气体排放量基础上减排 25%，使世界更接近《巴黎协定》设定的 2℃温控目标。

2020年12月10日～11日，"第十届热带及亚热带（夏热冬暖）地区绿色建筑技术论坛"在福州市福建会堂举行，主题是"绿色健康 你我同行"，大会设"绿色建筑设计""绿色节能技术""既有建筑绿色改造"三个分论坛。

2020年12月17日，世界绿色建筑委员会发布《全球建筑与建造状况报告》，该报告概述了全球建筑和建筑业在实现《巴黎气候协定》目标方面的工作进展和成果。

2020年12月21日，国务院新闻办公室发布《新时代的中国能源发展》白皮书。中国能源供应保障能力不断增强，基本形成了煤、油、气、电、核、新能源和可再生能源多轮驱动的能源生产供给体系。

2020年12月21日，全国住房和城乡建设工作会议在北京召开。会议深入学习贯彻习近平总书记关于住房和城乡建设工作的重要指示批示精神，贯彻落实党的十九届五中全会和中央经济工作会议精神，总结2020年和"十三五"住房和城乡建设工作，分析面临的形势和问题，提出2021年工作总体要求和重点任务。住房和城乡建设部党组书记、部长王蒙徽作工作报告。

2020年，云南省、河北省、宁夏回族自治区、山东省、安徽省、山西省、湖北省、黑龙江省、福建省、河南省、重庆市、天津市、吉林省、陕西省等积极贯彻落实住房和城乡建设部、国家发展改革委员会等部门印发的《绿色建筑创建行动方案》的要求，结合各地实际情况，编制、印发了各地的《绿色建筑创建行动计划》，明确目标和任务。部分省市还印发了《绿色社区创建行动计划》。